国家林业和草原局普通高等教育“十三五”规划教材

热带作物系列教材

热带作物栽培概论

周艳飞　杨福孙　主编

中国林業出版社

内 容 简 介

《热带作物栽培概论》是国家林业和草原局普通高等教育"十三五"规划教材，是根据农学(热带作物方向)专业必修课教学需要编写而成。本教材以实现热带作物高产、稳产、优质、高效和可持续发展为目标，以热带作物生长发育规律为依据，结合环境条件，系统介绍热带作物栽培的理论、技术和应用，还结合现代农业最新研究成果，介绍了热带作物栽培的新要求。全书分3篇9章。

本教材编写体现了新农科发展要求，不仅作为热区高等院校涉农专业本科生、函授生的教材，还可供热区农、林方面的从业人员和科技工作者使用。

图书在版编目(CIP)数据

热带作物栽培概论／周艳飞，杨福孙主编. —北京：中国林业出版社，2021.6

国家林业和草原局普通高等教育"十三五"规划教材　热带作物系列教材

ISBN 978-7-5219-1237-1

Ⅰ.①热…　Ⅱ.①周…②杨…　Ⅲ.①热带作物-栽培技术-高等学校-教材　Ⅳ.①S59

中国版本图书馆CIP数据核字(2021)第122119号

中国林业出版社·教育分社

策划编辑：高红岩　肖基浒　　责任编辑：肖基浒

电　　话：(010)83143555　　传　　真：(010)83143516

E-mail：jiaocaipublic@163.com

出版发行： 中国林业出版社(100009　北京市西城区刘海胡同7号)

电话：(010)83143500

http：//www.forestry.gov.cn/lycb.html

经　　销： 新华书店

印　　刷： 三河市祥达印刷包装有限公司

版　　次： 2021年6月第1版

印　　次： 2021年6月第1次印刷

开　　本： 787mm×1092mm　1/16

印　　张： 16

字　　数： 399千字

定　　价： 50.00元

热带作物系列教材编委会

《热带作物栽培概论》编写人员

主　　编　周艳飞　杨福孙

副 主 编　宋国敏　朱春梅　张传利

编写人员　(按姓氏笔画排序)

朱春梅(云南农业大学)
刘子凡(海南大学)
杨文秀(云南农业大学)
杨福孙(海南大学)
李长江(海南大学)
李昌珍(海南大学)
何素明(云南农业大学)
宋国敏(云南农业大学)
张传利(云南农业大学)
张荣萍(海南大学)
林　蓉(云南农业大学)
周艳飞(云南农业大学)
赵　猛(云南农业大学)
施忠海(云南农业大学)
廖　丽(海南大学)

主　　审　邬华松(中国热带农业科学院)

序

热带作物是大自然赐予人类的宝贵资源之一。充分保护和利用热带作物是人类生存和发展的重要基础，对践行“绿水青山就是金山银山”有着极其重要的意义。

在我国热区面积不大，约 $48×10^4 km^2$，仅占我国国土面积的 4.6%(约占世界热区面积的 1%左右)，然而却蕴藏着极其丰富的自然资源。中华人民共和国成立以来，已形成了以天然橡胶为核心，热带粮糖油、园艺、纤维、香辛饮料作物以及南药、热带牧草、热带棕榈植物等多元发展的热带作物产业格局，优势产业带初步形成，产业体系不断完善。热带作物产业是我国重要的特色产业，在国家战略物资保障、国民经济建设、脱贫攻坚和“一带一路”建设中发挥着不可替代的作用。小作物做成了大产业，取得了令人瞩目的成就。

热带作物产业的发展，离不开相关学科专业人才的培养。20 世纪中后期，当我国的热带作物产业处于创业和建设发展时，以中国热带农业科学院(原华南热带作物科学研究院)和原华南热带农业大学为主的老一辈专家、学者曾为急需专门人才的培养编写了热带作物系列教材，为我国热带作物科技人才培养和产业建设与发展做出了重大贡献。新时代热带作物产业的发展，专门人才是关键，人才培养所需教材也急需融入学科发展的新进展、新内容、新方法和新技术。

云南农业大学有一支潜心研究热带作物和热心服务热带作物人才培养的教师团队，他们主动作为，多年来在技术创新和人才培养方面发挥了积极的作用。为满足人才培养和广大专业工作者的需求，服务好热带作物产业发展，在广泛调研基础上，他们联合海南大学、中国热带农业科学院等单位的一批专家、学者重新编写了热带作物系列教材。对培养新时代的热带作物学科专业人才，促进热带作物产业发展，推进国家乡村振兴战略和“一带一路”建设等具有重要作用。

是以乐于为序。

朱有勇

2020 年 10 月 28 日

前言

《热带作物栽培概论》是应农学(热带作物方向)和热区其他涉农专业人才培养需要编写的教材。20世纪90年代以来，由华南热带作物学院(现中国热带农业科学院)王秉忠主编的《热带作物栽培学总论》和农业部编写的《中国热带作物栽培学》为我国热带作物人才培养提供了重要支撑。近年来，植物生产技术的创新和推广应用，以及热带作物产业的快速发展，对教学和人才培养提出了新要求。尤其是新农科提出后，原有的栽培知识体系已不适应新时代的需要，教材的编写显得异常迫切。

本教材正是在此背景下编写而成的。为方便教学和读者使用，教材在编写上分为热带作物栽培理论与实践、热带作物栽培技术和现代农业创新和热带作物栽培实践三篇。绪论部分，全面介绍热带作物栽培的基本情况；第一篇，介绍了热带作物栽培的生物学基础及应用、热带作物生长发育对环境的要求及应用、热带作物的产量及产品品质与栽培、热带地区的自然环境与合理利用(区划)等内容；第二篇，介绍了热带作物的种苗繁育、热带作物种植园建立、热带作物种植园的管理和热带作物的采收、种植园更新等内容；第三篇，主要介绍了热带作物高效栽培与可持续发展，包括设施栽培、节水栽培、标准化栽培、健康栽培、智慧农业下的热带作物栽培、农旅融合下的热带作物栽培、农业企业管理在热带作物栽培上的应用、生态与可持续农业背景下的热带作物栽培。

本教材有三个特点：一是内容编排上，结构更完整和清晰，从知识到应用，再到创新应用；二是紧密联系国家热带作物产业发展实际，充分吸收热带作物最新研究成果；三是结合现代农业新要求和新农科发展要求。

本教材编写由热区高校涉农专业教师参加，体现了地域代表性和老中青结合原则。具体编写分工如下：周艳飞、杨福孙任主编，宋国敏、朱春梅、张传利任副主编。绪论，由周艳飞、杨福孙、宋国敏编写；第1章，由杨福孙、廖丽编写；第2章，由杨福孙、李长江、李昌珍、刘子凡编写；第3章，由杨福孙、刘子凡、张荣萍编写；第4章，由杨文秀编写；第5章，由张传利编写；第6章，由何素明、张传利编写；第7章，由宋国敏、周艳飞编写；第8章，由施忠海、朱春梅编写；第9章，由朱春梅、林蓉、周艳飞、赵猛编写；最后由周艳飞和杨福孙统稿、定稿。中国热带农业科学院研究员邬华松在百忙中对全书进行了全面审查，在此致以衷心的感谢。

在教材编写过程中，参考了有关书刊，并收到相关专家、学者、企业一线人员的建议，在此谨向书刊作者和相关人员表示感谢。

由于编者水平所限，教材的体系构建和知识内容肯定存在需完善之处，祈盼广大读者批评指正。

编　者

2020 年 6 月

目录

第三篇 现代农业创新与热带作物栽培

绪 论

热带作物是适于热区生长的一种作物类型，种类多，经济价值高，在国民经济中有重要而又不可替代的作用。新时期，热带作物产业面临新的机遇与挑战，如何发挥热带作物在国家经济建设与社会发展中的作用是一个重要命题。热带作物栽培是产业的前端，关系到后续产业链的运转和整个产业的效益。

0.1 热带作物和热带作物栽培概论

0.1.1 热带作物的界定

凡有利于人类而由人工栽培并收获的绿色植物都称为作物。热带作物是按作物的生理生态特性划分，适于热带、南亚热带地区（简称“热区”）栽培的各类经济作物。依据作物对温度条件的要求，热带作物在全生育期中需要的温度和积温都较高，其中大部分生长发育的最低平均气温为15~18 ℃，本书所提及的热带作物，是指在我国已形成规模生产或具有发展前景的热带作物，从功能上划分，涉及工业原料类作物包括天然橡胶、香料作物、饮料类作物、热带水果、油料作物、糖能作物、纤维类作物和南药8个类别。热带作物生产在国民经济建设中有重要意义。

0.1.2 热带作物栽培概述

栽培是指人类为了提高作物产量、品质而从事的一系列农事活动。热带作物栽培是指人们为了提高热带作物产量、品质和效益，实现热带作物产业可持续发展而从事的一系列农事活动，包括提高产量、品质和效益方面的学术活动和研究。热带作物栽培概论以实现热带作物高产、优质、高效和可持续发展为目标，依据热带作物生长发育规律，结合对环境的要求，系统研究热带作物栽培的理论和技术措施，直接服务于生产和人才培养。因针对热带作物研究的时间相对较短，部分理论和研究成果采用农作物的理论和成果。

0.2 热带作物栽培的意义和发展

热带作物在世界农业中占有重要地位。从全球范围看，热带作物资源十分稀缺、珍贵，热带作物栽培的区域基本局限于赤道至南北回归线附近，主要分布在亚洲、拉丁美洲、大洋洲和非洲的部分地区。热带作物产品种类繁多，用途广泛，需求巨大，涵盖了重要的战略资源和众多的日常消费品。

热带作物产业是我国农业的重要组成部分。我国热带作物产业发展涉及8个省(自治区),热区面积48×10^4 km^2,占国土面积的5%;2017年,全国种植热带作物445×10^4 hm^2,产值1376亿元。目前,我国已成为热带作物产品生产大国,更是热带作物产品消费大国,特别是天然橡胶、木薯和棕榈油等重要热带作物产品已成为进口大国。随着我国经济发展,对重要热带作物产品的需求进一步加大。加快热带作物产业发展,提高热带作物产品的国内供给能力,对保障国家重要战略资源和工业原料供给,满足人民生活需求,进一步增加农民收入、繁荣热区经济和全面推进热区乡村振兴具有重大意义。

(1)为我国国民经济建设提供农产品和原料

热带作物种类多,战略物资有天然橡胶,饮料作物有可可、咖啡,油料作物有油棕、椰子、澳洲坚果等,还有荔枝、龙眼、香蕉、菠萝、杧果等多种热带水果。这些作物在我国国民经济中占有战略性地位。如天然橡胶等比较稀缺,主要依靠进口。目前,天然橡胶已成为我国继石油、铁矿石和有色金属等工业原料之后又一大宗紧缺战略性物资。还有,热带作物产业在国家战略发展上的重要性日益凸显。除橡胶外,广西的木薯、云南的小粒种咖啡、以三七为主要原料的云南白药早已蜚声中外,普洱茶更具悠久历史,海南所产椰果系列产品已推向国际市场。随着我国经济的持续快速发展,人民生活水平的进一步提高,对热带作物产品的需求不断攀升。荔枝、龙眼、香蕉、菠萝、杧果、咖啡、椰子、剑麻等热带作物产品周期独特的性能、多样的品种,在促进国家经济建设、满足市场多样化需求、保证农产品市场周年供应方面具有其他农产品难以替代的作用。

近年来,主要热带作物的产量和种植面积均在不断增加,进口量也不断增加,如橡胶、木薯、油棕、剑麻等作物的进口量均已居世界第1位。在未来的若干年内,我国对热带作物的需求将更加迫切,强劲的需求将促使热带作物产品在我国国家民经济建设中的地位不断提升。

(2)充分利用热区自然资源,发展地方经济

我国热带地区的范围很小,真正能称得上热带可利用的土地更是有限。但热带地区具有最高的光温生产潜力,即潜在产量。热带土地的合理开发和保护,是世界各国共同关注的课题。就世界范围来讲,我国是一个人多地少的大国,合理开发利用荒山荒坡发展热带作物,收益是可观的。随之而兴起的加工业还将使产品的产值成倍增长。除主产品外,副产品的综合利用也展示着广阔的前景。

(3)促进农民增收、农业增效及民族团结

我国热区很大部分是在边境贫困地区和少数民族聚居区,经济基础薄弱,热带作物产业作为一个特色产业,已成为该地区农业、农村经济的重要组成部分,在我国热区农民生产、生活中占有举足轻重的地位。热带作物产业为地区的经济增长、民族团结做出了重要的贡献,有效地促进了民族地区的经济发展,保障了社会稳定。在国家精准扶贫、精准脱贫工作中,热带作物产业在山区、边区扶贫事业更是发挥了重要作用。在国家乡村振兴战略实施中,热带作物产业还将发挥更加突出的作用。

(4)搭建合作平台,提升我国国际政治影响力

世界热区国家主要分布于亚洲南部、非洲和拉丁美洲,随着我国"一带一路"倡议的推进,以及我国经济实力和综合国力的增强,中国与世界热区各国在热带农业方面的合作与交流平台已全面搭建。我国热带作物产业不断利用两种资源、两个市场拓展发展空间。目前，我国以天然橡胶产业、油棕产业为重点的热带作物产业走出去战略取得实效，境外天然橡胶基地建设取得了实质性进展，受到热区各国的普遍欢迎和高度评价，取得了良好的社会效益和经济效益，增进了我国与这些国家的战略合作伙伴关系，还有利于我国热带作物产业取长补短，发挥优势，加快发展，提高我国热带农产品国际竞争力，扩大我国国际政治影响力。

0.3 我国热带作物栽培的现状、问题和展望

0.3.1 热带作物栽培现状

据不完全统计，2017 年，全国热带作物种植面积 445×10^4 hm^2，产值 1376.5 亿元。产量排在世界较前面的有荔枝、龙眼、八角、香蕉、澳洲坚果、剑麻、火龙果、槟榔、杧果、天然橡胶等。其中，天然橡胶 116.74×10^4 hm^2，产量 71.47×10^4 t，居世界 4 位；澳洲坚果 18.64×10^4 hm^2，产量 1.73×10^4 t，居世界第 3 位；荔枝 55.97×10^4 hm^2，产量 239.47×10^4 t，居世界第 1 位；咖啡 11.9×10^4 hm^2，产量 14.72×10^4 t，居世界第 13 位；八角 37.78×10^4 hm^2，产量 18.82×10^4 t，居世界第 1 位。技术和创新上有专门从事热带作物研发的中国热带农业科学研究院，热区各省(自治区)有自己专门的研究机构和相关院校，还有专门培养热带作物专业人才的培训机构等。生产经营模式主要有国有企业、民营企业、合资企业和私营企业等，以及以运行的公司+基地+农户、农民专业合作社等运行的模式，随着土地流转工作的展开，新的生产经营管理模式不断创新，如园区经济已发挥作用。

0.3.2 热带作物生产存在问题

①宜植土地资源稀缺。我国热带作物种植区，是在北纬 18°10′~26°10′、东经 97°39′~118°08′，实际上是包括了我国北热带 8×10^4 km^2 的面积和南亚热带 36.48 km^2 的面积，两者相加仅占我国国土面积的 4.6%。

②热带作物种植深受自然条件制约，台风、寒害、病虫草害等自然灾害频繁。

③热带作物优良品种不够多，基础设施还比较落后。

④生产的标准化程度不够高，科技创新不够多。

⑤推广服务体系不完善，从业人员素质普遍偏低。

0.3.3 我国热带作物产业发展方向

0.3.3.1 热带作物产业的发展阶段

中国热带作物产业发展的历程大体上可分为 3 个发展阶段：

第一个发展阶段：从中华人民共和国成立到 20 世纪 80 年代初，以大规模开发种植天然橡胶为标志。经过近 40 年的不懈努力，中国不仅使天然橡胶的种植突破了北纬 17°，而且使最高种植纬度到达北纬 24°(世界公认的不适宜天然橡胶种植区)，基本实现了天然橡胶自给，奠定了中国热带作物产业的发展基础。

第二个发展阶段：从 20 世纪 80 年代中到 20 世纪末，以 1986 年国家实施南亚热带作

物开发计划为标志。提出大力发展热带水果，充分开发利用多种热带作物资源，初步形成了以天然橡胶为核心，热带水果(香蕉、荔枝、龙眼、杧果、菠萝、木瓜、杨桃、鳄梨、番石榴等)、热带糖能(木薯、甘蔗等)、热带油料(油棕、椰子、腰果、澳洲坚果、小桐子等)、热带香料饮料(咖啡、可可、胡椒、香茅、香草兰、香根、罗簕等)、热带纤维(龙舌兰科麻类、番麻、蕉麻、爪哇木棉等)以及南药(槟榔、砂仁、巴戟、益智等)等产业为辅的中国热带作物产业布局。

第三个发展阶段：始于21世纪初，以中国加入WTO和启动中国—东盟自由贸易区建设进程为标志。中国热带作物产业进入快速发展时期，逐步融入全球经济的合作与竞争，形成了热带作物产业优势提升、全面发展的新格局。热带作物产业已经成为中国农业和农村经济不可或缺的重要组成部分。

0.3.3.2 热带作物产业发展趋势

目前，我国热带作物产业发展呈现几个明显趋势。一是种植面积呈扩大趋势；二是产业链延长，附加值增加；三是热带农产品需求逐年增长、在国家战略中的地位不断提升；四是热带作物产业规模不断扩大，国际地位稳步提升；五是农业科技创新与推广服务体系不断建立健全，逐步向现代化方向发展，设施化、标准化、产业化、机械化、生态绿色化、综合化、信息化(智能化)、精准化、安全化和国际化日趋明显。

(1)设施化

设施化就是设施栽培，是指借助一定的硬件设施，通过对作物生长的全过程或部分阶段所需环境条件(温度、湿度、光照、二氧化碳浓度等)进行调节，以使其尽可能满足作物生长需要的技术密集型栽培方式。是依靠科技进步形成的高新技术的栽培模式。设施化栽培能增强环境控制能力，提高工业化生产水平，实现集约化、高效经营，促进可持续发展，是当今世界最有活力的产业之一。

(2)标准化

标准化生产就是在农业生产过程中实施产前、产中、产后全过程的标准化、规范化管理。即要制定详细的生产标准和操作规程，按标准组织生产，把农业产前、产中和产后各个环节纳入标准生产和标准管理的轨道。标准化是指在一定范围内获得最佳秩序，对实际生产中存在的潜在问题制定共同的和重复的规则的活动。农业标准化是农业现代化建设的一项重要内容，是“科技兴农”的载体和基础。标准化生产通过把先进的科学技术和成熟的经验组装成农业标准，推广应用到农业生产和经营活动中，把科技成果转化为现实的生产力，从而取得经济、社会和生态的最佳效益，达到高产、优质高效的目的。标准化生产融先进的技术、经济和管理于一体，使农业发展科学化、系统化，是实现新阶段农业的一项十分重要的基础性工作。农业标准化的核心工作是标准的实施与推广，加快制(修)订主要进出口作物产品的质量标准，重点做好农药与污染物限量标准及相关检测方法和标准、作物品种和种质资源的鉴定评价方法和标准、有害生物检疫与防治技术规范、转基因生物安全等方面的标准。

为贯彻落实《国务院办公厅关于促进我国热带作物产业发展的意见》和2012年中央提出加快发展现代农业的要求，热带作物系统当前和今后的重要任务就是加快发展现代热带作物产业。实施标准化生产是现代热带作物产业建设的重点内容和重要标志。2010年，农业部全面启动了热带作物标准化示范园创建工作，主要任务是推广良种、集成应用先进实用技术、实施标准化生产规范管理和发挥示范带头作用。当前标准化生产还存在以下方面问题需引起注意：品种选择不当、种苗生产产业化、标准化程度低和安全用肥、用药意识和管理不到位。

(3)产业化

农业产业化是以市场为导向，以经济效益为中心，以主导产业、产品为重点，优化组合各种生产要素，实行区域化布局、专业化生产、规模化建设、系列化加工、社会化服务、企业化管理，形成种养加、产供销、贸工农、农工商、农科教一体化经营体系，使农业走上自我发展、自我积累、自我约束、自我调节的良性发展轨道的现代化经营方式和产业组织形式。产业化的实质上是指对传统农业进行技术改造，推动农业科技进步的过程。这种经营模式从整体上推进传统农业向现代农业的转变，是加速农业现代化的有效途径。

(4)机械化

机械化是指运用先进适用的农业机械装备农业，改善农业生产经营条件，不断提高热带作物栽培作业的生产技术水平，以及经济效益和生态效益的过程。使用机器是现代农业的一个基本特征，对于利用资源、抗御自然灾害、推广现代农业技术、促进农业集约经营、增加单产与总产、提高农业劳动生产率、降低农产品成本，以及减少劳动力需求具有重大的作用。当前，无人机技术已应用于热带作物栽培生产上。

(5)生态绿色化

生态绿色化是根据自然生态规律、区域自然条件和经济发展水平，按照“整体、协调、循环、再生”的原则，系统规划合理组织农业生产，因地制宜运用现代科学技术，充分吸收传统农业技艺，因势利导开发利用自然资源，努力争取生产生活生态和谐。生态绿色是我国生态文明建设的需要。热带作物栽培在积极推广立体栽培，充分利用时空，利用不同作物的特性和生长时空差，科学安排间种、套种、混种、复种、轮种，形成多作物、多层次、多时序的立体交叉结构，通过生物种群(植物、动物、微生物)的相互作用，减少农药化肥施用量，降解部分残留化肥、农药，推动物质循环；使用地与养地相结合，做好秸秆腐熟还田、广泛种植绿肥、广积多施家肥，切实抓好山林护育，努力保持较高森林覆盖率和较高森林质量(保护天然林、营造混交林)，保持生物多样性，维护生态平衡稳定；大力发展节水农业，降低农业生产用水需求。

目前，中国热带作物产品大多数进行了初级加工，但热带作物产品保鲜、储运和加工技术薄弱，热带作物产品加工龙头企业少，质量得不到保障，精深加工产品比例较低，附加值较低。中国热带作物产业功能已开始由传统的农产品生产功能向生产、生活、生态、旅游等多功能拓展，热带作物生产在从注重资源开发向资源开发与保护并重的可持续发展方式转变。

(6)综合化

在热带作物产业基地或有一定规模并连成片的热带作物种植与加工生产区，有计划地配套投建畜牧场和水产养殖场，从畜禽养殖→沼气生产→有机肥料→种植基地→无公害农产品与青饲料→畜禽与水产养殖，形成循环生态型生产，拓展热带作物功能，提高产业综合效益。注重开发包括原料供给、就业增收、生态保护、观光休闲、文化传承等多种产业功能；鼓励开展热带作物资源综合开发和循环利用，积极开发生物质能、功能饲料、功能纤维、药品原料、有机肥料等附加产品。

当前，农业与旅游结合是农业发展的新兴方向，即休闲农业，是与旅游业相结合的一种消遣性农事活动。农业在发挥其生产功能的同时，也发挥其休闲度假、保护生态、丰富生活等功能，具发展前景十分广阔。

(7)信息化

农业信息化是充分运用信息技术最新成果，促进农业持续稳定发展的过程。它通过信息和知识的获取、处理、传播和应用，把农业信息及时、准确地传达到生产者手中，实现生产、管理、农产品营销信息化，加速传统农业改造和升级，大幅度提高农业生产效率、管理和经营决策水平。热带作物产业的信息化程度正在不断提升。

(8)精准化

精准农业是当今世界农业发展的新潮流，是由信息技术支持的根据空间变异，定位、定时、定量地实施一整套现代化农事操作技术与管理的系统，其基本涵义是根据作物生长的土壤性状，调节对作物的投入，即一方面查清田块内部的土壤性状与生产力空间变异，另一方面确定农作物的生产目标，进行定位的"系统诊断、优化配方、技术组装、科学管理"，调动土壤生产力，以最少的或最节省的投入达到同等收入或更高的收入，并改善环境，高效地利用各类农业资源，取得良好的经济效益和环境效益。

精准农业由10个系统组成，即全球定位系统、农田信息采集系统、农田遥感监测系统、农田地理信息系统、农业专家系统、智能化农机具系统、环境监测系统、系统集成、网络化管理系统和培训系统。

(9)安全化

热带作物安全化是国家农产品安全化的重要组成部分，是指在良好生态环境中，按照专门的生产技术规程生产，使产品无有害物质残留或残留控制在一定范围之内，经专门机构检验，符合标准规定的卫生质量指标，并许可使用专用标志的质量安全产品的生产活动。安全化生产是保障热带作物产品的质量安全，提高热带作物产品的品质，满足广大消费者需求，维护公众健康的需要；是增强热带作物产品市场竞争力，保护和改善热带作物生态环境，实现热带作物可持续发展的需要；是增强我国热带作物产品的国际竞争能力，更好地促进热带作物产品出口创汇的需要。在目前我国面临的国际环境下，热带作物安全化生产还有更重要的意义。例如，就天然橡胶这样的战略物质来说，在当前剧烈的国际市场竞争情况下，只有我们重视天然橡胶生产，提高产品质量，保障国内市场供给，才不会受制于人，才能满足国家提出的构建以国内大循环为主体，国际国内双循环为辅的发展需要。

(10)国际化

农业国际化是不同国家农业经济运行超国界逐步融合并构成全球体系的过程，不同国家和地区依据农业比较竞争优势的原则参与国际分工，在此基础上调整和重组国内农业资源，使农业资源在世界范围内进行优化配置，实现资源和产品的国内和国际市场的双向流动，通过商品与劳务的交换、资本流动、技术转让等国际合作化方式，形成相互依存、相互联系的全球经济整体。简言之，农业国际化就是充分利用国际、国内农业资源和市场，参与农业国际分工与交换，以达到优化农业资源配置，增加农产品有效供给，增加农民收入，实现农业可持续发展的目标。

中国与世界热区各国在热带农业方面的合作与交流平台已全面搭建。我国热带作物产业可充分利用两种资源、两个市场拓展发展空间。热带作物产业国际化就是要加强其他国家的战略合作，取长补短，发挥优势，加快发展，同时通过“走出去”战略，实现中国热带作物产品生产从主要满足国内市场向积极参与国际市场竞争转变，利用境外资源，加快拓展境外市场。国内企业逐步进入东盟、非洲、南美洲、南太平洋岛国等地区，积极开发天然橡胶、木薯、甘蔗、咖啡和热带水果的种植与加工。

0.3.3.3 热带作物栽培发展方向

按现代农业要求，为对接产业发展，我国热带作物栽培正在向着规模化、设施化、标准化、良种化、立体化、生态化、机械化、信息化和精准化方向发展，最终实现热带作物栽培的可持续发展。

0.4 热带作物分类、分布及其特点

0.4.1 热带作物分类、分布

热带作物的分类有多种，有按植物学系统分类的，有按其用途来区分的，也有按植物生态特性来分类的。世界热带作物主要分布在东南亚及南亚地区、中西非的大西洋沿岸各国和南美洲的亚马孙河流域。而在我国，主要分布在海南、广东、广西、云南、福建、台湾等省(自治区)(约北纬 18°~24°)，以及云南、贵州、四川的干热河谷区域，以海南岛和西双版纳最为典型。本教材以热带作物的用途为主来分类，有些作物可能存在多种用途，则以传统的观点归类。

0.4.1.1 产胶作物

产胶作物指能收获天然橡胶的热带作物。天然橡胶是橡胶中的一类，是从产胶的作物上采集的树胶经过过滤、凝固制成，是可再生而无污染的自然资源。它有别于目前用石油为原料，由人工用化学方法合成的“人造橡胶”，或称“合成橡胶”。

研究发现，含有橡胶的植物有 2000 余种。但最著名的是大戟科的产胶作物——橡胶树，也称三叶橡胶，为热带雨林的高大乔木。

对橡胶树的利用，除从茎干上获取胶乳外，木材、种子都有较高的经济利用价值，也是当前对橡胶树综合利用的研究重点。胶乳的主要成分是水占 50%~70%、异戊二烯占 20%~40%、蛋白质占 1.5%~2.8%、树脂占 1%~1.7%、糖占 0.5%~1.5%、无机盐占 0.2%~0.9%，制成天然橡胶后，胶乳中所含的非橡胶成分有一部分留在固体的天然橡胶中。一般天然橡胶中含橡胶烃占 92%~95%，非橡胶烃占 5%~8%。由于制法不同，产地不同乃至采胶季节不同，这些成分的比例基本上都在范围以内，但可能会有差异。

在原产地，橡胶树的分布范围几乎是整个亚马孙河流域的南部，通常出现在每年遭受洪水淹没的低洼地区，也分布在排水良好的地方。1876 年，魏克汉自巴西亚马孙河下游与塔帕若斯河汇合处采集 7 万粒种子运回伦敦植物园——邱园，育成 2397 株苗，先分两批运往斯里兰卡、印度尼西亚、新加坡和马来西亚，共成活 46 株。当今占世界植胶面积近 95%的东南亚地区，其种源都是靠上述 46 株实生苗繁衍而来。我国最早栽培橡胶树始于 1904 年，由云南盈江县土司刀印生从新加坡引入，迄今尚存 1 株。其后陆续引入台湾、海南、雷州半岛等地。直到 1949 年前，植胶面积仅有 2800 hm^2，产干胶 200 t。在中华人

民共和国成立后，中央组织力量迅速发展植胶业。到 2018 年，全国种植橡胶树面积已达 1740×10^4 亩，年产干胶突破 81×10^4 t，主要分布在云南和海南。

0.4.1.2 木本油料作物

(1)油棕

油棕系棕榈科油棕、单子叶多年生常绿乔木。油棕植后第 3 年开始结果，6~7 龄进入旺产期，经济寿命 20~25 年，自然寿命长达 100 年以上。在高温多雨的东南亚地区，全年开花结实，每公顷可产油 4~6 t。单以棕油产量计，它比椰子高 2~3 倍、比花生高 5 倍、比大豆高 7~8 倍，因此被称为“世界油王”。此外，油棕的核仁、核壳、叶片、叶柄、棕衣等副产品在化工、食品、饲料、造纸等工业上也有很高的利用价值。

油棕原产于非洲，也称非洲油棕，自然分布于北纬 13°至南纬 12°，热带雨林到热带草原的过渡地带，即刚果(布)、刚果(金)、尼日利亚、贝宁、科特迪瓦、加纳、喀麦隆等国。油棕于 1848 年引入印度尼西亚作为一种观赏植物，1911 年开始作为油料作物栽培，目前主要栽培的国家有马来西亚、印度尼西亚、扎伊尔、科特迪瓦、尼日利亚和哥伦比亚等。我国于 1926 年开始由东南亚引入海南省，1960 年开始正式栽培，目前只有在海南省南部有少量种植。因气候条件不适宜，难于形成规模生产。

(2)椰子

椰子是棕榈科椰子属单子叶多年生常绿乔木，是热带地区主要木本油料作物之一，目前也是主要饮料作物。椰子经济寿命长达 40~80 年，自然寿命 70~80 年。植株各部分可利用，但主要是从椰肉中榨取椰油和作为饮料。由于其用途众多，经济价值高，近年来，随着椰子产业的开发和产业链的延伸，对椰子的利用已拓展到旅游方面。椰果主要加工成椰干。椰干出油率 65%~75%，椰油含饱和脂肪酸 91%，不饱和脂肪酸 9%，消化系数高达 99.3%，比花生油、菜子油、奶油、牛油都更易消化吸收。欧美诸国主要用以制造人造奶油，热带产椰子国家主要作食用油。椰油具有高皂化值(248~264)，具有良好发泡性能，适于制造高级香皂和海上用的特种洗涤剂，还可制化妆品、牙膏。椰肉可制成椰丝、椰蓉、椰子蛋白、椰子奶粉、椰汁饮料等。椰衣纤维、椰壳、椰木、椰麸、椰花汁、椰根等均有很高利用价值。

椰子为自然杂交，有很多变异类型，分类比较复杂，一般分为高种椰子、矮种椰子和中间类型的椰子 3 种类型。高种椰子植株高 15~30 m，基部膨大，异株授粉，植后 7~8 年开始结果，单株量高，椰肉质量好，含油率高，经济寿命期长达 70~80 年。

多数学者认为椰子起源于东方，现分布范围为亚洲、非洲、拉丁美洲北纬 23°27″(即南北回归线)之间，主要产区为菲律宾、印度、印度尼西亚等国。我国椰子的主产区在海南省，台湾、云南、广东等地也有零星分布。

(3)澳洲坚果

澳洲坚果属山龙眼科，又名昆士兰栗、澳洲胡桃。澳洲坚果含多种脂肪酸，其中不饱和脂肪酸占总脂肪酸的 84%。澳洲坚果在降低人体血液中的胆固醇含量方面有一定疗效。澳洲坚果含油量很高，因而其发热量也很高，尤其是多含不饱和脂肪酸，容易被人体吸收消化，有益人体健康，是理想的木本粮油。澳洲坚果还是一种营养丰富、香脆可口的食用坚果，食用部分为种仁，可生吃，烤制后酥脆，口感细腻，带有奶油清香，风味极佳。澳洲坚果仁内的蛋白质共含有 17 种氨基酸，其中 10 种是人体内不能合成而必须由食物供给的氨基酸。澳洲坚果是一种富含热能，不含胆固醇，又有多种人体生长所必需营养物质的营养性食品，有“干果皇后”之美称。可作为西餐头道进食的开胃果品，常用作烹调食品、小吃或制作果仁夹心巧克力糕点、冰淇淋饮品等的配料。以澳洲坚果为主、辅原料的食品种类达200种以上，如澳洲坚果蛋糕、澳洲坚果仁罐头、澳洲坚果仁牛奶巧克力、澳洲坚果糖果、澳洲坚果面包等。因此，澳洲坚果在国际市场上长期处于供不应求的状况，被列为世界最昂贵的坚果。

已经鉴定出澳洲坚果有10多种，其中只有2种结的果实可食。普通种植的是完全叶澳洲坚果，也称光壳型澳洲坚果。四叶轮生澳洲坚果，即粗壳型澳洲坚果，由于加工性能不理想，只有少量种植。目前，种植品种均为光壳型澳洲坚果。

澳洲坚果原产澳大利亚东部，所要求的气候类型和小粒种咖啡类似。栽后6年开花结果，经济寿命近50年。我国在20世纪60年代就已经引种栽培。近年来，我国南方地区开始大力发展。目前，广东、广西、云南、福建、四川、重庆及贵州等省(自治区、直辖市)均有种植。主要分布在云南省。

(4)油茶

油茶为山茶科山茶属常绿乔木或灌木。油茶的种子含油率在25.22%~33.50%，单位面积产量约400 kg/hm^2。茶油为不干性油，色清味香，耐贮藏，为高级食用油。除供食用、烹调罐头食品、制造奶油外，还可作为机械润滑油、铁器防锈油、印泥油、肥皂、蜡烛等的原料和医药用。茶籽可作土农药原料，防治地下害虫、杀死血吸虫的中间寄主钉螺，木材、果壳、种壳均有利用价值。

油茶产量高，寿命长，适应性强，对土壤条件要求不苛，宜于丘陵和山区发展，不与粮棉争地。植后4~5年开花结果，15~16龄进入盛产期，经济寿命长达70~80年。它的果实不易为鸟兽为害，收获有保证。此外花期长，为良好的蜜源植物。

本属植物约有100多种，多数产于我国南部。依花的色泽可分为白花和红花(紫花)两大类。栽培种以白花为主。油茶原产我国，作为木本油料作物栽培已有500余年的历史，现分布于日本、越南、缅甸、印度、印度尼西亚、菲律宾、马来西亚等国。油茶在我国主要分布在长江以南的江西、湖南、湖北、浙江、安徽、福建、广东、海南、广西、云南等地，其范围大致是北纬18°21′~34°34′，东经98°41′~12°40′。油茶按其成熟期不同，分为3个基本群体品种，即寒露籽、霜降籽和立冬籽。除上述品种群体外，作为同属的栽培种还有越南油茶、广宁油茶、攸县油茶、红花油茶、西南山茶、腾冲红花油茶。

(5)油梨

油梨又名鳄梨、樟梨、酪梨、牛油果，因果实多为梨形得名，是樟科油梨属的常绿乔木树种。油梨果的含油量占15%~29%，易消化，且胆固醇含量低；蛋白质含量占1.5%，比柑橘、木瓜、杧果、香蕉的蛋白质含量高出1倍以上，符合消费者对保健型水果的要求，被誉为保健食品。其油可供食用，但主要作为化妆品的原料，易为皮肤所吸收。

油梨树高10~15 m，经济寿命40~50年，自然寿命100年左右。比较特殊的是花为两性，但雌雄异熟，往往自花不稔，因此在栽培时，必须注意品种合理配置。

油梨原产拉丁美洲，主要在墨西哥南部、中美洲诸国和南美洲北部。现主要分布于南纬30°和北纬30°之间的地区，主产国为墨西哥、美国、多米尼加、巴西、以色列等。我国栽培油梨始于1920年，1985年以后广东、广西和海南先后从美国加利福尼亚州、佛罗里达州、夏威夷州等地引进大量优良品种。除上述各省(自治区)栽培外，福建、云南、四川等地均有栽培。

(6)腰果

漆树科腰果属的常绿乔木，植后2龄开花，10龄左右进入盛产期，经济寿命期长达30年左右。腰果树的果实为坚果，俗称腰果，是世界著名四大干果之一。果仁含脂肪47%、蛋白质21.2%、淀粉4.6%~11.2%、糖2.4%~3.7%，以及少量维生素A、维生素B_1、维生素B_2等。多用于制造腰果仁巧克力、点心、上等蜜饯、油炸和盐渍食品，营养丰富。

腰果原产于巴西东北部，16世纪引入亚洲和非洲，现已遍及东非和南亚各国，南北纬20°以内地区多有栽培。美洲以巴西、非洲的莫桑比克和坦桑尼亚、亚洲以印度等国种植面积大。我国海南省种植腰果已有80年左右的历史，1960年前后，广东、广西、云南、福建、江西等部分地区引种栽培，因寒害，只有在海南省和云南省西双版纳种植成功。

(7)美藤果

美藤果，学名南美油藤，属大戟科多年生木质藤本植物，生长于海拔80~1700 m的南美洲安第斯山脉地区热带雨林，是一种新型的油料作物。2008年底，云南省普洱联众生物资源开发有限公司开始引进种源，2009年在普洱市、西双版纳州试验种植，现在主要分布于云南普洱和西双版纳等地区。美藤果果仁营养丰富，富含蛋白质、不饱和脂肪酸、维生素E及钙、磷、铁等矿物质，在促进骨骼生长及神经系统发育、美容与抗衰老、改善消化系统功能、预防心血管疾病、防癌、预防糖尿病等方面具有重要功能作用。2013年1月正式公告批准美藤果油为国家新资源食品。

0.4.1.3 饮料作物

(1)大叶茶

大叶茶是热区种植的主要茶叶品种。茶是世界三大饮料作物之一，属山茶科多年生常绿乔灌木植物。近代生物科学和医学研究充分证明茶叶不但具有药理作用，而且又有营养价值，对增强人们身体健康有一定的效用。据分析，茶叶所含化合物可达400多种。其中最主要而又有药理作用的成分是咖啡碱，特别在嫩芽、叶中含量较多。它是一种血管扩张剂，能促进发汗、刺激肾脏，有强心、利尿、解毒的作用，还可以提神醒脑，恢复肌肉疲劳。其次是茶叶中所含的多酚类物质，它能增强微血管壁弹性，调节血管的渗透性，降低血压，杀菌消炎，所以我国民间常用茶叶与其他中药煎服治病。叶中的儿茶素能中和锶等放射物质，可以缓解辐射的伤害。茶叶中还含有可溶性蛋白质、氨基酸、碳水化合物、多种维生素，以及对人体健康有关的矿物质等。

我国是茶树的原产地。18~19世纪时，我国茶叶大量推广到欧美各国，逐渐成为世界主要饮料之一。同时，亚洲的印度尼西亚、印度、斯里兰卡等国也都是广泛植茶的国家。目前世界上已有50个产茶国家。茶叶是我国传统的出口商品，在国际市场上享有很高声誉，销售范围已达80多个国家。

(2)咖啡

咖啡属茜草科咖啡属常绿灌木或小乔木，与可可、茶并称为世界三大饮料作物。除作饮料外，还可从咖啡提取咖啡碱作麻醉剂、利尿剂、兴奋剂和强心剂，外果皮和果肉可制乙醇，制作咖啡茶。

目前世界上供商业栽培的只有 2 个种，即小粒种和中粒种。小粒种，又名阿拉伯种，原产非洲埃塞俄比亚。常绿灌木，高 4~5 m，叶片小而尖，两性花，自花授粉。较耐寒、耐旱，但易感染叶锈病和遭天牛危害。产品气味香醇，饮用质量好。中粒种，又名罗巴斯塔种、甘弗拉种，原产非洲刚果热带雨林区，也是栽培最广的一个种。株高 6~8 m，花两性，同株一般自花不育。以抗叶锈病著称，但要较高热量条件，耐寒、抗旱力比小粒种差。咖啡因的含量高于小粒种，风味也较差。由于可溶物含量高于小粒种，适于制造速溶咖啡。此外，还有利比里亚种又名大粒种，原产利比里亚，产品浓烈，刺激性强。埃塞尔萨种又称查利咖啡，原产西非查利河流域，抗锈病且耐旱，产品味香而浓，稍带苦味。

咖啡种植有 2000 多年的栽培历史，面积和产量以小粒种为主，占 80%；中粒种占 20%。

咖啡原产非洲中北部，公元前 525 年阿拉伯人已栽种咖啡，当时只作咀嚼兴奋用，至 13 世纪开始作为饮料。15 世纪以后大规模种植，现已遍布热带、亚热带 78 个国家和地区，主产国在拉丁美洲，首推巴西，其次为哥伦比亚。非洲的科特迪瓦和亚洲的印度尼西亚也是产量较多的国家。我国于 1884 年将咖啡树引入台湾省，1887 年引入海南，1902 年引种云南。目前主产地在云南。

(3) 可可

可可为梧桐科可可属常绿乔木，株高 4~12 m，为饮料作物，种子含咖啡因 2%及脂肪、蛋白质等成分，具有茶和咖啡同样的刺激、兴奋作用。可可的可食部分是种子，即可可豆。干豆含有 5%的脂肪，蛋白质含量也很高，是制造巧克力的主要原料。它的发热量高，几乎为蛋类的 3 倍多。常用作病弱者的滋补品与兴奋剂，也是儿童、登山运动员和飞行员的良好营养品。

可可原产南美洲亚马孙河上游热带雨林，17~18 世纪传到东南亚，1922 年引种到台湾，1954 年引入海南省试种。由于可可树要求较高的热量条件，我国只有在海南省南部有小面积的栽培。

(4) 西番莲

西番莲科西番莲属。多年生木质藤本，因其果实的独特风味，又名百香果；果实状似鸡蛋而名鸡蛋果。西番莲果实的风味独特和丰富营养已引起人们重视，并加工成各种饮料、果酱、果酒等。西番莲还是集观花、叶、果皆优的庭园美化植物。作为商业性栽培的种类主要有紫果西番莲和黄果西番莲，加工质量好的是黄果类，紫果类适于鲜食。

西番莲原产于巴西南部，现广布于世界热带和亚热带地区，我国南方各省均有栽培，主要分布在广西。

(5) 苦丁茶

苦丁茶系商品名，采集的植物范围甚广，涉及 4 科 5 属 10 多种，正宗的苦丁茶是指冬青科冬青属的大叶冬青。苦丁茶有散风热，清头目，除烦渴，治头痛、目赤、痢疾、痧气、感冒、腹痛、咽喉炎等功效。近年研究发现还有抗辐射功能，又有减肥、降压、醒酒、防癌等作用，故被誉称为美容茶、益寿茶等。苦丁茶的化学成分有 200 余种，其中部分与茶叶相同，如咖啡碱、多酚类、儿茶素、氨基酸等，但含量比茶叶低。此外，还含有熊果酸、β-香树脂醇、蛇麻脂醇、蒲公英赛醇、熊果醇和 β-谷甾醇等。

0.4.1.4 糖能作物

(1)木薯

木薯为大戟科植物，主要产品为木薯的块根。木薯为热带和亚热带地区重要的粮食和饲料作物，与马铃薯和甘薯并称为世界三大薯类作物。由于鲜薯易腐烂变质，一般在收获后尽快加工成淀粉、干片、干薯粒等。鲜木薯块根含淀粉25%~35%，木薯粉品质优良，可供食用，或工业上制作乙醇、果糖、葡萄糖等。木薯的各部位均含氰苷，有毒，鲜薯的肉质部分须经水泡、干燥等去毒加工处理后才可食用。木薯主要有两种：苦木薯(专门用作生产木薯粉)和甜木薯(食用方法类似马铃薯)。木薯经加工后可食用，为种植地居民主要杂粮之一。木薯产品用途和涉及领域广泛，用木薯为原料制成的燃料乙醇，被称为可替代汽油的环保型“绿色汽油”，是最经济可行的生物质能源。

木薯原产于热带美洲，主产国为巴西、泰国等，为目前世界贸易的又一大宗商品，是世界第六大作物。我国于19世纪20年代引种，现以广西、广东等热带地区栽培较多。

(2)甘蔗

甘蔗是甘蔗属的总称，属于禾本科。甘蔗属有9个种，甘蔗中含有丰富的糖分、水分，还含有对人体新陈代谢非常有益的各种维生素、脂肪、蛋白质、有机酸、钙、铁等物质，主要用于制糖，也可提炼乙醇作为能源替代品。甘蔗是南亚热带和热带农作物，与栽培和育种关系密切的有5个种：中国种、热带种、印度种、割手密野生种、大茎野生种。适合栽种于土壤肥沃、阳光充足、冬夏温差大的地方。

甘蔗原产于印度，现广泛种植于热带及亚热带地区。全世界有100多个国家出产甘蔗，最大的甘蔗生产国是巴西、印度和中国。种植面积较大的国家还有古巴、泰国、墨西哥、澳大利亚、美国等。中国蔗区主要分布在广西(产量占全国60%)、云南、广东、台湾、福建、四川、江西、贵州、湖南、浙江、湖北等省(自治区)。

0.4.1.5 香料作物

(1)胡椒

胡椒属于胡椒科胡椒属的多年生木质藤本，为世界重要香辛作物之一。自然状态下，攀缘生长株高7~10 m，栽培则控制在2~3 m高，经济寿命长20~30年。种子含胡椒碱5%~9%、1%~2.5%的挥发油。在食品工业中用作调味香料、防腐，医药上用作健胃、利尿剂等。

胡椒科植物有12个属，胡椒属内约有800种以上。栽培的胡椒有大叶种和小叶种两个类型。而每一种类型中，各有若干个著名的品种。大叶种有印度尼西亚的南榜、印度的巴兰哥塔、马来西亚的古晋、柬埔寨的百奔口等。我国栽培的品系也属此类型。小叶种有印度的卡卢瓦里、柬埔寨的堪寨、马来西亚的马拉比等。

胡椒原产印度西海岸，栽培历史悠久。主产国为印度、印尼、马来西亚，巴西是发展胡椒最快的国家之一。胡椒现遍布亚洲、非洲、美洲近20个国家。我国最早于1947年引入海南琼海县，1951—1954年又多次从国外引种，并开始较大面积栽培。主要分布在海南、广东雷州半岛和云南西双版纳等地。

(2)香草兰

属兰科香果兰属，又七香子兰、香荚兰、香果兰，是一种热带附生兰。香草兰的蒴果经加工后含有香兰素、田香草醛、茴香醇、茴香醛等芳香成分。香兰素含量1.5%~3%，香味浓郁，香韵独特，芳馥宜人。香草兰豆荚可制成粉剂、酊剂或油剂。在食品工业上常作为冰淇淋、巧克力、甜奶品、名酒、名烟等的高级调香剂，素有“食品香料之王”的美誉。它还可用于化妆品，制作高级香水。在医药上，用作芳香型神经系统兴奋剂、补肾药等。

香草兰原产于墨西哥南部、危地马拉及安的列斯群岛等地。迄今，香草兰已遍及世界热带地区。我国台湾早于1901年从日本引进香草兰，但目前仅有少量栽培。目前我国香草兰主要种植在海南。

(3)肉桂

肉桂别名玉桂、牡桂、桂树，樟科肉桂属，亚热带常绿乔木。树皮、桂油是其主要产品，树皮含挥发油1%~2%，油的主要成分为桂皮醛，占75%~90%，还有少量乙酸桂皮酯。有散寒、止痛、活血、健胃等功效。桂油的主要成分是肉桂醛和丁香脑，主治昏迷、风湿、胎毒、头痛等，也可用作食品及化妆品原料。

肉桂主产于我国的广东、广西、云南、福建等地，其中以广西种植面积最多。植后3~4年采叶蒸油，5~6年采皮制成桂通，15~20年剥取茎基部树皮制成桂板。同属的还有锡兰肉桂和越南清化肉桂(产品主供药用)。

(4)依兰香

番荔枝科依兰属，热带木本香料植物。依兰油由花瓣蒸馏而得，具独特浓郁香味，是一种名贵高级香料，用作定香剂，配制高级化妆品。原产地为菲律宾及印度尼西亚爪哇岛。主产地为科摩罗群岛和马达加斯加西北部的贝岛，几乎占世界总产量的80%。我国以云南南部的栽培面积最大，种源来自斯里兰卡。此外，海南、福建、广东均有少量栽培。依兰香树高15~20 m，植后2~4年开始开花，10年进入盛产期，经济寿命约30年。

(5)香茅

香茅为禾本科香茅属，是热带多年生宿根草本植物。从叶片蒸出的香茅油是世界重要的香料油之一。主要成分为香草醛、香叶醇、香草醇。广泛用于配制香皂、香精、香水、牙膏等日用化工品。香草醛经加工制成羟基香茅醛、柠檬醛等，可作食品香料；香茅油又具有杀菌、消炎、舒筋、活络、止痛等功效。

本属有120个种和变种。世界各国主要栽培的品种有爪哇香茅和锡兰香茅。爪桂香茅又名哈潘基里，出油率高(1.2%~1.4%)，含总醇量80%~92%，香草醛34%~46%，油的比重为0.885~0.8895，是世界各国的主要栽培品种。锡兰香茅也称连拿巴图潘基里，出油率0.37%~0.4%，含总醇量55%~65%，香草醛7%~15%，油的比重为0.898~0.910。该种虽然出油率低，但它耐瘠、耐旱，斯里兰卡种于旱瘠土地上。

香茅原产东南亚热带地区，现已分布于北纬24°至南纬23°之间。主产中国、印度尼西亚、危地马拉、斯里兰卡、印度等国。1921年引入中国台湾试种，1935年传入广东，随后广种于海南、广西、云南、福建等地。20世纪80年代，世界香茅油产量4000~6000 t，其中中国产量占一半以上。

(6)八角

八角科八角属，常绿乔木，原产中国广西。果皮、种子、叶都可蒸馏芳香油。叶茴香油或八角油，在鲜果皮中含油量5%~6%；鲜种子含1.7%~2.7%。茴香油在工业上主要用以提取大茴香，再合成为大茴香醛、大茴香醇。这些单体香料主要用于食品、啤酒、制药、化妆品以及日用工业品中。八角果是我国人们喜爱的调味香料，每年的耗用量很大。八角和茴香油也是我国传统的出口商品，在国际市场上享有盛誉。

八角在我国适宜栽培区是在北纬23°~25°，即南亚热带与中亚热带交接地区。主产区在广西的西部和南部。广东、云南、福建南部和贵州南部也有栽培。

0.4.1.6　南方药用作物

南方药用植物指主产或原产于热带和南亚带的药用植物，是药用植物中的一部分。我国的南药分布在云南、广东、广西、福建、四川、贵州和台湾等地。广阔的热带原始森林蕴藏着2000余种生物活性高的化合物，被认为是人类潜在的药物宝库，或称天然药物基因库。然而对热带药物的化学成分研究及其筛选利用为数不多，有待人们进一步开发。我国药用植物有11 000多种，南方药植物类约有4000种，其中常用500余种，依靠栽培的主要药用植物有250种左右。

(1)槟榔

槟榔属常绿乔木，种子含多种生物碱，有效成分为油状槟榔碱，有驱虫、消积、行气、利尿等功效，主治食滞、腹胀痛、腹水、痢疾、绦虫、蛔虫、血吸虫等。果皮称大腹皮，有下气行水作用，主治腹胀、水肿、小便不利等病。未熟果实叫作束儿槟榔，多用作咀嚼料。

槟榔起源于何地，众说纷纭，比较可靠说法为来自马来西亚。公元前传入印度，公元1500年引入桑给巴尔，现广布于热带地区。主产国有印度、孟加拉国、斯里兰卡、马来西亚、印度尼西亚、泰国等。

中国栽培历史悠久，早在史书《图经》上，海南岛已有栽培的记载。主要分布于海南省的东南部和中部。2015年种植9.8×10^4 hm^2。云南、台湾也有栽培。

(2)砂仁

姜科多年生草本，果实和种子入药，有健胃、消食、呕吐、肠炎、痢疾、安胎等功效。产地为广东、海南、广西、福建、云南等省(自治区)。栽培的砂仁种尚有缩砂蜜、海南砂仁、红砂仁、细砂仁、矮砂。东南亚国家也有栽培。

(3)益智

姜科多年生草本植物。干燥果实或种子入药。有治寒性胃痛、脾泻吐泻、遗尿、尿频、遗精等疾。益智是海南特产药材，天然分布于南部、东南部、中部和西南部海拔800 m以下，郁蔽度50%~60%的密林或疏林中，2015年种植7.48×10^4 hm^2。此外，广东、广西、福建、云南也有少量栽培。

(4)巴戟

别名巴戟天，茜草科攀缘木质藤本，以直径1~2 cm的肉质根入药，有补肾壮阳，主治肾虚、阳痿、筋骨疼痛等疾。主产地为广东，海南、广东、广西、福建、云南、四川各省(自治区)均有栽培。巴戟植后5年才可收获，肉质根的深度可达1 m。

(5)三七

为五加科多年生宿根草本，原产广西田州，又叫田七，是三七的别名。产品是植后4~5年收获的根和根茎。三七根可入药，具散瘀止血、消肿定痛的功效，治疗咯血、胸腹刺痛、补血、和血等。

三七是我国特产，分布于云南、广西、四川、湖北、江西等省(自治区)。云南、广西为主产区。

(6)绞股蓝

又名七叶胆，葫芦科多年生草质藤本。胶股蓝属共有13种，我国有11种。植物分析表明，绞股蓝含有50余种皂苷，部分与人参皂苷为同一种物质。目前在五加科植物以外发现含人参皂苷的植物极少。绞股蓝是抗癌新药，对肝癌、子宫癌、肺癌等癌细胞增殖的抑制效果为20%~70%；能增强人体机能，防衰老，耐疲劳、镇静、催眠、降血脂、治疗偏头痛和溃疡等疾。

(7)芦荟

为百合科多年生常绿植物，世界共约300种，其中作为药用作物栽培的种有蜈蚣掌芦荟、翠叶芦荟、好望角芦荟、东非芦荟等。芦荟主要成分是芦荟素，有特殊苦味，可作健胃剂、清泻剂，含有黏液的芦荟叶可治烧伤、刀伤、脚癣、皮肤皲裂等。也可作化妆品原料，有消除皱纹、老人斑、雀斑，能使皮肤恢复弹性等效。芦荟原产非洲南部、现广布于南北纬40°之间的热带、亚热带，遍及非洲、亚洲、欧洲和美洲的干旱地区。我国主要分布在云南元江。

(8)余甘子

又名油甘子，为大戟科落叶小乔木。海南、广东、广西、福建、云南、四川、贵州均有分布。果汁具抗衰老，根有收敛止泻作用，叶可治皮炎、湿疹。

(9)罗汉果

为葫芦科多年生草质藤本宿茎植物。广西永福县主产，为我国特有种，广西其他地区也有少量分布。具清暑润肺，止咳化痰之效，治百日咳、哮喘、高血压、糖尿病、支气管炎等疾。

(10)剑叶龙血树

为龙舌兰科常绿乔木，我国云南孟连1972年发现有分布。含脂木质部中提取“血竭”，有止血、活血、行气、生肌之效。主治跌打损伤、心绞瘁痛、全疮出血、五脏邪气等症。

0.4.1.7 纤维类作物

龙舌兰麻类是龙舌兰科单子叶植物的统称，其下包含21个属670个科，其中以龙舌兰属经济价值最高，常见的栽培种是：剑麻、灰叶剑麻。龙舌兰麻的纤维具有耐磨、拉力强、耐海浸泡、耐酸碱、耐低温、不易打滑等优良特性。主要制成棕绳产品，用于航运业、轮胎帘布、墙纸、抛光地毯等。现已用来制作衣袜，深受消费者好评。粗叶汁可提取皂素，其中海吉宁和替柯吉宁等皂苷元，可制成治疗皮肤炎、湿病、避孕药等多种药物。我国主要种植在广东和广西。

0.4.1.8 其他作物

(1)藤类作物

藤类作物系指棕榈科的藤类植物，全世界有14属600多种，主要分布在亚洲的热带和南亚热带，大洋洲和西非也有少量分布。产品是取其木质化的藤蔓作为藤制品的原料。我国每年消耗量达$2\times10^4\sim3\times10^4$ t，野生资源由于强度采集，已基本枯竭，主要依赖进口，广东、海南等有种植。主产国为印度尼西亚，1990年产原藤13×10^4 t，几乎占世界总产的85%以上。我国有4属25种，其中有栽培前途的有红藤、单叶省藤、白藤(又名鸡藤，长

10 m，直径 0.5~0.8 cm，海南广泛分布，为藤制品主要原料）、越南白藤（20 世纪 60 年代从越南引入我国）、西加省藤（又名灰藤，原产马来半岛、苏门答腊、婆罗洲、菲律宾，是世界著名藤种之一）。

（2）竹类

竹类植物属禾本科，主要生长在热带、亚热带地区，以东南亚的季风带为世界竹子分布的中心。全世界竹类共 50 多属 1200 多种。我国竹子种类多，为世界产竹最多国家之一。据初步统计，共有 26 个属、300 多种。

0.4.2 热带作物分类、分布的特点

以上涉及的作物主要是在我国热带地区已形成规模生产或具有发展希望的经济作物。由上述各类作物来看，明显有别于热带的农学、果树、花卉、蔬菜、林学、牧草等其他农业各分支学科，但实际上又有很多的交叉和共同的理论基础，如澳洲坚果是热带地区的木本油料作物，但目前在我国主要是作为食品工业的原料，其他如腰果、油梨等均有类似情况。所以分类和分布有以下特点：

第一，具有明显的地带性和区域性。我国热带作物种植区是在北纬 18°10′~26°10′、东经 97°39′~118°08′之间，包括了我国北热带的 8×10^4 km² 面积和南亚热带的 36.48 km²，两者相加占我国国土面积的 4.6%。虽然在世界范围来讲，与典型的赤道热带相比，气候条件要逊色得多，但在我国，却是热量条件最优越且是唯一能发展多种热带作物的地区，尤其是真正能称得上热带的地区，面积还不到国土面积的 1%。

第二，不具专一性，作物的范围难以确定一个明确的概念。热带栽培作物的产品包括工业原料、饮料以及药材等，这是本教材的特点，也是热带作物界定的难点。

1. 简述在热区种植热带作物的意义、存在的问题和对策。
2. 新时期热带作物栽培的发展方向有哪些方面？

1. 热带作物栽培学总论．王秉忠．中国农业出版社，1997.
2. 热带作物高产理论与实践．唐树梅．中国农业大学出版社，2007.
3. 农学概论．李建民，王宏富．中国农业大学出版社，2010.

参考文献

戴声佩，李海亮，刘海清，等，2012. 中国热区划分研究综述[J]. 广东农业科学（23）：205-206.

范武波，符惠珍，孙娟，等，2013. 热带南亚热带作物生产贸易情况分析[J]. 热带农业科学（1）：67-72.

李光辉，王富有，刘海清，2010. 世界热带作物生产国农业基本情况简析[J]. 热带农业工程（3）：53-55.

李伟国，2013. 加快推进标准化生产不断提升现代热带作物产业建设水平[J]. 中国热带农业（2）：

4-7.

农业农村部农垦局，2018. 新时代热带作物产业发展的新思路与新举措[J]. 中国热带农业(4)：4-13.

邱小强，张慧坚，常偲偲，2011. 中国热带作物产业发展的战略思考[J]. 中国农学通报，27(6)：362-367.

曾莲，2011. 新时期我国热带作物产业发展的几点思考[J]. 中国热带农业(1)：11-12.

第一篇

热带作物栽培理论与实践

第1章 热带作物栽培的生物学基础及应用

热带作物受遗传因素的制约和外界环境条件的影响，有其自身独特的生长发育规律与生长习性。研究热带作物的生长发育规律与生长习性，针对其特性进行人为调节与控制，使其生长符合种植者的需求。根据生长习性，改善其生长环境，并进行科学指导，克服盲目生产，充分发挥植物潜能，达到高产高效的生产目标。

1.1 热带作物的生长发育

热带作物的生产与其他作物一样，最终是体现在产品的收获上，无论是收获叶片、割取胶乳还是采收果实等都要通过作物的生长发育来实现，那么作物生长发育的好坏就会直接影响到作物产量、品质以及生长成本。作物生长发育的好坏，一方面受作物遗传基础所制约；另一方面又是与环境，包括技术措施在内的各种条件不可分割，即通常人们所说的品种、环境、措施三者密切相关。

1.1.1 热带作物生长和发育的概念、相关性

人们对作物生长和发育现象的观察开始得比较早，但是到目前为止，却很难给生长和发育下一个准确的定义。这是因为生长和发育是一个非常复杂的生物现象。在作物体内所进行的各种生理过程无一不是与生长和发育相联系的，但这些过程又不能单一地列出来成为生长发育的指标。

1.1.1.1 生长和发育的概念

作物的生长和发育是作物一生中的两种基本生命现象，它们之间既有联系又有区别，是两个完全不同的概念。

生长是指作物个体、器官、组织和细胞在体积、质量和数量上的增加，是一个不可逆的量变过程，它是通过细胞的分裂和伸长来完成的。根、茎、叶等器官体积和质量的增加，植株由小到大等都是生长的结果。生长在内部状态上的变化主要是细胞数目的增多和细胞体积的增加。它是通过细胞分裂和伸长完成的，是量的增加过程。作物生长又按器官的不同分为营养生长和生殖生长。作物营养器官根、茎、叶的生长称为营养生长；作物生殖器官花、果实、种子的生长称为生殖生长。营养生长和生殖生长通常以花芽分化为界线，把生长过程大致分为两段。花芽分化之前属于营养生长，之后则属于生殖生长。但是营养生长和生殖生长的划分并不是绝对的，因为作物从营养生长过渡到生殖生长之前，均有一段营养生长与生殖生长同时进行的阶段。

发育是指作物细胞、组织和器官的分化形成过程，也就是作物发生形态、结构和功能上质的变化。如植株根、茎、叶和花、果实、种子的形成，植株由营养生长向生殖生长的转变而产生花、果实、种子等。具体如幼穗分化、花芽分化、维管束发育、分蘖芽的产生、气孔发育等。这里以叶的生长和发育为例：叶的长、宽、厚、重的增加为生长；而叶脉、气孔等组织和细胞的分化则为发育。狭义的发育，通常指作物从营养生长向生殖生长的有序变化过程，其中包括性细胞的出现、受精胚胎形成以及新的繁殖的产生等。

虽说可从量和质的概念上加以区别，但在研究植物形态转化和解决生产实际问题中，却不能把生长与发育直接划分开来。生殖器官的出现，在植物个体发育上是一个巨大的转变，是一个质上的飞跃，但是在植物生殖器官出现前的每一个时期，除了生长上量的变化外，其细胞内部经历着质的逐渐变化，虽然这些质变的性质及其发生的原因，还没有完全弄清楚，但是我们可以说，在植物生长过程中，每时每刻都孕育着质变。因此，生长和发育有所区别，但又不是绝对的。人们常将生长与发育放在一起谈，此时发育的概念是狭义的。

1.1.1.2 生长和发育的相关性及其在生产上的应用

(1)生长和发育的相关性及其应用

生长和发育二者存在着既矛盾又统一的关系。作物的生长和发育是交织在一起进行的。没有生长便没有发育，没有发育也不会有进一步的生长，因此生长和发育是交替推进的。

首先，生长和发育是统一的。

①生长是发育的基础　停止生长的细胞不能完成发育，没有足够大的营养体不能正常繁殖后代。例如，水稻的基本营养生长期，即水稻必须经过一定时间的营养生长后，才能在高温短日诱导下产生花芽分化，如果不经过一定的营养生长期，外界条件满足也不会发育。

②发育又促进新器官的生长(即生长方式又受发育的影响)　作物经过内部质变后形成具备不同生理特性的新器官，继而促进了进一步的生长。生长和发育是紧密相关的，相互依赖，相互作用，因此很难将作物的生长和发育截然分开，特别是进入结果期以后，通常把生长发育连用，或将生长包含两者更广泛的含义，也可区分为营养生长和生殖生长。

其次，生长和发育有时又是相互矛盾。从生产的角度来分析，作物生长发育可以分为 4 种类型：

①协调型　环境条件适宜，措施得当，管理及时，全面发挥品种的潜力，生长和发育协调一致，达到高产、质优、低耗。

②徒长型　营养生长过旺，使生殖器官发育延迟或不良，以致减产、劣质、高消耗。如多年生的木本植物，不恰当地过多施用氮肥时，大量形成徒长枝或树冠过重，冠根比失调，一旦遭受台风侵袭，极易引起断干或倒树的严重损失。又如，在低温期处于生长过于旺盛的热带作物，也易遭受寒害，这在我国热带北缘地区发展热带作物生产中，是最常发生的自然灾害。

③早衰型　长期处于低水平的管理状态，或品种选择不当，或是在不符合收获期标准时，过早地收获产品都可能出现营养生长不良，呈现早衰。作物的生殖器官分化发育过早过快，因而未能发挥品种的潜力，严重减产。在乔木类型的作物，如橡胶树的茎秆会长得

下粗上细，茎秆的圆锥度相对较大等。

④僵苗型　是指作物生长的前期，严重失管。在热带作物生产中，常见在苗期发生草荒，尤其是盛长白茅草或其他杂草的地段，如控制不及时，使幼小苗木被杂草包围，严重争夺水分、养分，以及过度的荫蔽等不利环境，易形成僵苗，生产上通常称谓“老人精”，以致生长不良，发育迟缓，迟熟，低产，品质差。因此，要实现作物产品的高产优质就要根据生产的需要和地区的自然条件，选择当地适宜的作物品种，科学的调控作物的生长发育过程和强度，来创造协调型的作物生产。

另外，生长所要求的条件比较简单，但是为了达到生殖器官出现就要求更为特殊的条件。如植物开花对光照的敏感性很强。由于它们对环境条件有不同的要求，当条件对一方不利时便出现不协调。

栽培作物的收获对象是多种多样的，有的收获生殖器官，有的收获营养器官。正是由于各种作物收获部位的不同，在促进或控制作物的生长发育上也就各不相同。如以营养器官为收获对象的就要抑制其生殖器官的发育；而以生殖器官为收获对象的，如稻麦等主要作物，就要正确处理生长与发育的关系，以达到穗大、粒多、粒饱的目的。所以说不仅要探讨作物生长发育的一般规律，也要研究作物在农业技术措施影响下生长发育的特殊规律。

(2)营养生长和生殖生长的关系及其应用

营养生长与生殖生长既相互依赖又相互制约。营养生长是生殖生长的基础。营养生长是作物转向生殖生长的必要准备。如果没有一定的营养生长期，通常不会开始生殖生长。因此，营养生长期生长的优劣，直接影响到生殖生长期生长的优劣，最终影响到作物产量的高低。一般说来，营养生长期的生长必须适度，生殖生长期才较好，作物产量也较高。如果营养生长期生长过旺，如在水肥条件好的情况下，特别是施用化肥过多，使作物营养生长过度而枝叶繁茂，致使花芽分化(幼穗分化)缓慢，花芽数量(或幼穗小花数量)减少，严重时花器官还可能转为营养器官；反之，若营养生长期生长不良，则生殖生长期生长受到明显抑制，花芽分化(幼穗分化)同样缓慢，花芽数量(或幼穗的小花数量)也少，同样也会导致作物减产。如咖啡树开始结果时要摘花控果，以保证咖啡幼树生长。如进行橡胶树育种或选种橡胶树品种时，也要考虑其开花性能，若开花繁茂则会影响橡胶树的生长和胶乳产量。

生殖生长对营养生长的影响主要表现在抑制作用，过早进入生殖生长，则会抑制营养生长；受抑制的营养生长，反过来又制约生殖生长，如白菜类、甘蓝类、根菜类或葱蒜类等作物，栽培时早期应促进营养生长，避免过早进入生殖生长，以保证叶球、肉质根、鳞茎等营养器官的形成。对陆续开花结果的植物来说，生殖生长对营养生长的影响是阶段性的。如无限生长类型的番茄，最初的两三个花序着果以后继续留在植株上，则营养生长显著减弱，主茎伸长缓慢，已开放的花或幼果往往不能迅速膨大。如果摘去一次果实，植株的高度会迅速增长一次，上部的幼果也会迅速膨大，生产中可以看到一株番茄如果不摘心，可以生长很高，下面不断采收果实，上面不断继续坐果。如油棕、椰子等热带作物，成龄后每抽一片叶，就有一个花序，基本上常年开花结果，而且它们粗壮的茎干中储存着丰富的养分，当植株开花结果需要大量光合产物而新合成的光合产物供应不上时，这些营养物质就会被释放出来，起补充和调节的作用。对于多年生作物来说，一年只结果一次，且又非常集中，有非常多的果实需要营养，如咖啡、胡椒等，其枝叶茎干中的贮存物质不如椰子、油棕那样丰富，如果水肥管理不当，结果常表现为大小年。

在协调营养生长和生殖生长的关系方面，生产实践中已积累了很多经验。如在进行胡椒栽培时，早期须将花摘除以促进枝蔓生长，加速树型的形成，直至胡椒植株封顶后，有较大结果面时，才留花结果，从而使产量达到高产稳产，经济寿命期也长。在果树生产中，适当疏花、疏果可以使营养收支平衡，并有积余，可以保证年年丰产，消除大小年现象。对于以营养器官为收获物的作物，如茶树种植时，除采种园外，对于采叶茶园，应采用合理剪、采或喷施化学除花剂(如乙烯利等)诱导茶树落花落果，严格控制其生殖生长，可有效地促进营养生长。

1.1.2 热带作物的器官与相关性

器官是栽培和管理热带作物的载体，更是热带作物采收的对象。在作物个体发育过程中，根、茎、叶、花、果实和种子在植物体内有一定的形态结构，是构成植物体的六大器官，担负着一定的生理功能。其中，根、茎、叶与植物营养物质的吸收、合成、运输和贮藏有关，称之为营养器官；而花、果实、种子与植物产生后代密切相关，称为繁殖器官。

1.1.2.1 器官的类型

(1)种子

种子是由胚珠发育而成，成熟的种子由种皮、胚和胚乳构成。胚分胚芽、胚根、胚轴和子叶4部分。种子萌发后，胚根、胚轴和胚芽分别形成植物体的根、茎、叶，因而胚是植物新个体的原始体。种子内子叶的数目随植物而异，具有两片子叶的植物称为双子叶植物，如橡胶树、咖啡树、胡椒、油梨等；具有一片子叶的植物称为单子叶植物，如椰子、砂仁、龙舌兰麻、豆蔻、益智、槟榔等。胚乳是贮藏营养物质的组织。有些植物的种子内含有胚乳。有些植物的胚乳在种子成熟过程中被胚全部吸收利用，成为无胚乳的种子，其营养主要贮藏在子叶中。胚乳或子叶中贮藏的营养物质在种子萌发过程中陆续分解与转化，供胚生长。

依据种子的贮藏行为，Roberts把农作物种子分为传统型种子、顽拗型种子和中间型种子。

①传统型(正常性)种子　大多数植物的种子，能耐脱水和低温(包括零上和零下低温)，寿命往往较长，故又称为正常性种子。正常性种子必须具备两个条件：a. 种子忍耐含水量2%~6%的干燥，高于此含水量的上限时，种子寿命与种子水分呈负对数关系。b. 种子水分恒定的条件下，种子寿命与贮藏温度呈负相关。正常种子在成熟时的含水量低，一般均可贮藏较长的时间。

②顽拗型种子　如可可、杧果、橡胶树、椰子、油梨、菠萝蜜、坡垒、青皮等的种子。顽拗型种子在生理成熟时期的含水量为50%~70%，一般不经过成熟脱水，其脱离母株时的含水量相对较高，种子对脱水伤害的反应高度敏感。可可种子的含水量低于27%，贮藏在17 ℃以下时，发芽率迅速降低，而含水量为33%~35%，贮藏温度为17~30 ℃时，贮藏70 d后，发芽率仍为67%，研究表明：离体橡胶树种子短时间内迅速丧失萌发力，主要原因是种子(胚或外胚乳)含水量的大幅度快速下降，导致生理代谢失调，种子生命力的下降。顽拗型种子无休眠期，成熟后应随采即播，以获最高发芽率。这类种子的贮藏

方法，迄今仍为一大难题。

③中间型种子　贮藏特性表现为适度的耐干，临界含水量可下降到7%~10%（相对应的相对湿度为40%~50%），在此界限以上，种子贮藏寿命与其含水量呈负相关的关系，但含水量低于此界限时，这种关系发生逆转，随之发生伤害，贮藏温度一般不得低于10℃，如咖啡、番木瓜、人参果等。

（2）根（根系）

植物学上将一个植物体所有的根称为根系，按形态分为直根系和须根系。直根系有粗壮的主根、侧根组成。大多数双子叶植物属直根系，如橡胶树、可可、桉树等均属此类。用扦插或压条法培养成的植株，虽无主根，但其中有一、二条不定根发育健壮、垂直向下生长，也具有直根系的特性。另一类植物其主根在发育过程中停止生长，然后在茎基部的节上产生许多粗细相似，细长如须的不定根，这类根系称为须根系植物，单子叶植物多属此类，热带作物中如椰子、槟榔、砂仁、豆蔻、益智、香茅等。椰子的须根，茎粗差异不大，都不超过1 cm。但其数量每株树可多达4000~7000条。据此特性，生产上广泛用于扦插、压条和分株等方法，作为无性繁殖的手段。

作物根系的主要功能是吸收、输导、支持、合成和贮藏。它是由初生根、次生根和不定根生长演变而成。按根的着生部位、发生先后、形态和功能，可分为：

①初生根　由种子内胚根发育而来，初生根也称种子根。初生根条数主要受作物的遗传特性决定，但其分枝数及长度与重量却在很大程度上受外界环境条件的控制。

②次生根　双子叶作物中，次生根为侧根或分枝根；禾谷类作物中，为基本节间的根（节根）。与初生根相比，次生根和支持根则更易受环境的影响而变化，因此，不同作物、不同品种在相同栽培条件下，或同一品种、同一作物在不同栽培条件下，其根系的生长、分布及生理功能均有可能出现明显的差异。

③不定根　植物的茎、叶、芽等营养器官在一定条件下所形成的根叫不定根。如砂仁匍匐茎在生长过程中形成的根。

④变态根　植物在进化的过程中，适应不同的环境条件，某些植物的根系长期地执行着特殊的功能，因而出现了许多变态的根。贮藏根：指根的一部分或全部肥大肉质，其内贮藏营养物质。依形态不同可以分为圆锥形根、圆柱形根、圆球形根、块根。如巴戟的根，基部粗壮肥大，称为肉质根，可以贮藏大量的水分和养分。气生根：生长在空气中的根，如石斛等。椰子、香草兰、胡椒等均生有气根，可以从空气中吸收水分。支持根：自地上茎节处产生一些不定根深入土中，增强支持作用，并含叶绿素能进行光合作用，如薏苡等。寄生根：插入寄主体内，吸收营养物质，如桑寄生、槲寄生等。攀缘根：不定根具有攀附作用，如常春藤等。

⑤根瘤和菌根　豆科植物的根上形成的瘤状物称为根瘤。它是微生物和植物根系共生形成的，根瘤内的根瘤菌从根的皮层细胞中吸收营养，它本身又将空气中的游离氮固定并合成含氮化合物，供豆科植物利用，两者建立了互利的共生关系。

菌根有外生菌根和内生菌根两种形式。在热带地区常见的许多果树，如柑橘、龙眼、荔枝等根均具有菌根。菌根的形成增大了根的表面积，它和根毛一样，有助于根的吸收作用。菌丝呼吸释放出大量的二氧化碳，溶解后形成碳酸，可提高土壤的酸性和促进盐类的溶解；有的菌丝尚有固氮作用或把不能被植物利用的有机氮变为可利用状态；菌丝还能产生一些生长活跃物质，如维生素 B_1、维生素 B_6 等，促进根系的生长。由此可见，菌根的形成对作物的生长发育具良好的作用。

热带作物种植园建立初期，广泛种植毛蔓豆、蝴蝶豆、蓝花毛蔓豆、爪哇葛藤等蔓生豆科覆盖物，用以保持水土、改良土壤及控制杂草等，是行之有效的栽培技术措施。现已查明，某些非豆科植物，如木麻黄属等也有结瘤固氮作用，因此，它成为热带海岸造林的先锋树种。现在，已成功地用遗传工程方法，使固氮菌的固氮基因转移到其他细菌上，使转基因菌也具有固氮能力，这对生产实践将有重大的意义。

(3)芽

①定芽和不定芽　着生在枝条上一定位置的芽称为定芽。除定芽外，在多年生枝、根系叶片和形成层等部位，也能长出新芽，这种没有一定生长位置所形成的芽称为不定芽。热带作物生产中常利用植株能产生不定芽的性状进行无性繁殖。

②顶芽和腋芽　位于枝条顶端的芽称为顶芽；长在叶腋的称为腋芽或称为侧芽。在橡胶树的枝条上，每一蓬叶除有 10~25 枚腋芽外，两个叶蓬之间还有 6~7 枚复叶已退化的腋芽——鳞片芽，鳞片芽在一定条件下也可萌发，所以能用作芽接时的芽片之用。

③单芽和复芽　一个叶腋中只有一个腋芽的称为单芽，如橡胶树、油梨等。而在同一叶腋内可以形成两个以上的芽称为复芽。生于叶腋正中的芽称为主芽，在主芽的两旁或在其上方或下方者称为副芽，如咖啡的叶腋中有一对叠生芽，靠近叶腋的上面一个芽为主芽(上芽)，上芽萌发成水平结果枝，每个上芽只抽生一次。下芽为副芽，它可萌发为直生枝并培育成主干，下芽则可多次抽生。

④吸芽和珠芽　龙舌兰麻的地下茎顶端露出地面时，所形成的芽称为吸芽。它也是繁殖材料的一种，如龙舌兰麻的吸芽。珠芽是在龙舌兰麻开花、结果后，位于花柄离层下方的芽点发育而成的，未萌发前为鳞片所保护，珠芽靠母株养分长大，经 3~4 个月遂脱离母株，也是无性繁殖材料的一种。

此外，还有按芽在其发育后所形成的器官不同，分为叶芽、花芽或花叶兼有的混合芽。

(4)叶

叶是由叶片、叶柄和托叶 3 部分组成，具备上述 3 部分的称为完全叶；反之叫不完全叶。作物的叶可分为子叶和真叶。子叶是胚的组成部分，着生在胚轴上。真叶简称叶，着生在主茎和分枝(分蘖)的各节上。叶(真叶)起源于茎尖基部的叶原基。在茎尖分化成生殖器官之前，可不断地分化出叶原基，因此茎尖周围通常包围着大小不同、发育程度不同的多个叶原基和幼叶。双子叶作物有两片子叶，内含丰富的营养物质，供种子发芽和幼苗生长之用。其真叶多数由叶片、叶柄和托叶 3 部分组成，称为完全叶，如大豆等；但有些双子叶作物缺少托叶，如甘薯、油菜等；有些缺少叶柄，如烟草等，称为不完全叶。

一个叶柄上只有一个叶片的叶称为单叶，如咖啡、茶叶等。在叶柄上着生两个以上完全独立的小叶片则称为复叶。复叶在单子叶植物中很少，在双子叶植物中则相当普遍。根据总叶柄的分枝情况及小叶片的多少，复叶可分为以下类型：

①羽状复叶　小叶片排列在总叶柄两侧呈羽毛状。顶生小叶一个者称为奇数羽状复叶，如刺槐、紫藤等。顶生小叶两个者称为偶数羽状复叶，如双荚决明、皂荚等。叶轴不分枝者称一回羽状复叶、如刺槐、紫藤、双荚决明等。叶轴分枝一次者称二回羽状复叶，

如凤凰木、蓝花楹、合欢等。

②掌状复叶　小叶排列在叶轴顶端如掌状称为掌状复叶，如木棉、七叶树等。

③三出复叶　只有三个小叶的复叶称为三出复叶，如橡胶树、木豆等。

④单身复叶　只有一个小叶的复叶称为单身复叶，如柑橘、柚等。

(5)茎

不同植物的茎在适应外界环境上，有各自的生长方式，使叶能有空间开展，获得充分阳光，制造营养物质，并完成繁殖后代的作用，产生了以下几种主要的类型。

①直立茎　茎干垂直地面向上直立生长的称为直立茎。大多数植物的茎是直立茎，在具有直立茎的植物中，可以是草质茎，也可以是木质茎，如木豆为草质直立茎。

②缠绕茎　这种茎细长而柔软，不能直立，必须依靠其他物体才能向上生长，但它不具有特殊的攀缘结构，而是以茎的本身缠绕于它物上。缠绕茎的缠绕方向在每一种植物中是固定的，有些是向左旋转(即反时针方向)，如牵牛、茑萝；有些是向右旋转(即顺时针方向)，如金银花；也有些植物的缠绕方向可左可右，如何首乌。

③攀缘茎　这种茎细长柔软，不能直立，唯有依赖其他物体作为支柱，以特有的结构攀缘其上才能生长。根据攀缘结构的不同，可分为以卷须攀缘的，如丝瓜、葡萄；以气生根攀缘的，如常春藤；以叶柄的卷曲攀缘的，如威灵仙；以钩刺攀缘的，如猪殃殃；还有以吸盘攀缘的，如爬山虎等。在少数植物中，茎即能缠绕，又具有攀缘结构，如葎草。它的茎本身能向右缠绕于他物上，同时在茎上也生有能攀缘的钩刺，帮助柔软的茎向上生长。

④平卧茎　茎通常草质而细长，在近地表的基部即分枝，平卧地面向四周蔓延生长，但节间不甚发达，节上通常不长不定根，故植株蔓延的距离不大，如地锦、蒺藜等。

⑤匍匐茎　茎细长柔弱，平卧地面，蔓延生长，一般节间较长，节上能生不定根，这类茎称匍匐茎，如益智、砂仁等。有少数植物，在同一植株上直立茎和匍匐茎两者兼有，如虎耳草、剪刀股。在这种植物体上，通常主茎是直立茎，向上生长，而由主茎上的侧芽发育成的侧枝，就发育为匍匐茎。有些植物的茎本身就介于平卧和直立之间，植株矮小时，呈直立状态，植株长高大不能直立则呈斜升甚至平卧，如酢浆草。

此外，按照茎的变态可分为：

①茎卷须　在植物的茎节上，不是长出正常的枝条而是长出由枝条变化成可攀缘的卷须，这种器官称为茎卷须。如葡萄茎茁壮成长的节上，即生有茎卷须。常见的茎卷须中，有分枝和不分枝两种情况。有一种很特殊的形态，就是在卷须分枝的末端，膨大而成盘状，成为一个个吸盘，可分泌黏质，黏附于他物上，使植物体不断向上生长，如爬山虎。

②茎刺　在植物的茎节上长出的枝条发育成刺状，称为茎刺。同茎卷须一样，茎刺也有分枝和不分枝两种，前者如皂荚；后者如枸橘。在许多植物体上常可以看到刺，刺的形态、质地、着生的部位，为我们提供了识别植物的有用依据。植物体上的刺，大体上有三类：一是茎刺；二是皮刺；三是托叶刺。三者的形态、质地、着生部位都有所不同。茎刺来源于枝条，质地坚硬，呈木质，不易折断和剥落，着生位置始终在节上；皮刺来源于植物体的表皮，质地较软，呈草质，易于剥落，着生位置不固定，在茎上、叶片上、叶柄上都可出现；托叶刺则来源于托叶，由托叶演变而来，质地不一，但着生位置基本上都在叶柄的基部，常成对出现。正确区分上述三种刺是识别植物的重要前提。

③根茎　根茎或称根状茎，是某些多年生植物地下茎的变态，其形状如根，称为根茎，如芦苇、莲、毛竹都有发达的根茎。俗称的“芦根”即芦苇的根茎，藕就是莲的根茎，竹鞭即竹的根茎。尽管不同的植物根茎形态各异，但它们都具有一些共同的特征。首先根茎都是长在地下，以水平横向的方式生长；其次在根茎上可以看到茎的基本形态特征，就是有节、节间，在节上也长叶，在叶腋中同样也生有侧芽（这是区分茎和根的最基本方法）。根茎的节通常是很明显的，如藕、黄精，它们的节间呈肥厚肉质；有些植物的根茎节间细长，如芦苇、白茅。在根茎上所生长的叶，其形态与正常的叶不一样，通常呈薄膜状或鳞片状，不呈绿色，包围在节上。在根茎的顶端生有顶芽，能不断向水平方向生长；在侧面有侧芽，冬笋就是毛竹根茎上的侧芽。

④块茎　某些植物的地下茎末端膨大，形成一块状体，这种生长在地下呈块状的变态茎称为块茎，如马铃薯的薯块。菊芋的地下茎也会膨大成块茎，俗称“洋生姜”。在块茎上同样可能看到茎的特点，如有节、节间、退化的小叶，以及顶芽、侧芽等，如果我们在一块放置比较久的长芽马铃薯块上仔细地观察，可以在它上面看到许多凹穴，在一侧许多凹穴的中心有一个芽，这就是顶芽，其周围许多凹穴中生有多个侧芽；在凹穴的稍下侧有一半圆形横脊，这就是节，在新鲜的薯块上，横脊上可看到有一细小的鳞片状叶。

⑤鳞茎　某些植物的茎变得非常之短呈扁圆盘状，外面包有多片变化了的叶，这种变态的茎称为鳞茎，如洋葱、大蒜、百合等。上述 3 种植物都具有鳞茎，但这 3 种鳞茎的构造又稍有不同。洋葱的鳞茎四周是一层层套叠的肉质鳞片，把扁平状高度压缩的茎紧紧地围起来，外侧有几片薄膜干枯的鳞片，是地上叶的叶基。地上叶枯死后，叶片基部干枯呈膜质，包在整个鳞茎的外面。大蒜在成熟后，鳞茎（即食用的大蒜头）的底部因木质化而变得紧硬起来，外围的膜质叶基干枯而无食用价值，膜质叶间的腋芽却充分地生长起来，显得肥厚而呈肉质，即食用的大蒜瓣。百合的鳞茎由许多半月形的肉质鳞片相互覆盖在缩短了的茎上而形成。显然鳞茎的形态各有不同，但都可能在它们上面看到茎的特点，有节，有缩短了的节间和叶片。

⑥球茎　某些植物的地下茎先端膨大成球形，称为球茎，如荸荠、慈姑、芋艿。球茎是块茎与鳞茎之间的中间类型，外形似鳞茎，结构近似块茎，常有发达的顶芽，节和节间明显可辨，并具有腋芽，鳞叶稀疏而呈膜状。通常球茎全部埋于泥中。

（6）花

被子植物的花由花柄、花托、花萼、花冠、雄蕊、雌蕊几部分组成。具有花萼、花冠、雄蕊、雌蕊四部分完全具备的叫称为完全花，如茶树、咖啡、龙舌兰麻、可可、油梨的花；不完全具备这四部分的称为不完全花，如椰子、油棕、胡椒、橡胶树、槟榔等的花。

①花的组成

花柄和花托：花柄是每一朵花的着生小枝，坐果后即成为果柄。花托是花柄顶端着生花萼、花冠、雄蕊、雌蕊的部分。有的植物花托特别膨大，而成为收获产品，如草莓、苹果、梨等。我们人吃的果实就是花托。腰果果实中的假果——果梨，也是由花托膨大而成。

花萼和花冠：这两部分又总称花被。花萼是由若干萼片组成的。多数植物开花后萼片脱落。花冠由若干花瓣组成，花瓣因含有花青素或有色体而在开花时呈现各种色彩，如咖啡花白色，且还具芳香味。

雄蕊和雌蕊：雄蕊是种子植物产生花粉的器官。一朵花中有很多雄蕊合称为雄蕊群。每一雄蕊由花丝和花药两部组成。花药着生于花丝的顶端，能产生花粉，通常由 4 个或 2 个花粉囊组成。花粉囊内产生的花粉成熟后，花粉囊即裂开，散出花粉，并以不同方式进行授粉。雌蕊是种子植物的雌性繁殖器官，生于花的中央部分。由一至若干个适应于繁殖的变态叶——心皮卷合而成。基部膨大部分叫子房；子房上方为花柱；花柱顶端即为柱头，由柱头接受花粉、经花柱进入子房，子房内的胚珠经受精即发育成为种子，子房发育成为果实。

②花的性别　雌雄花同在一花朵内的称为两性花，如咖啡、可可、油梨、腰果、茶树、油茶、香草兰等，其中比较特殊的是油梨，花虽为两性，但大部分品种为雌雄异熟，即一类品种是上午雌蕊成熟，中午闭合，下午雄蕊散出花粉；而另一类品种却正好相反。因此，在种植油梨时，应合理配置两种开花类型的品种，使花期相遇，才能获得丰产。腰果有两性花，也有雄花和雌雄蕊都退化的花。单性花是指仅有雄蕊或雌蕊的花。仅有雄蕊而无雌蕊或雌蕊退化的称为雄花；单有雌蕊的花称为雌花。雌雄花同生于一株植物上的称为雌雄同株；只有雌花或雄花的称为雌雄异株。例如，橡胶树是雌雄同株，但同序异花，在同一个圆锥花序中，雌花着生于花序梗顶端，雄花则位于花序梗下方。油棕是退化的单性花，呈现为雌雄同株异序。椰子也是雌雄同穗(肉穗花序)的单性花。

③花序　有些植物的花，单独生在茎上的称为单花，如油茶、玉兰、月季、莲等。大多数植物的花，都是以几朵甚至数百朵花按一定顺序排列在花枝上，这样的花枝称为花序。花序又可归属为两大类：一类是无限花序；一类是有限花序。橡胶树、腰果、油梨为圆锥花序；椰子、油棕、槟榔等为肉穗花序，也称佛焰花序；胡椒为穗状花序。上述作物的花序均为无限花序。可可的花序为聚伞花序，咖啡为二歧聚伞花序，属有限花序。

(7)果实

果实按植物学分类方法，主要是依据果皮是否肉质化可分为两大类型：肉果和干果。

肉果依果皮变化又可分浆果、核果和仁果。例如，咖啡、胡椒、可可等为浆果；油棕、椰子、油梨为核果；梨、苹果等为仁果。

干果依据果实成熟后，果皮是否裂开分为裂果和闭果。果皮裂开的称为裂果，果皮不裂开的称为闭果。裂果又可根据其组成和开裂方式分为蓇葖果，如八角茴香；蒴果，如巴西橡胶，龙舌兰麻等；荚果，几乎豆科植物的果实都属此类；此外还有长角果和短角果。闭果又可分为瘦果、颖果(如香茅)、翅果和坚果如(腰果、澳洲坚果)等。

1.1.2.2　热带作物器官生长的相关性

(1)根系生长与地上部分生长的相关性

作物的地上部分(也称冠部)，包括茎、叶、花、果实、种子与地下部分包括根，也包括块茎、鳞茎等有密切关系，就是通常说的“根深才能叶茂”“壮苗先壮根”，根系生长不好，则地上部的生长会受到很大影响；相反，地上部分的生长对根系的生长也重要作用。

第一，根系与地上部器官之间的生长关系。

根系生长依靠茎、叶制造的光合产物，而茎叶生长又必须依靠根系所吸收的水分、矿质营养和其他合成物质(细胞分裂素、赤霉素、脱落酸)。植物的地上部分和地下部分处在不同的环境中，两者之间通过维管束的联络，存在着营养物质与信息的大量交换。一方面根系吸收水分、矿质元素等经根系运至地上供给叶、茎、新梢等新生器官的构建和蒸腾；另一方面根系生长和吸收活动又依赖于地上部叶片光合作用形成同化物质并通过茎从上往下的传导。另外，激素物质在调节地上部与地下部之间的关系上也起着重要的作用，正在生长的茎尖合成生长素，运到地下部，促进根系的生长。

第二，根系重量与地上部重量的相互关系(根冠比)。

作物在生长过程中，地上部和地下部在重量上表现出一定的比例，通常用根冠比来衡量，根冠比=根系重/冠部重，根冠比在作物生产上可作为控制和协调根系与冠部生长的一种参数。不同作物、不同品种的根冠比是不同的；同一作物、同一品种不同生育期的根冠比也不一致。根冠比是一个相对数值，根冠比大，不一定说明根系的绝对重量大，而可能是地上部的生长太弱所致。一般来说作物苗期根系生长相对较快，根冠比较大，随着冠部生长发育加快，根冠比越来越小。对于块根、块茎类作物而言，生长前期，由于有繁茂的冠层，根冠比较小，随着生长发育根冠比也越来越大。例如，甘薯前期根冠比约为 0.5，到收获期为 2 左右。

第三，影响根冠比的因素。

土壤水分：大量研究表明，在一定的水分范围内根系生长与土壤水分状况之间呈正相关关系，水分不足和水分过多都会改变作物根系大小、数量及分布，使根系生长异常或抑制根系的功能，进而影响到冠层生长发育和籽粒产量。土壤含水量下降时，植物为了寻找更多的水源，由地上部向根部运输的同化物增加，使作物将有限的同化物分配到可吸收水分最多的地方，因而根系生长加快，地上部生长明显受抑制，根冠比增大，但并不一定增加根系的绝对量，只是根长度分布下移，而根系总长和总量则减小。水分不足时，相比之下地上部生长明显受抑制。根系尤其是根尖部位具有较强的渗透调节能力，仍能维持较高的生长速率。

矿质营养：土壤 N、P 含量高时，根系生长良好，但与地上部相比，生长不如地上部，因而降低根冠比；N、P 含量低时，根系相对增加，以便增加养分吸收面积，因而使根冠比增高。K 与 N、P 的影响不同，K 含量高的土壤中，根冠比高于 K 含量低的土壤，而且缺 K 并不能促进根系的相对生长。这是由于土壤 K 含量低时，其植株对 Ca、Mg、N 等阳离子的吸收量增多，这些离子在一定程度上替代了 K 的作用，因而作物并不需增加其根的生长来满足地上部分对 K 的需求。然而，简单地测定根冠的相对生物产量并不能揭示养分供应改变引起的根系细小反应，例如，N 缺乏并不影响大麦的根冠比，而它的确抑制了侧根生长而不影响胚根生长或者主侧根数目。

光照：在一定范围内，光强提高光合产物增加，这对根、冠的生长都有利。但在强光下，空气中相对湿度下降，作物地上部蒸腾增加，组织中水势下降，茎叶的生长易受到抑制。长期在强光照射下会使根冠比增大；若光照不足，向下输送的光合产物减少，影响根部生长，而对地上部分的生长相对影响较小，所以根冠比降低。光周期对根冠比也有影响，一般长日照植物在长日条件下、短日照植物在短日条件下均有较高的根冠比，这与开花或有幼果的植株比营养生长期的根冠比较高是一致的。原因可能在于花、果对营养物质强大的需求，限制了营养向根系中的流动。

热量(温度)：通常根部的活动与生长所需要的温度比地上部分低些，故在气温低的秋末至早春，植株地上部分的生长处于停滞期时，根系仍在生长，根冠比因而加大；但当气温升高，地上部分生长加快时，根冠比则下降。

修剪、整枝与疏果：修剪与整枝去除了部分枝叶和芽，当时效应是增加了根冠比，然而其后效应是减少根冠比。这是因为修剪和整枝后刺激了侧芽和侧枝的生长，消耗大部分光合产物或贮藏物用于新梢生长，削弱了对根系的养分供应；因地上部分减少，留下的叶与芽从根系得到的水分和矿质(特别是氮素)的供应相应地增加，因此地上部分生长要优于地下部分的生长。

地上部分结果太多，根系就会停止或生长非常缓慢，摘除部分果实，使一部分光合营养物质运输到根部，就可以增加根的生长量。如果摘除一部分叶片，因为减少了制造养分的器官，相应地供给根的养分也会减少，根的生长量减少。所以，定植时子叶或叶片受损伤或脱落，叶片减少，都会削弱根的生长，使缓苗期延长或不能成活。因此，摘除1片叶子或剪掉1个枝条，对整个植株的关系，并不是单纯地少了1片叶子或1个枝条，同时也影响到未摘除的叶、枝条及其他器官的生长发育。果树的修剪调节及蔬菜、花卉的整枝、摘心、打杈、摘叶、吊蔓等植株调整工作由于能有效调整各器官的比例，提高单位叶面积的光合效率，促进生育平衡，因此在作物优质、高效生产中发挥着重要作用。

中耕与移栽：中耕引起部分断根，降低了根冠比，并暂时抑制了地上部分的生长。但由于断根后地上部分对根系的供应相对增加，土壤疏松通气，这样为根系生长创造了良好的条件，促进了侧根与新根的生长，因此，其后效应是增加根冠比。苗木、蔬菜移栽时也有暂时伤根，以后又促进发根的类似情况。如甘薯在块根形成期，进行提蔓，可拉断不定根，减少对水肥的吸收，抑制茎叶徒长，提高根冠比，有利于块根增产。

生长调节剂：三碘苯甲酸(TIBA)、整形素、矮壮素(CCC)、缩节胺等生长抑制剂或生长延缓剂对茎的顶端或亚顶端分生组织的细胞分裂和伸长有抑制作用，使节间变短，可增大植物的根冠比。赤霉素、油菜素内酯等生长促进剂，能促进叶菜类(如芹菜、菠菜、苋菜等)茎叶的生长，降低根冠比而提高产量叶的少，而分配给块根(或块茎)的多。

(2)主茎(顶芽)和侧枝(侧芽)的生长特性在生产上的应用

作物的主茎和侧枝之间也存在密切的生长相关性。当主茎顶芽生长活跃时，下面的腋芽往往休眠而不活动；如果顶芽被摘除或受损伤，腋芽就迅速萌动而形成分枝。这种顶芽对腋芽生长的抑制作用，通常称为顶端优势。

同一作物在不同生育期，其顶端优势也有变化。如稻、麦在分蘖期顶端优势弱，分蘖节上可多次长出分蘖。进入拔节期后，顶端优势增强，主茎上不再长分蘖；玉米顶芽分化成雄穗后，顶端优势减弱，下部几个节间的腋芽开始分化成雌穗。农业生产中利用和控制顶端优势具有重要意义。例如，在玉米、烟草、麻类栽培中，要利用和加强顶端优势，维护顶芽，保持单杆生长，才能获得高产优质的农产品。有的则需控制和消除顶端优势，以促进侧枝的生长。例如，果树的整形修剪以达到控制徒长，使养分集中，促进花果着生和果实肥大的目的。在茶树栽培中，经常摘芽断尖，促进更多的侧枝生长，从而增加茶叶产量。在花生生产中，常利用三碘苯甲酸(TIBA)处理花生顶芽，抑制顶端生长，增加有效下针数，成为增产的有效措施。

(3)以营养器官为产品的收获强度对热带作物生长发育的影响

以营养器官为产品的收获过程也是对植株的伤害过程，如采胶是伤害韧皮部，采茶、龙舌兰麻和香茅割叶更是对同化器官的损伤，因此，不可避免对作物的整体都有影响的。尤其对多年生作物，在收获产品时，必须处理好短期效益与整个经济寿命期的长远效益之间的平衡。

橡胶树的产品是从茎干的韧皮部割取胶乳，一般当树围达到 50 cm 时才进入投入期 。橡胶树由非生产期转人投产期，茎围的年增长量明显减少 1/2~2/3，这表明由于采胶伤口的恢复与胶乳的排出，所需弥补的养分消耗很大，橡胶树的营养生长明显受挫，具体影响因品系不同而存有差异。因此，在橡胶树的初产期应特别强调保护产胶潜力。

在橡胶树的整个经济寿命期，需要处理好排胶强度与保护产胶潜力两者的关系。排胶过度易引起生理性病害——死皮病(含褐皮病和割线干涸)。

1.1.2.3　各器官生长特性在生产上的应用

(1)种子的生长特性在生产上的应用

种子主要是繁衍后代，或培育成实生苗直接成为种植材料，如椰子、油棕、小粒种咖啡、槟榔等；或培育成砧木供嫁接后作为种植材料，如橡胶树、油梨、澳洲坚果、腰果等。

被子植物的种子是由胚、胚乳和种皮发育而成的。种子的形成主要有以下 3 个阶段：

胚的发育：胚是合子发育成的，合子是胚的第一个细胞。合子经分裂成胚柄和胚体，后者进一步分裂分化出子叶、胚芽、胚轴和胚根等部分，逐渐形成有一定形态结构的胚。

胚乳发育：被子植物的胚乳，是极核受精后发育而成的。极核受精后立即分裂，数量增加到布满整个胚囊，才形成胚乳细胞，整个组织称为胚乳。胚乳是供给胚发育所需养料的储藏组织。

种皮的形成：种皮是由胚珠的珠被形成的。成熟种子的种皮，外层常为厚壁组织，内层常为薄壁组织，中间各层往往分化为纤维、石细胞或薄壁细胞。有些植物有假种皮，如荔枝、龙眼果实中可食用的肉质部分，是由珠柄或胎座发育而成的，包于种皮之外，称为假种皮。

种子萌发主要是当种子遇到适宜的水分、温度和氧气后，开始各项生理活动，种子膨胀，种皮变软，贮藏的营养物质陆续分解与转化，供胚生长。胚根突破种皮向下生长，形成幼根，并依靠胚轴的伸长，将胚芽或子叶顶出土面，开始成苗。种子由胚成长为幼苗时，按子叶出土与否将作物分为两类：一类是子叶出土的热带作物，如咖啡、八角、木棉、白木香、石栗、瓜栗、大叶相思、台湾相思等。这类植物的种子萌发时，下胚轴伸长，先弯曲成弧形，出土后逐渐伸直，将子叶和胚芽带出地面。子叶见光转绿，并逐渐长大，成为幼苗最早进行光合作用的器官。子叶生长的好坏及其寿命，对幼苗生长有着重要的作用，保存好子叶是幼苗健壮成长的主要条件。另一类是种子发芽时子叶不出土的热带作物，如油梨、茶、油茶、肉桂、橡胶树等，它们的种子萌发时，下胚轴不伸长，幼苗出土后子叶留在土中。这类植物的子叶仅在发芽时起到供给养分的作用。

种子的生长特性在生产上的应用主要表现为：

一是反映种子质量，指导培育全苗壮苗。幼苗未出现绿叶之前是靠种子内的胚乳或子叶里贮藏的营养进行生长的，因而选用饱满、充分成熟、不带病虫的种子是保证全苗、壮苗的基础。

二是指导播种。热带作物的种子，凡属“顽拗性”的，最好采集成熟的种子，并做到随采随播。如需作短期的贮藏，也必须在常温条件下，控制水分和空气；在干燥和零上低温贮藏条件时，均会使种子加速丧失生命力。热带作物的大多数种子宜浅播。具有良好的通气条件，充足的水分供应和适当的荫蔽都是必须的。

(2)根系的生长特性在生产上的应用

一个植物体所有的根称根系，它的功能是：把植株固定在土壤内，并支撑着整个地上部分；尤其是乔木。吸收、输导、贮藏水分和养分；利用地上部分输入的同化物通过代谢将部分无机养分合成为有机物质和氨基酸、细胞分裂素等，且对地上部分的生长和结果起着调节作用；根系分泌的物质有利于根际微生物的生长。

根系的分布是确定施肥部位的重要依据。作物的施肥部位是根据根系在土壤中分布的深度和幅度，尤其是强调侧根或须根的密集分布部位。在施用有机肥或磷肥时，明确提出“见根施肥”原则。大多数热带作物的侧根分布比较浅土层，如胡椒的侧根主要分布 10~14 cm 土层、咖啡侧根分布在 0~30 cm 土层中。

根系生长的动态对于确定施肥时间，尤其对速效氮肥的施用是重要的。例如，橡胶树的根系生长动态，从全年来讲，5~6 月是根系生长最活跃时期；而每一蓬叶的不同生长发育期，则以萌动期到展叶期，根的生长量最大，变色期最小。进一步的测定表明，叶蓬不同生育期的根系生长与植株光合产物——糖含量的变化一致。根据上述研究结果，橡胶树施用有机肥、磷肥的适宜时间应在 4 月以前；追肥速效氮肥宜在叶蓬的萌动期或展叶期为好。

应用根对营养元素的反应指导科学施肥。不同营养元素对根系的生长有很大的影响。表 1-1 所列数据说明不论是根的鲜重或吸收根/输导根的比值，都以 N、P、K 全肥为最好；凡是有 N 肥的组合，输导根的比重相对较小，说明 N 肥可以明显延缓根的木栓化程度；而单施 P 或 K 或 P、K 的处理，输导根的比重相对较大。

表 1-1　肥料种类对胶树根生长的影响

项　目	N	P	K	N、P	N、K	P、K	N、P、K	O
根鲜重（单位）	71.9	53.1					133.9	64.8
吸收根与输导根鲜重比	9.1	3.4	5.6	8.4	8.5	4.0	10.5	3.9

注：4 幼龄树根盒试验，表列数据为一个根盒的平均单根生长量，重复 3 次。引自《橡胶树栽培学》，1979。

了解根系的垂直和水平分布规律，能为多层作物栽培的合理配置提供科学依据。热带地区种植多年生经济作物，应强调形成多层次的栽培模式，这不仅是要考虑经济效益，而是生态效益同样不能低估。但多层次作物的组合及其配置方式，除取决于地上部分相互之间的荫蔽恰当与否；还必须了解不同作物根系在土壤中的分布，不同作物的根系分布在不同的层次，这对于土壤中养分的利用，减少作物间对水分、养分争夺的矛盾、以及改良土壤等多方面都有好处。

此外，根还可以作为繁殖材料。

(3)芽的生长特性在生产上的应用

芽是茎、枝、叶、花器官的原始体，是作物生长、结果、更新复壮以及无性繁殖的基础。

①繁殖　各种无性繁殖方法中，都要识别和利用各种类型的芽。无论是嫁接、扦插、分株或是压条等，都是要依靠芽的萌发生长，才能成为一株独立的新株。特别是嫁接，善于识别、利用正常和饱满的芽眼，对嫁接的成活是至关重要的。

②控制顶端优势　控制顶端优势通常是截去顶芽或用其他手段抑制顶芽的生长，以促进侧芽的萌动生长。在橡胶树上采用截顶，包顶或用乙烯利涂抹顶芽，促进分枝达到矮化植株目的；利用龙舌兰麻的顶芽遭受破坏时，可促进腋芽萌发，以达到快速繁殖的目的。

利用芽萌动初期持水力的强弱，采用萌动芽种植材料，可以提高苗木的定植成活率。在橡胶树和油梨等作物采用芽接桩种植材料时，表明用芽萌动后种植的比未萌动的成活率高，而且不同萌动芽长度之间成活率也存在差异(表 1-2)。进一步的研究证明不同长度的萌动芽，其持水力存在差异，芽长<1 cm 持水力明显降低，而芽长>1 cm 持水力趋于平稳提高，不同长度萌动芽持水力差异的特性是与细胞中渗透活性物质的含量不等有关。

表 1-2　橡胶树不同萌芽长度的种植材料与定植成活率

项　　目	芽未萌动	芽萌动长约 1 cm	芽萌动长约 2 cm	芽萌动长约 3~5 cm
定植株数	9070	2074	2021	6414
定植成活率(%)	71.9	85.6	97.3	96.7

③指导生产管理　例如，橡胶树每年越冬后萌动抽芽，在新的叶蓬形成过程的观察表明，新芽干重增长最多的时候也就是根、茎、枝等非同化器官的淀粉和其他贮藏物质降至最低的时候。根据上述变化规律，对指导割胶生产、芽条利用、适宜芽接时间、施肥等方面都提供了科学依据。

(4)叶的生长特性在生产上的应用

叶是高等植物进行光合作用的主要器官，植物体 90%左右的干物质都是由叶片合成；叶片还具有呼吸、蒸腾、吸收、运输、贮藏等多种生理功能。具有正常的叶片、合理的叶幕、旺盛的叶功能是作物获得高产稳产的保证。

每一种热带作物的叶，其生长特点和寿命均有它的特殊性。但它们的共同规律是：从叶原基出现开始经叶片、叶柄的分化，直至叶片展开，经一定时间后进入衰老和脱落；在叶片展开后，才能进行光合作用，随叶面积的增大，光合产物也随之递增；叶片的生存期长短，视作物不同而异，大多数热带作物在正常气候条件下落叶不齐，呈现边落边抽新叶的换叶现象。但在越冬期温度偏低的情况下落叶很一致。

第一，依据叶片的形状、厚薄、色泽，叶脉的分布及其颜色，叶柄、叶枕，蜜腺等的特征、大小等，都可以成为作物种或品种的标志而加以鉴定或识别。

第二，热带作物的营养诊断采集的样本。通过采集有代表性的热带作物叶片，分析其营养元素的含量和元素之间的比值来判定作物养分的不足或过剩、养分的不平衡或颉颃作用，由此能来科学指导施肥，及时地补充所需要的养分。

第三，合理安排种植模式和种植密度。生产上依据叶果比和叶面积指数安排种植模式和种植密度。以果实为产品的多年生作物，叶片的数量和叶面积都与产量或栽培技术密切相关。果树上常以叶果比作为估测产量的基础，如一个苹果需 25~35 片叶，一个桃子需

20片叶，一个杧果需30~50片叶等。另一个常用的是叶面积指数(LAI=样方内的总叶面积m^2/样方面积m^2)，它通常是作为合理栽植密度的指标。一般果园的叶面积指数以4~6较为适宜，如低于3表明对光照利用不充分。15龄的橡胶树实生植株，最适叶面积指数为7.223。

第四，掌握产品的质和量。不以收获果实为产品的热带作物，其中尤以收获叶片为初级产品的，如茶、龙舌兰麻和香茅等，掌握叶片的生长规律与产品的质和量的关系是很重要的。香茅的叶片完全展开至干枯历时80~120 d，叶日平均增长约3 cm，当每分蘖抽出4~5叶片时，叶长度800 cm左右，部分叶尖已呈现干枯时为适宜收割时间，可以获得较高的含油量。又如，龙舌兰麻杂种11 648。其叶片与地面成45°角或小于45°角时，叶色变浅，蜡粉消失时，是叶片已经成熟的标志，应进行收割，过迟或过早均会影响麻株的生长及纤维的产量和质量。

(5)茎的生长特性在生产上的应用

茎的主要作用是支撑地上部分的骨干，着生叶、花和果实，还具有运输水分、养分和贮藏的作用。

双子叶植物由于形成层的作用，不断地形成次生木质部和次生韧皮部，随着树龄的增长而不断向外扩展。尤其是乔木树种，除具明显的主干外，还有各级分枝以及叶片等形成庞大的树冠。树身高达20~30 m，甚至有超过40 m的。橡胶树在原产地南美洲巴西的高度即达40 m以上，形成热带雨林中的上层乔木。

单子叶植物由于不具有次生木质部和韧皮部，所以茎不会随树龄的增加而加粗，如椰子、油棕、槟榔等。正是由于上述理由，这类多年生的木本植物在种植后，株行间的郁闭度不会随树龄的增加有很大幅度的变化，因此它对于实施多层栽培模式是有利的。

草本植物的木质化细胞较少，茎干都较柔软，易折断。热带作物中的砂仁、白豆蔻、益智等姜科植物，其假茎都是由叶鞘紧密重叠组合而成。

茎的生长特性在生产上的应用主要表现为：

一是收获产品。以茎干为收获产品的热带作物种类有橡胶树、肉桂、金鸡纳、藤类、檀香、白木香等。它们的收获部位及其产品的用途各异，在生产上掌握其各自的生长特性和收获的标准显然非常重要。

例如，橡胶树全身除木质部等少数组织无乳管外，其他各器官都有产胶组织——乳管系统。但其产品主要还是在树干下部的韧皮部采胶获取，采胶年限长达25~30年，对它的生长特性和投产标准经长期研究，确定了专门的指标，如茎围年增长量指标。达到开割投产的标准和年限：按农业部1986年颁发的规程，芽接树在离地130~150 cm高处，茎围达到50 cm，一个林段的范围内至少有一半以上的植株达到上述标准才能投产；投产的年限按各类型植胶区，分别为植后7、8、9周年。茎干圆锥度：它是用来表明树干上一定高度茎围之间的差异，其计算公式为：

$$\text{圆锥度}=\frac{\text{距地面 23 cm 处经围}-\text{距地面 130 cm 处茎围}}{\text{距地面 23 cm 处茎围}}\times 100 \qquad (1\text{-}1)$$

橡胶树实生植株的树干圆锥大于芽接树的树干圆锥度，由此并涉及投产开割高度的标准。此外，环境条件差或管理水平低的橡胶园，橡胶树树干圆锥度也大。对橡胶树生长规律的研究表明：在越冬期后，橡胶树开始萌动并随后抽生第一蓬叶期间，不同生育期与树干的韧皮部和木质部所含贮藏物质的变化是确定每年开始割胶具体时间的依据，对生产具有广泛的指导作用。其内容包括：叶蓬不同生育期间，韧皮部的淀粉贮量变化比木质部的变化明显地小，前者最大差值仅为36.5%，后者竟达60.79%，说明叶蓬生长初期所消耗的贮藏物质主要来自木质部，由韧皮部供应的相对较少。随着叶蓬的稳定，韧皮部淀粉贮量的恢复也较木质部快，在叶蓬充分稳定时，淀粉贮量已回升到原有贮量的81.45%，而同期木质部的淀粉贮量仅回升至46.50%。由此推断每年橡胶开割的适宜时间应在抽生第一蓬叶充分稳定之后，此时才能有足够的光合产物来形成橡胶烃及胶乳其他的成分。若过早割胶显然会激化树体生长与产胶之间的矛盾。进一步的测定还表明，12龄的橡胶树，在它越冬后抽生第一蓬叶期间，所消耗的淀粉等原料物质来自植株体内的仅占34%左右而来自新长叶片本身的光合产物占66%。这表明，在生长第一蓬叶的全过程中，它所消耗的有机养分，主要还是靠叶片光合作用所形成的有机物质。因此，要保证越冬期后胶树第一蓬叶的茁壮生长，供给必需的肥料和防止病害的侵染，更不宜过早开割，这对橡胶树今后生长和产量很重要。除橡胶树外，尚有肉桂、金鸡纳等，都以韧皮部的提取物作为香料或药物之用。

二是适时修剪。茎干是修枝整形的实施部位，在热带作物中实施修枝整形的目的：a. 矮化植株，提高其抗风力以减少台风的为害，如橡胶树采取短截、疏剪等措施，修枝量达三分之一者，修剪后两年内经历三次强台风袭击，没有发生断干倒树。修枝的防风有效期一般为2~3年。b. 培养丰产的树型而进行修枝整形。如胡椒就有少蔓多剪、少蔓少剪、多蔓少剪和多蔓多剪4种修剪方式。咖啡则采用单干整形修剪和多干整形修剪等。

三是作为繁殖材料。利用茎干能形成不定根或不定芽的特点，作为无性繁殖——扦插和压条的材料。例如，胡椒、香草兰用蔓生茎来繁殖，龙舌兰麻则用地下茎繁殖，中粒咖啡用直生枝繁殖等。

(6)花的生长特性在生产上的应用

花是被子植物特有的繁殖器官，是适应于繁殖的变态枝条。花来源于花芽，通过传粉、受精后，进一步生长成为果实和种子。

花芽分化是指叶芽的生理和组织状态向花芽生理和组织状态转化的过程，这个过程有两个阶段：一是芽内部花器官出现，称为形态分化；二是形态分化之前，生长点内部由叶芽的生理状态转向花芽的生理状态的过程，称为生理分化。花芽分化是一个很复杂的生物学发育阶段。全部花器官分化完成，称为花芽形成。外部或内部一些条件对花芽分化的促进称花诱导。

①花芽分化的机制

C/N学说：认为植物体内同化糖类(含碳化合物)的含量与含氮化合物的比例(即C/N比)对花芽分化具有决定性作用，C/N比较高时利于花芽分化；反之则花芽分化少或不可能。生产上因施氮肥过量，而致作物徒长，成花很少就是证明。这种学说有一定的片面性。

成花激素学说：认为花芽的分化是以花原基的形成为前提，而花原基的发生是植物体内各种激素达到某种平衡的结果，形成花原基之后，花芽的分化才受营养、环境因子的影响，激素也继续起作用。成花激素学说尚不够完善，仍在探索中。

除上述学说外，还有认为作物体内有机酸含量及水分的多少，也与花芽分化有关。不论哪种学说，都承认花芽分化必须具备组织分化的基础、物质基础和一定的环境条件。

②花芽分化的环境因素　花芽分化的决定因素是植物遗传基因，但环境因素可以刺激内因的变化，可以启动有利于成花的物质代谢。影响花芽分化的环境因素主要是光照、温度和水分。

光照：大多数热带作物并不表现明显的光周期现象。但从光照强度来讲，强光较有利于花芽分化，所以过度密植或太荫蔽时不利于成花。如可可在幼树期必须有荫蔽，否则不利于建成可可园。但过了幼龄阶段之后，在树冠充分发育形成自身荫蔽状况下，可可在没有或几乎没有荫蔽条件下的产量，通常比有庇荫时要高。从光质上看，紫外光促进花芽分化，故高海拔地区的作物早结果、高产。

热量(温度)：各种热带作物花芽分化的最适温度不一，但总的来说花芽分化的最适温度比枝叶生长的最适温度要高。如中粒种咖啡在气温小于 10 ℃时花蕾不开放，大于 20 ℃花芽发育正常；而叶片在小于 2 ℃时受寒害、大于 15 ℃时生长正常。

许多冬性作物和多年生木本植物，冬季低温是必需的，这种必须经低温才能完成花芽分化导致开花的现象，称为春化作用。在热带作物中未见到有关这方面的研究报道，推测典型的热带作物，由于世代所处终年高温多雨的生存环境，可以没有春化作用。

水分：一般而言，土壤水分状况较好、植物营养生长较旺盛，不利于花芽分化；而土壤较干旱，营养生长停止或较缓慢时，利于花芽分化。咖啡即属此例，唯有在一段缺水期之后，下雨或灌溉即可有效地打破花芽的休眠。但周年开花的作物，如棕榈科的椰子、油棕等，似乎不具上述的规律性。

③开花物候期和开花坐果的过程　主要分为以下几个阶段：

花粉和胚囊的形成：花在开花前不久，花药内的孢原组织才形成花粉粒，进一步发育为管核与生殖核，由生殖核再分裂形成精细胞(雄配子)。子房胚胎座上形成珠心，珠心形成胚株，珠心内孢原细胞形成胚囊。胚囊中的卵细胞(雌配子)也是在开花前不久成熟的。花粉和胚囊成熟的减数分裂时间很短，对外界环境条件极为敏感，低温、干旱、光照不良都会影响未来花粉的质量和授粉受精。花粉或胚囊在发育中出现退化、萎缩的现象称为花粉或胚囊的败育。

授粉和受精：授粉是指花粉由花药传到雌蕊柱头上的过程。受精是指花粉管通过花柱到达胚囊，精子与卵细胞并合(融合)到一起的过程。一般植物是两个精子分别与卵和极核融合，称为双受精。植物的授粉受精的研究很多，公认植株的氮素、碳水化合物，以及硼、钙和磷的营养水平，对授粉受精有突出的意义。植株营养状况良好，强壮的植株和花朵授粉时间长，受精可能性大。硼和钙有利于花粉管伸长，磷有利于开花物质的代谢。

胚和胚乳的发育与坐果：一般植物坐果需要胚和胚乳的正常发育，必须要有充足的营养物质、适温和良好的光照。如缺乏碳水化合物、氮素以及水分，常是胚停止发育引起生理落果的主要原因。植株营养生长过旺、氮肥偏多、修剪过重、花后低温又多阴天等，都可能造成营养缺乏。影响坐果还有若干种激素，胚和胚乳有合成这些激素的功能，如干扰胚和胚乳的激素产生，均会直接导致落花落果。

开花物候期：各种热带作物的花期不一，有周年开花、一年多次开花和一年只开一次花的，同一种作物在纬度低的地区花期可以提前 10~15 d，纬度高或海拔高时，开花物候则相应推迟，几种主要作物的花期和盛花期见表 1-3。

表 1-3　主要热带作物的花期

作　　物	花　　期	盛花期	地　　区
橡胶树	3~4 月(春花)	3~4 月	
	5~7 月(夏花)		
	8~9 月(秋花)		
腰果	12~4 月	1~3 月	海南南部
可可	周年开花	5~11 月	海南南部
油梨	1~4 月		
中粒种咖啡	11~6 月	2~4 月	海南
小粒种咖啡	11~4 月	2~4 月	海南
	2~6 月	3~5 月	云南
	2~6 月	4~6 月	广西
胡椒	8~11 月		海南
	3~5 月		广东湛江
	6~8 月		云南、广西、福建
依兰香	5~11 月		
爪哇白豆蔻	全年开花	3~4 月	
槟榔	3~5 月		
椰子	周年开花	7~9 月	海南
油棕	周年开花	5~10 月	海南南部
香草兰	3~6 月	4~5 月	海南

利用花的特性在生产应用表现在多方面，如修剪促花、水肥控花(促花)、应用植物生长调剂控花(促花)、减花保果以及减花促长等。

(7)果实和种子的生长特性在生产上的应用

果实是由被子植物成熟的子房或子房及其附着部分，如花托、花萼等部分在受精后发育而成的器官。外为果皮、内含种子，是被子植物的繁殖器官和贮藏器官。

果实与种子的生长发育是同步的，果实的生长发育受种子产生激素的刺激和制约，种子的生长发育又取决于果实果肉部分的发育。

以果实为产品的热带作物，自花蕾显露至果实成熟，不断发生落果现象，造成很大损失。所以应当了解落花落果的原因或规律，并采取正确的预防措施，以提高作物的坐果率。

第一次落蕾落花，主要是花芽发育不良或开花前后环境条件恶劣(如低温、大风、干旱等)，没有授粉受精即脱落。多年生作物出现第一次落蕾落花与头一年树体的营养状况，从而影响到花芽的生长发育状况良好与否密切相关。

第二次落果，是在开花后 1~2 周内，主要是授粉受精不良，子房没有坐果的足够激素和营养。

第三次落果，又称生理落果，大体发生在花后 4~6 周。植物的营养状况不良或营养生长太旺盛，或光照及其他环境条件不良，都会造成已受精的子房、甚至已长到一定大小的幼果萎缩，最终脱落。

第四次落果，多指采前落果。在果实已接近成熟，没有采收即自行落果，果实品质不好。这种落果多是由自然灾害(如台风危害)或栽培措施不当(如重修剪)等造成。

主要几种热带作物的果熟时间见表1-4。

表1-4　主要热带作物的果熟期

作　　物	果熟期	盛果期	地　　区
橡胶树	8~10月(秋果)	8月下旬至9月中旬	海南南部
		9月上旬至9月下旬	海南西北部那大
		9月下旬至10月中旬	云南
腰果	1月(冬果)		
	4~6月		
可可	4~5月，12月至翌年1月	12月至翌年1月	海南南部
油梨	6~12月	8~10月	
中粒种咖啡	11月至翌年5月	2~3月	海南
小粒种咖啡	9~11月	9~10月	海南
胡椒	5~7月		海南
	1~2月		广东湛江
	4~5月		福建、云南、广西
依兰香	12月至翌年3月		
爪哇白豆蔻	7~8月		
槟榔	2~6月	4~6月	海南
八角茴香	9~10月，3~4月		
椰子	5~10月	7~9月	海南
油棕	4~11月		海南南部
香草兰	1~2月		

1.1.2.4　几种热带作物开花结实的特点

(1)咖啡

不论小粒种还是中粒种，开花都有明显的周期性。打破花芽的休眠必须有一个干旱期并接着的阵雨或灌溉，Browning(1973)推断，花芽休眠的解除是受激素控制的。芽的生长包括两个不同的代谢阶段：一个是以淀粉的积累为特征，即自花芽休眠被雨水打破之后，花冠中的淀粉含量一直都在增加，直到开花之前的9 d才开始下降，开花前4 d急剧下降，在开花的花冠中，淀粉几乎消失(Maesti，1970)；另一个是以淀粉的水解为特征，花冠中的糖分则稳定增加，直到盛花期为止(Croope等，1970)。

天气对咖啡的稔实影响很大，尤其是开花后2 d内的天气变化状况影响最大。开花后如天晴或阴天、静风、空气湿度大，有利于稔实；开花后如遇干旱、刮风或连续下大雨，都不利于稔实。

咖啡果的生长曲线呈双“S”形。Cannet(1971)等把果实生长分为5个阶段：针头期、迅速膨大期、生长缓慢和中止期、胚乳充实期、成熟期。

咖啡果实初期发育较慢。中粒种在开花后4~6个月，小粒种在开花后2~3个月，果实增长最快、咖啡果实在发育过程中有落果和干果现象，除天气影响外，主要取决于植株体内的养分状况。研究表明，发育中的果实，消耗木质部和叶子里的淀粉是同时发生的(Janardha)。还观察到，如果在开花和果实生长的早期碳水化合物的储备少，则当年的产量也低。咖啡产量与叶子中淀粉含量的关系，比与木质部的淀粉含量，关系更为密切(Patel，1970)。因此，改善植株体内的养分状况是重要的。据试验，及时施用钾肥，对于减少落果有明显效应。

(2)椰子

对于椰子花粉的传播方式，是虫媒还是风媒，迄今仍有异议，也可能二者兼有并取决于当地的条件。椰子的花序是一个佛焰花序。通常一个叶腋中有一个花序，事实上，它可以视为一个变态的腋芽。所以年产叶片数多的椰子树或品种，其椰果产量往往也高。

椰子花序的分化早在开花前三年就开始了，约开花前一年，花原基就开始分化，椰子花序发育与叶片生长的关系。因此，一项栽培措施或引起花序败育的环境因素以及对椰子花果产量的影响，需要较长时间的观察。由于在花序发育初期，部分花序败育，因而并不是每个叶腋中都能产生一个开放的花序。树龄是引起败育的一个重要原因，幼树败育率高。不同季节败育情况也有差异。在我国，低温是一个不可忽视的因素，在海南省的椰子树，11月翌年3月抽出的叶片，在其叶腋中基本上没有花序开放。椰子花絮伸出后2周内，约有70%的雌花和幼果脱落。冬春低温干旱季节开放的花絮，小果几乎全部落掉。裂果仅占全年果实脱落数的3%左右，但它是大果脱落的主要方式。从坐果到椰果完全成熟约需1年。

(3)可可

可可树的花期都是在每年果实负荷量最低的时候开始，这表明花果之间的内部营养物质的竞争和激素的调控所起作用的重要性。只要有这种竞争存在，开花实际上并不受环境条件变化的影响；只有到了果实负荷量达到最低的时期，即花果之间的竞争减少时，开花才会受到环境条件的影响，而且往往有大幅度的变化。

已经明确，外部环境因子对开花的影响，通常在干旱一段时期后接着有一段雨期，就是开花增多的时期；而开花量减少，则是干旱或土壤水分过多引起的。

可可豆的干重仅占可可果干重的1/3(Alvim，1967)，因此，每公顷年产2000~3000 kg干豆，相当于每公顷年产6000~9000 kg可可果(干果)，如按叶面积指数为5和净同化率为7~10 mg/(cm^2·d)估算，相当于年光合产量的50%左右。

研究可可果实的产量，必须十分注意幼果枯萎病的生理失调现象，引起这种生理病害的原因有二：一是成长中可可果实之间的竞争；二是新抽叶与幼果之间的竞争。此外，凡是减少生长中果实所需的光合产物，不论是减弱光合作用，还是抑制光合产物的输导，都会增加幼果枯萎病的发生，如在持续缺水或雨水过多时，幼果枯萎病就比较严重。另外，在有利于提高光合产量的条件下，如成龄树可可无荫蔽栽培，幼果枯萎病就会减少。还观察到，施肥也可减少幼果枯萎病造成的损失，但与除去荫蔽相比，施肥效果要小得多，这就表明，对减少幼果枯萎病，矿物营养并不像某些光合产物那样重要。

幼果枯萎病仅在坐果后70~80 d内发生。在此期间，叶片大量萌发期间或其后不久，发病特别严重。表明成长中叶片消耗的养分，要比幼果消耗的多。此外，观察每月坐果与幼果枯萎发生的季节变化是相似的，只是在时间上差 1~2 个月。表明成长中果实养分的竞争。

(4)腰果

腰果树的生长与结实之间存在相关性。营养生长过于旺盛而节间较长的腰果树比营养生长缓慢、节间长度属中等的低产(Rao 和 Crane，1956)。腰果树有两种分枝类型——密集型分枝和分散型分枝。密集型在分枝长到 25~30 cm 时，顶端就长出一个圆锥花序，同时在顶部 10~15 cm 的范围内长出 3~8 条侧枝，形成密集分枝状态；分散型枝长到 20~30 cm 时即停止伸长，梢端下面 5~8 cm 范围内，又抽稀疏的新芽，这个过程延续 2~3 年而不开花，形成疏展的分枝类型。所有腰果树都同时具有这两类分枝，但一株树只有一类占优势。高产树的密集型分枝占总分枝的 60%以上；低产树则少于 20%。密集型小枝的开花侧枝数为 75%，而分散型分枝的开花侧枝只有 12%。

腰果树对光照条件非常敏感，密植和荫蔽都会造成产量下降。现在还尚难断论，密植时究竟是由于水分的不足还是荫蔽而导致产量的下降。

腰果开花数量很多，结果树每年约有 85%~90%的枝梢开花，每个花序有 200~1600 朵花，雄花比例为 75%~90%(Damodaran 等，1966)，每个花序的完全花在花期的中期最多，而在花期的开始和末期都较少。一天内雄花多于 13:00 前开完，而以 7:00 为最盛，两性花于 17:00 前开完，而以 7:00~11:00 最盛。花朵一经开放，柱头即可授粉，且持续两天。花药在开放后 1~5 h 后裂开。

腰果花的花柱比花丝长，柱头比花药部位高，有利于异花授粉。花具强烈香气，花粉又带黏性，这不仅有利于异花授粉，且表明传粉媒介，昆虫比风更加重要。腰果稔实率很低，为 1%左右，在印度东海岸人工授粉可提高稔实率达 80%。但落果也非常严重，据华南热带作物研究院(现中国热带农业科学院)的观察，幼龄树的落果率达 70%~90%(1962)。落果以坚果发育的前 3 周最严重，从稔实到果熟需 38~42 d。果实发育过程，大致可分为 3 个时期：一为坚果迅速增长期，由稔实到第 25 天，此时果壳增长比果仁快；二为坚果稳定期，稔实后第 25~30 天，果实开始变硬，种仁迅速增长育实；三为果梨迅速增大期，自稔实后第 30~40 天，果梨迅速膨大，坚果则失水略有收缩。成熟时果梨呈较鲜艳的红、黄或红黄杂色，坚果呈灰褐色或灰白色。

(5)胡椒

胡椒枝条的芽为混合芽，同一个芽中能抽生枝叶和花穗。因此，枝条的生长期，也是抽穗开花期。在我国，胡椒的主花期集中在春、夏、秋季。海南和广东湛江南部，气温较高，正常年份，幼果在低温期能正常发育，适宜放秋花，而湛江北部及广西、云南、福建等气温较低地区，秋花形成的幼果常因低温而致果穗脱落、失收，故宜放春花或夏花。

每次花期，抽穗持续 2~3 个月，花穗自叶鞘中完全露出需 20~30 d，抽穗后 11~17 d 小花开始开放，每个花穗开花完毕需 12~19 d。在一朵小花中，一般为雌蕊早熟，即雌蕊放约 5 d 后，雄蕊才开放。晴天，雌花在 10:00 以前开放，但天气暖和的阴天，相对湿度在 80%以上时，全天都开放。雄蕊在相对湿度约 60%情况下，只在 12:00~14:00 开放。

胡椒的授粉方式，除少量由虫媒和风媒传粉而完成异交结实外，主要是由重力和雨露水滴传送而实现同株异花间授粉。

雌蕊受精后 10 d 子房开始膨大形成小果，小果形成后 30~120 d 生长最快，从抽穗至果实成熟需要 8~10 个月，成熟的早晚视品种和气候而异。

1.2 热带作物的生长周期

1.2.1 生物学年龄时期

1.2.1.1 概念

生物学年龄时期又称为生命周期，是指作物在其个体生长发育过程中，经过生长、开花、结果、衰老、死亡的几个时期。

根据作物繁殖方法的不同，常分为两类：一类是种子繁育而成的实生苗的年龄时期，主要包括幼年阶段和成年阶段。幼年阶段是从种子萌发开始到开花之前，又可称为童期；成年阶段是第一次开花后的所有时期。另一类是用无性繁殖的多年生作物，已经过了幼年阶段，直接进入成年阶段，也就是没有性成熟的过程。

栽培作物的经济寿命期：大多数热带作物为多年生植物，理论上，它们一生中个体生长发育的变化过程是，植株重量始终是按一定的指数形式递增，即植株越大，生产效能越高，所形成的干物质也越多，若以重量的对数作为时间的函数作图，一般呈直线相关性。但因受作物的衰老和外界环境因素的影响，作物的指数生长期到一定阶段即行停止，增长速度开始下降，所以作物的整个生长期呈“S”形曲线规律。根据作物生长的“S”形曲线规律，热带作物的生长量主要是经历“慢—快—慢”的过程，产量经历“初产—盛产—降产”的过程。实际生产中，栽培作物必须考虑其经济产量，如果其经济产量与投入比之间呈现大幅下降时，虽然其生命周期远没有结束，人们也必须采取更新的手段进行新一轮的栽培。这段栽培时期，通常称为经济寿命期(图 1-1)。如槟榔实际生命周期寿命达 60~80 年，但在种植 25~30 年之后，其产量与投入比下降，再加上采收难度加大等因素，通常需要进行槟榔园的更新种植。但在这个过程中，作物栽培是处于不断的内外矛盾之中，深入研究和揭示这些矛盾，从而通过栽培措施来调节这些矛盾，达到高产、高效、优质的目的。

1.2.1.2 应用

生物学年龄时期的应用主要在于经济寿命期的长短：延长初产量到降产期的时间，充分发挥盛产期的经济产量与效益是热带作物生产的基本原则。经济寿命期时间的长短，随

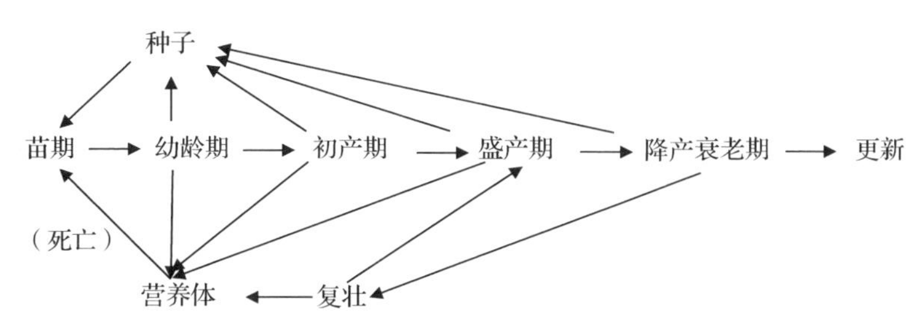

图 1-1 多年生热带作物经济寿命期划分模式

作物的种类和品种而异，也因产品收获的类别或部位等存在差异，但在作物整个生长发育的进程，其划分的时期基本一致，即分为苗期、幼龄期、初产期、盛产期、降产衰老期。各期的特点及栽培应用技术如下：

(1) 苗期

苗期属营养生长范畴。大部分热带作物是指苗圃育苗到出圃的阶段。有些多年生的草本作物，如香茅、砂仁、益智等，不一定需经苗圃培育，在适宜的季节，直接由母株分蘖作为大田种植材料，其苗期多指种植大田到植株成活抽出新叶之前的阶段。其所需时间的长短，除与作物种类、管理水平有关外，繁殖技术也是很重的因素。以多年生的木本作物为例，用实生小苗或籽苗期芽接苗，再加上容器育苗、以此作为种植材料，苗期时间可能不足一年，但如要培育大的高截干种植材料，则在苗期用时间至少要跨越3~4年。

苗期的特点是：大多数作物是由种子萌发成幼苗，或再经嫁接重新抽芽成苗，或采用扦插、压条、分蘖等无性繁殖技术育成苗木的过程，刚萌动的幼苗，组织器官都十分幼嫩，极易遭受低温、强风、干旱、日灼、病虫鼠等危害而受损，抗御不良环境条件的能力较弱。其营养特点：种子萌发初期，依靠子叶和胚乳的贮藏养分供给，待真叶展开后，逐步增加植株自己制造养分的能力，这是双重营养时期。

苗期的农业技术任务，在播种后即应创造疏松、湿润、避强光的良好发芽环境，对刚萌发的幼苗更需精耕细作，及时供水，勤施追肥，清除杂草，防治病虫害等，以保证苗木的茁壮成长。

(2) 幼龄期

幼龄期一般是指从定植大田开始至投产之前的这段时间。时间的长短因作物种类、管理水平、地区条件而异。以收获果实为产品的作物，如用实生苗作为种植材料时，幼龄期的时间较长，而用无性繁殖的种植材料，则相对较短。

这一时期的特点是：营养生长旺盛，氮素代谢占优势，C/N比小，以根、茎、叶为生长中心，地上和地下部迅速扩展，形成理想的植株结构，为投产做好形态上和内部物质上的准备。

该期栽培技术措施，首先要保证成活，然后才能成长。促进营养器官匀称、茁壮的生长，培育良好的树体结构，制造并积累大量营养物质。早期的管理是关键，尤其是大田定植的当年，抗逆力弱，要创造良好的空间和土壤条件。避免杂草的竞争，调节水、土、肥。对集约栽培程度高的作物，还需采用整形修剪技术来培养树型。需要荫蔽的作物还必须创造适宜的光照条件。

(3) 初产期

初产期是指开始投产到盛产期来临的这段时间。以收获果实为主的作物，标志着生殖生长的开始，是植物个体发育上的一个巨大转变。开花结实，首先要形成花芽，一般都认为未分化的细胞要转变为花原基，是受叶片内生成的“成花素”传到顶芽而引起的。叶内成花素的形成是受一定光照条件所制约，在光照条件不能满足的环境条件下是难以产生成花素。同时，植物体内的养分状况，构成一定的C/N比，凡是C/N比较大时，利于开花；反之则延迟开花或不开花。不以果实为收获产品的作物，同样也需要满足植株旺盛生长的养分需要。这一时期的前期，植株的生长仍然很旺盛，以木本作物为例，树冠继续迅速扩大，随着时间的推移，茎、根离心生长的势头逐步减缓。

这一时期的栽培技术，要调整作物由营养生长占优势，逐渐过渡到生殖生长占优势，即由氮素代谢占优势，向碳素代谢占优势过渡。所以在本阶段氮素代谢过旺，必然会影响结实器官的形成及其成熟进程受阻。生产上要加强水、土、肥管理，加强树体管理，培养良好的树型，保证植株的健康生长，迅速提高产量。收获叶片或其他产品的作物，在管理的具体内容上并非与以果实为产品的作物完全相同，但在保证植株良好的营养状况和健康生长是一致的。

(4)盛产期

盛产期是盛收产品的时期，也是栽培上最有价值、经济效益最高的一段时间。在此期间，无论是在地上部分或地下部分，均已扩展到最大的限度，离心生长停止，产量达到最高峰。

盛产期的特点是：大量养分消耗于果实生长或其他作为产品器官的消耗。由于消耗量大、很易造成营养物在供应、转运、分配，以及消耗与积累之间的平衡和代谢关系的失调，致使结实产品在各年际的产量有所波动，即通常所谓大小年。虽然不以果实为收获产品的作物，并无大小年的产量波动，但客观上对养分的需求，其基本规律应是一致的。

这一时期的栽培技术，除了水、肥、土等方面的管理外，重点应做好植株本身的管理与保护，保持植株的健康与良好的营养水平，通过适当的修剪或产品收获的强度，以调节养分积累与消耗之间的平衡。其目的就是尽量延长盛产期的寿命，并达到持续高产，这也就意味着提高了经济效益。

(5)降产衰老期

本期植株的先端已停止生长，开始向心枯死，出现自疏现象，产量逐年下降。也就是已经临近经济寿命期结束，但具体出现的株龄则视不同作物而异，如椰子可达 70~80 年，橡胶树 35~40 年，龙舌兰麻 7~8 年等。本期栽培技术措施就是要维持一定的产量，由于植株生长势减弱，注意病虫害的防治。这一时期的后期，在栽培已失去经济意义时，要开始考虑更新前强度收获的措施。

1.2.2 年生育周期

1.2.2.1 概念

热带作物在一年中生长发育的规律性变化称为年周期。多年生作物的年周期变化，在很大程度上受不同生物学年龄期所制约，即在同一生物学年龄时期内，作物年中的变化规律基本上是相似的。这种每年随季节转变而重复发生的生命活动，并按一定顺序进行内部生理和外部形态变化的各个时期，通常称为物候期。物候期需要一个具体标准，因此，生产上一般以热带作物在形态特性上表现出的特殊状态为标准进行划分，从而便于科学管理和把握作物的生育进程。

热带作物年周期的变化比较复杂，主要原因为：

①热带作物没有严格意义上的冬季休眠，一些作物，全年常绿，无明显换叶季节，如椰子、油棕等；也有些作物，在暖冬年，边抽新叶边掉老叶，换叶时间很长，且不一致。但在冷冬年，则被强迫落叶并呈现冬态，如橡胶树等。

②热带作物在一年内不断抽生新叶，抽叶数量的多少和快慢则受温度、水分等条件所制约。

③部分热带作物在一年内可以开花、结实多次，如火龙果、洋蒲桃等。

1.2.2.2 应用

(1)椰子树是以果实为产品的热带作物

在我国海南省，其成龄树的年抽叶量为 12~13 片，一年中以 5~10 月抽叶最为集中，占全年叶量的 65.6%；与此相对应的，全年抽出的花苞数为 12 个，同样在 5~10 月花苞开放数量为最多，占全年花苞开放数的 70.1%，但雌花数量则以 7~9 月为最多，几乎占全年雌花总数量的 44%。雌花受精后 12 个月，果实即成熟(表 1-5)。

表 1-5 椰子树抽叶与开花的年周期变化

项目 \ 月份	1	2	3	4	5	6	7	8	9	10	11	12
各月抽叶量占全年总叶量的百分率(%)	4.2	2.2	6.3	8.3	12.3	10.9	8.2	11.5	11.5	11.2	8.3	4.9
抽叶时距(d)	62.4	47.9	34.7	24.7	21.2	26.3	22.0	24.0	22.7	26.6	42.0	64.8
成龄树各月花苞开放量占全年总花苞数的百分率(%)	3.1	5.2	2.8	7.1	9.9	11.6	11.2	12.7	13.9	10.8	6.4	5.6
各月花苞开放的雌花数(朵)	8.4	6.6	9.4	9.5	9.2	12.6	21.3	24.2	20.9	12.1	8.6	8.0

(2)橡胶树是以其次生物质——胶乳为产品的热带作物

研究表明盛产期一年中产胶量的变化，是受当地气候条件和橡胶树物候状况的综合影响。3~4 月间胶树正处于抽叶、开花物候期，又正值旱季，因此产胶量很低，不足全年总产量的 10%；5 月新叶老化成熟，同化能力增强，加上小雨季来临，土壤含水量增加，产胶量显著上升，出现第一个高峰；6 月，橡胶树处于第二蓬叶的展叶或变色期，又值夏花开放，加之常有短期干旱，因此产量呈现下降；7~9 月，水热条件优越，叶面积大，同化能力强，产量逐月递增；10 月叶面积达最大值，雨日减少，土壤水分仍丰，晨间气温又较低，有利排胶，因此成为一年中产量最高的月；11 月以后叶片衰老，水热条件差，产量又下降。

(3)龙舌兰麻是以收获叶片为产品的热带作物

表 1-6 所列水热条件与叶片增长数量有明显相关，7~10 月增长叶片数最多，占全年叶量的 46%，而 1~2 月仅占 8.5%。

表 1-6 2 年生龙舌兰麻 H11648 号叶片年周期增长与气候

项目 \ 月份	1~2	3~4	5~6	7~8	9~10	11~12
年度平均气温(℃)	19.1	24.1	26.6	27.5	25.2	20.3
降水量(mm)	18.2	286.1	177.2	486.2	150.1	24.1
增长叶数(片)	8.6	13.9	18.1	23.9	22.3	13.6

注：引自广东湛江东方红农场。

上述材料表明，不同种或品种的热带作物，均存在年周期生长发育的规律性，它作为制定技术措施的科学依据，无疑是必须的。

小结

本章介绍了热带作物的生长发育和生长周期及其在生产上的应用。生长发育部分重点介绍了热带作物的器官生长特性在生产上的应用，生长周期部分重点介绍热带作物生物学年龄时期和年生育周期的概念与应用。本章内容是热带作物栽培的基础，也是从事热带作物相关工作的基础。

思考题

1. 简述生长和发育的相关性及其应用。
2. 为什么说“根深”才能“叶茂”？
3. 如何解决果树的大小年问题？
4. 简述开花物候期和开花坐果的过程。
5. 任选一种热带作物，简述其开花结果的特点。
6. 简述从苗期至降产衰老期，各个时期的特点及在栽培上的应用。

推荐阅读书目

1. 植物生物学. 周云龙，刘全儒 . 高等教育出版社，2016.
2. 华南常见园林植物图鉴 . 周云龙 . 高等教育出版社，2018.

参考文献

华南热带作物学院，1991. 橡胶栽培学 [M]. 2 版 . 北京：农业出版社 .

李彦连，张爱民，2012. 植物营养生长与生殖生长辩证关系解析 [J]. 中国园艺文摘，28(2)：36-37.

李扬汉，1984. 植物学 [M]. 上海：上海科学技术出版社 .

王秉忠，1997. 热带作物栽培学总论 [M]. 北京：中国农业出版社 .

杨福孙，朱国鹏，2012. 热带兰栽培生理 [M]. 海口：海南出版社 .

第2章 热带作物生长发育对环境的要求及应用

研究作物与环境之间的关系，不仅要了解作物的生长发育规律、作物产量和产品品质形成的特点，还要研究作物生长环境方面的特性，以及它们之间的相互关系。在此基础上，探讨实现作物持续高产、优质、高效的栽培理论，并制定栽培技术措施，才能达到促进作物生产持续发展的目的。

2.1 环境及对热带作物生长发育的影响

作物的环境分为自然环境和人工环境。自然环境是指不是人为所创造出的外界自然条件，如太阳和地球是作物最根本的环境基础；而人工环境是指所有为作物正常生长发育所创造的环境。为了提高热带作物的产量和经济效益，栽培者通常会根据栽培环境与作物生长状态，创造适合作物生长的环境，如为幼苗适度的遮阴，薄膜覆盖防杂草和保水，建立防护林，保护热带作物不受台风影响等。

作物生长环境是个综合环境，包含着许多性质不同的单一因素。每个单一因素在综合环境中的性质、强度不同，对作物产生主要的或次要的、直接的或间接的、有利的或有害的生态作用。生产上需要对各因素加以分析，找出主要影响因子，通过调控栽培措施，降低不利因素的影响，促进热带作物生产。

本章着重讨论外界环境条件及其综合作用对热带作物的影响，以及热带作物对环境条境条件的反应和自身的适应性。主要注意以下几点：

第一，作物与环境的相互作用中，环境条件是起着主导作用的。作物的生长是受环境条件的限制，如将热带作物盲目北移，可能在越冬期遭受严重寒害，导致作物受到寒害，甚至死亡，以致不具生产产品。起主导作用的自然环境在不断变化，所以作物必须适应新的环境条件，产生相应的变化。研究外界环境对热带作物的影响，认识作物与环境辩证统一关系，从而可以利用这些规律，提高作物生产。

第二，在外界环境条件中，包含许多生态因子，它们对于作物生长的意义，并不是同等的重要。其中最基本的因素是光照、水分、温度(热量)、无机养分等。这些因素与作物的生长有直接的关系，是不可缺少和不可代替的，统称为生存条件。此外，还有许多对作物生长不起直接作用的条件，如坡度、海拔、坡向等，但对作物生长及产量形成有着间接影响，种植规划时也应加于考虑。

第三，各个环境因素之间是相互影响、发展和变化的。如光可以提高温度，随着温度的升高，土壤水分的蒸发和植物的蒸腾也加强。通风可以引起水分的蒸发，灌水可以改变地温，等等。因此，在分析外界环境因素时，应充分考虑其综合影响，发挥有利条件的作用，弥补或改造不利条件，趋利避害，才能获得高产、优质。

第四，作物对周围环境条件的适应性。反映在其体内的各项生理生化过程和形态解剖特征等方面，这些过程和特征都有严密的顺序和协调关系，以保证有机体生长发育的正常进行。作物生长发育的速度，取决于环境条件满足作物需要的程度及作物适应能力的强弱。深入地了解这些规律，对引种驯化、改变遗传性状和获得高额丰产都具有重大作用。

第五，作物在适应外界环境条件的基础上，当作物的茎叶生长繁茂后，会给土壤表面遮阴，减少土壤水分蒸发，降低地表温度从而提高相对湿度，对地表及土壤中微生物的活动，也都有不同程度的影响。这种作物对小气候环境条件的改善作用，虽然其作用范围是有限的，但也应该有充分的认识。

2.2　热带作物生长发育对水分的要求

2.2.1　水分对热带作物的生理功能

与其他作物一样，水分是热带作物生命活动的基本要素，在绿色植物体内水分含量可达90%以上，不同器官中的水分含量一般在50%~97%。作物分布与作物生产受水资源多少的影响，农谚有云："有收无收在于水"。水是很好的溶剂，土壤中所有矿物质、氧气、二氧化碳等都必须先溶于水，才能被作物吸收和运转，对作物的生长、发育、产量与品质形成非常重要；水分可以维持细胞与组织的紧张度，使作物的器官能保持挺立状态，利于各种代谢反应的顺利进行，并且植物生长过程中细胞的膨胀，为主动吸水过程。因此，作物水分亏缺时，许多正常生理活动，包括生长、发育都会受到影响，严重时会造成产量品质降低，甚至导致植物死亡。另外，水分可以通过调节作物周围的环境而具有重要的生态功能。由于水具有较大的比热容而减缓温度的剧变，稳定作物生长的环境。作物根系从土壤中吸收的水分，几乎99%是通过叶片蒸腾作用而散失到大气中；如果没有水分的调节作用，高温季正午的太阳辐射，会极大地提升叶面温度，超过作物可以忍受的程度会出现叶灼伤或日烧病等。因此，水在作物与环境之间起到缓冲调节作用，进而可以保护植物体免受伤害。

2.2.2　热带作物生长发育对水分的要求与适应

热带作物生长发育过程中，水分经由土壤到达植株根部表皮，通过根系吸收后再由茎秆到达叶片，之后通过蒸腾作用扩散到大气中，形成一个统一、动态、相互反馈的连续系统，这个体系称为土壤—作物—大气连续体(SPAC，Soil-Plant-Atmosphere Continuum)。自然界中的水在土壤—植物—大气系统中不断循环，其中，土壤供水现状影响作物的生长发育及产量形成。由于不同热带作物长期生活在不同的环境条件下，对水分的需要量是不同的。有些作物需水多些，有些则少些；同一种作物在不同发育阶段以及在不同的生长季节，需水量也不各不相同。在农业生产中，根据作物的需水规律，采取合理灌、排措施，调控作物与水分的关系，满足作物对水分的需求，是作物获得高产、优质、高效目标的重要措施之一。

2.2.2.1 热带作物对水分的要求

热带作物种子萌发时需要一定的水分，因为水分能使种皮软化，氧气容易进入，使呼吸作用增强；同时水分能使种子中的原生质由凝胶态向溶胶态转变，增强生理活性，促使种子萌发。土壤水分含量的多少，直接影响作物根系的生长。在潮湿的土壤中，作物根系不发达，生长缓慢，分布于土壤浅层；土壤干燥，作物根系下扎，伸展至土壤深层。作物水分低于需要量，则萎蔫，生长停滞，以至枯萎死亡；高于需要量，则根系缺氧、窒息，最后死亡。只有土壤水分适宜，根系吸水和叶片蒸腾才能达到平衡状态。热带作物多为多年生，除在苗期根系分布浅和植株幼小，需水量略少，抗旱性弱外，随着植株的生长，抗旱能力与需水量逐渐增加。根据植物对水分的需求，可以将热带作物分为3类：

①位于上层的乔木树种　该类作物具有庞大的根系，能吸收较多的水分以保持水分平衡，并且有些作物还具有一定的旱生结构，抗旱能力更强。例如，油棕、腰果、橡胶树等。

②位于中、下层的小乔木、灌木或多年生草本、藤本的作物　这类作物耐阴或适合生长于荫蔽湿润的环境，一般根系分布较浅，叶片较大，没有旱生结构，需水量较多，抗旱能力较弱。例如，中粒种咖啡、小粒种咖啡、可可、胡椒、砂仁、益智等。

③在形态结构或生理机能方面对干旱有很强适应能力的作物　具代表性的作物如龙舌兰麻，它属于景天酸代谢类型，白天气孔关闭，因蒸腾作用而引起的水分散失基本停止，进而极大地提高了其对干旱的适应能力。

2.2.2.2 热带作物对水分的适应性

在正常条件下，热带作物一方面蒸腾失水，同时又不断地从土壤中吸收水分，这样就在作物生命活动中形成了吸水与失水的连续运动过程。一般把作物吸水、用水、失水3个过程的动态关系称为水分平衡。只有当吸水、输导和蒸腾3方面的比例适中时，才能较好地维持水分平衡，如油棕(表2-1)。当水分供应小于作物蒸腾所需时，平衡变为负值；而水分亏缺的结果是气孔开度变小，蒸腾减弱；这样又使平衡得到暂时恢复和维持。所以，作物体内的水分经常在正负值之间不断变化的动态平衡中。这种动态平衡关系是植物的水分调节机制和环境中各生态因子间相互调节与制约的结果。

表2-1　油棕园(11龄)的水分平衡

mm

水分来源		蒸发蒸腾量及径流损失	
雨水	1875	植被持水量	131
雾和露	75	油棕蒸腾量 覆盖作物蒸腾量 土壤蒸发量 径流和渗漏	400 673 307 439
合计	1950	合计	1950

注：引自Ringoet，1952。

热带作物对水分的吸收与散失是相互联系的矛盾统一过程。当吸水大于失水时，会出现吐水现象，或作物体内水分长期处于饱和状态，容易使作物徒长或倒伏，进而产量降低。当吸收小于蒸腾时，热带作物体内出现水分亏缺，组织中含水量下降，叶片萎缩下垂，呈萎缩状，体内各种代谢活动如光合、呼吸、有机物合成与转运、矿质元素吸收转化等都会受到影响，进而抑制作物的生长。只有吸水与失水处于动态平衡时，热带作物才能进行正常的生命活动。表 2-2 列出了主要热带作物对水分条件的适宜范围。该范围非作物获得高产丰产的水分条件，而是作物能够生存的水分范围，如腰果在 500 mm 年降水量的地区可以生存，但达到 1000~1600 mm 时才能高产。

表 2-2　几种主要热带作物对水分要求的范围

作物名称	年降水量最适范围(mm)	最适水湿条件
橡胶树	1500~2500	月降水量>150 mm，月降水日>10 d 空气湿度>80% 土壤相对含水量 80%~90%
木薯	1000~3000	
胡椒	1500~2400	分布均匀为适
咖啡	1000~1800	>1250 mm，分布均匀为适
槟榔	1700~2000	空气相对湿度 60%~80%
剑麻	800~2000	1200~1500 mm
杧果	>700	
椰子	1300~2300	分布均匀为适
腰果	1000~1600	
澳洲坚果	>1000	分布均匀为适
油棕	1800~2300	分布均匀为适
茶	1000~1400	月降水量>100 mm 为适

注：引自《热带作物栽培学》，1995；《热带作物高产理论与实践》，2007。

热带作物在面对干旱与洪涝时，会表现出对逆境的适应性，以保持作物的生活力。根据热带作物生长发育的特点，可以将其对干旱的适应性划分为：避旱性、御旱性和耐旱性。

避旱性：在土壤发生严重水分亏缺之前热带作物完成其整个生育周期的能力，包括迅速的开花和结果。例如，热带沙漠植物在遇到降雨时，就能够迅速萌发并发育，充分利用有限的水分完成生活周期，从而逃避了干旱、熬过漫长的干旱期。

御旱性：在干旱条件下作物保持体内充足水分的能力，包括减少水分损失和提高水分吸收。减少水分损失的第一个途径为气孔控制，如热带肉质植物通过关闭气孔来降低水分散失；同时，提高叶片表面的角质层阻力，以减少水分散失，然而气孔开度的减少也会降低叶片的光合能力。第二个途径是通过减少热带作物群体对太阳辐射的截获，也可以减少水分损失，如叶片的主动和被动运动、角度变化。第三个途径是减少群体的蒸腾面积，即叶面积减少也能够在一定程度上减少水分丢失，但是同样可能导致群体光合能力下降。水分吸收功能的主要通过两个途径实现：一是构建强大的根系，如橡胶树的主根系可以达 2~3 m 或更深，更有利于橡胶树对水分的吸收与利用，假如橡胶全年缺水，对其产量也不会产生太大的影响；二是提高由根系向地上部的水分传导，减少根系阻力。

耐旱性：热带作物忍受干旱的能力。包括两种机理：第一种机理主要是维持膨压。其中，维持膨压的主要途径之一是渗透调节，即在干旱或者其他逆境条件下主动积累溶质，从而降低其渗透势的过程。渗透调节在很多热带作物上广泛存在，如橡胶树、胡椒、香蕉等；主要的渗透调节物质有无机离子(K^+、Cl^-)、有机酸(游离氨基酸、草果酸)和碳水化合物(可溶性糖等)。另外，也可以通过增加植物组织弹性和减小细胞体积来维持细胞膨压。第二种机理主要是作物的耐干性。自然界中有一类变水植物(如蕨类)能忍受几乎完全脱水，并能够随着水分供应增加而再水化且对自身生长发育无害。大多数作物属于恒水作物，虽然在生长发育的某个阶段(如种子休眠)能够忍受极为严重的干旱，但是大部分生长发育时期无法忍受低水势。耐干性仅是植物抗旱的方法之一，与热带作物生产中的高产要求存在很大的差距。

热带作物对水分过多的适应能力称为抗涝性，是作物对水分过多的一种适应性。如果是逐步淹水引起土壤中的氧慢慢下降，则植物根系也会逐渐木质化。这种木质化的根，细胞吸收养分和水分比较困难，但也限制了还原物质的进入，进而提高了根对土壤还原物的抵抗能力，耐涝性增大。不同作物对涝渍胁迫的响应不同。水稻之所以能在较长时间的淹水条件下生长，主要因为水稻根表皮下有显著木质化的厚壁细胞，而且具有从叶向根输送氧气的通气组织，使根系能不断获得氧气。此外，根系向土壤分泌氧以适应土壤的还原状态，因为水稻根系分泌的氧使根际的氧化还原电位反而较根外土壤高，这样水稻就可以适应土壤的还原状态。热带作物的抗涝性可以分为逃避、忍耐和抵抗。短期缺氧(如大雨后)时只要有忍耐机制就可以维持作物生长。若土壤长期处于涝渍状况时，作物则必须拥有逃避和抵抗机制。例如，红树林为适应高盐、水淹等环境，其叶片呈革质且具有泌盐组织，拥有密集、发达的支持根系和呼吸根，并以胎生的方式进行繁殖。

2.2.3 作物所需水分的来源与要求

农田水分的主要来源是大气降水与灌溉水。大气降水包括雨、雪、雹、雾、露等不同形态，是部分缺乏灌溉地区农田用水的主要来源；在有灌溉条件的地区，河流等地表水和地下水是补充农田土壤水分的重要来源。

2.2.3.1 降水

地表面从大气中所获得的各种形态的水分，在气象上统称为降水。因此，降水包括地面上的水汽凝结物，如雾 、露等，以及从云中降落下来的液态或固态的水，如雨、雪、冰雹等。从水分的收支平衡来看，从云中降落下来的水意义最大。一般只是将从云中降落下来的水称成为大气降水，简称降水，一般用降水量和降水强度来表示。不同的降水状态对热带作物的生态作用不同。

降水量：从天空下降，或在地面凝结的水汽凝结物，未经蒸发、渗透和流失，在水平面上所积聚的水层深度称为降水量。雪、霰、雹等固体降水量一般为其融化后水层的厚度。降水量的单位一般为 mm。

降水强度：单位时间内的降水量，称为降水强度，单位为 mm/d 或 mm/h。

就整个地球而言，降水的分布规律是纬度越低，降水量越大。北纬 30°至南纬 30°之间的降水量占全球总降水量的 2/3。赤道无风带降水量最大。到纬度 30°左右就到了高压带，由于少雨而容易出现沙漠。再往高纬到西风带容易产生低气压，而使降水增多。到极地降水量又减少了。这主要由大气环流的原因形成的。

(1)雨

雨是降水最重要的形式，热带地区的降水类型通常为对流雨型，其特征是太阳高度角最高的季节，降水最多。赤道带、热带和季风区的年降水量变化均属此类。降水特征既影响作物生长发育，也对产量品质有直接的作用。适时、适量的降水才有利于热带作物正常生长和发育，保证高产与稳产。如橡胶树的产胶、排胶，不仅要求月降水量大于100 mm和年降水量大于1500~2000 mm，而且要求降水分布比较均匀，以年降水日150 d，月降水日大于10 d为宜。在割面没有防护情况下，晨降水量大于4 mm时就影响当天割胶；另外，降水后潮湿环境会引起的橡胶树寄生性病害——割面条溃疡病。降水量分布的均匀性是影响椰子产量最重要的因子，非灌溉的椰园经一段较长时间的干旱时，其后效可持续两年半，干旱除减少果数外，还降低单果的重量，大大降低单位面积的总收获量。腰果花期如遇降水也会对其坐果有严重的影响。

(2)雾

雾是在晴朗无风的夜间，地面迅速降温，当近地面的薄层空气与冷地面接触后，空气将逐渐冷却，在0 ℃以上就出现微小的水滴，称为露。凡低层空气容易冷却、水汽丰富且风力较弱的地方更容易起雾。雾会减少热带作物的蒸腾与地面的蒸发，并能补充作物水分的亏缺，有效地弥补旱季水分的亏缺。此外，在越冬期，夜间的雾有一定的保温作用，如在云南西双版纳勐龙测定结果发现，雾可将当天的最低气温提高1~1.5 ℃，更有助于热带作物越冬。另外，白天雾的笼罩会缩短热带作物的光照时间与太阳辐射量，不利于作物光合作用。有测定结果表明：雾天比晴天削弱林内太阳辐射到达量19.4%。因此，一般白天的雾不利于作物生长，晚上的雾则对作物的生长有利。

(3)冰雹

冰雹是一种特殊的降水，雹是云中水汽凝结的产物，根据成因可分为：①热成雹，常出现于午后，并伴有猛烈的雷雨、狂风、闪电。②夜成雹，主要是夜间由于云层顶部辐射冷却，致使云顶和其底部温差很大，造成强烈对流而形成。③冷锋雹，由于暖湿空气沿锋面强烈上升而成的。冰雹可造成热带作物严重的机械损伤，不仅果、叶等器官被打伤打落，有的树皮也被打烂，冰雹融化后虽能增加土壤水分，但与其危害相比，是微不足道的。

2.2.3.2 灌溉

人工灌溉补给的灌水方案称为灌溉制度。其包括热带作物生育期内的灌水时间、灌水次数、灌水定额和灌溉定额等。灌水定额为单位面积上的一次灌水用量，常以 m 表示。灌溉定额是指单位面积上作物全生育期内的总灌溉水量(m^3/hm^2)，常以 M 表示：

$$M = \sum m \tag{2-1}$$

或

M=全生育期作物田间需水量-全生育期内有效降水量-(播种前土壤计划层的原有储水量-作物生育期末土壤计划层的储水量+作物全生育期内地下水利用量)　(2-2)

由于不同生育期的降水量在年际间的变化很大，所以不能采用固定模式的灌溉制度，而是要根据不同的年降水量，分别制定适合干旱季(年)使用的灌溉制度，同时，在执行过程中根据实际降水和作物生长发育情况进行必要的调整。灌溉制度可分为丰产灌溉制度和节水灌溉制度两种。

丰产灌溉制度是根据作物的需水规律安排灌溉，使作物各生育期需要的水分都得到满足，从而保证作物正常的生长发育，并获得最大产量而制定的灌溉制度。该制度通常不考虑所用水资源的量，而是以获得最高产量为目的。通常该灌溉制度仅用在水资源丰富，并有足够的输配水能力的地区。当前灌溉方案中，节水灌溉可以最大限度地减少作物用水过程中的损失，优化灌水次数和灌水定额，把有限的水资源用到作物最需要的时期，最大限度地提高单位耗水量的产量和产值，在现代农业生产中发挥着越来越重要的作用。节水灌溉主要包括地上灌(如喷灌、滴灌等)、地面灌(如膜上灌，水平畦灌等)和地下灌三大系统。

(1)喷灌技术

喷灌是利用专门的设备将水加压或利用水的自然落差将高位水通过压力管道送到田间，再经喷头喷射到空中散成细小的水滴均匀地散布在地里，从而达到灌溉目的。喷灌适于所有的作物以及蔬菜、果树等的灌溉。喷灌的优点很多：①既可用于灌水，又可用于喷洒肥料、农药等。②喷灌可人为控制灌水量，对作物适时适量灌溉，不会产生地表径流和深层渗漏，可节水 30%~50%，且灌溉均匀，利于作物生长发育。③减少占地，可扩大播种面积 10%~20%。④能调节农田小气候，提高作物的产量品质。⑤利于实现灌溉机械化、自动化等。喷灌缺点是：受风影响大、耗能多以及一次性投资高等。因此，喷灌技术可优先应用在经济价值较高、连片种植集中管理的作物上。现在全国大面积推广的，主要有固定式、半固定式和机组移动式 3 种喷灌形式。在热带地区主要应考虑解决水源与喷灌系统位置、地形与喷灌系统结合、耕作种植方向对喷灌系统的要求及风向与风速等影响问题。如果一个田块存在不同耕作种植方向会造成管道布置困难；当风速大于 2 m/s 时，会影响喷灌的均匀性。

(2)微灌技术

微灌是一种新型的最节水的灌溉工程技术，包括滴灌、微喷灌和涌泉灌。它具有以下优点：一是省水节能。灌水时只湿润作物根部附近的部分土壤，灌水流量小，不致产生地表径流和深层渗漏，一般比地面灌溉节省水量 60%~70%，比喷灌节省水量 15%~20%；微灌是在低压条件下运行，比喷灌能耗低。二是灌水均匀，水肥同步，利于作物生长。微灌系统能有效控制每个灌水管的出水量，保证灌水均匀，均匀度约 80%~90%；微灌能适时适量向作物根区供水供肥，还可调节株间温度和湿度，不易造成土壤板结，为作物提供良好的土壤环境，从而有利于作物提高产量和质量。三是适应性强，操作方便。可以适用于山区、坡地、平原等各种地形条件。微灌系统无须平整土地和开沟打畦，因而可减少灌水的劳动强度和劳动量。如在菠萝上采取微灌技术能提高菠萝产量 39.04%，节约用工成本 1125 元/hm^2。但存在一次性投资大、灌水器易堵塞等缺点。

(3)膜上灌技术

这是在地膜栽培的基础上，把过去的地膜旁侧灌水改为膜上灌水，水沿放苗孔和膜旁侧渗入而进行灌溉。通过调整膜畦首尾的渗水孔数及孔的大小可以调整沟畦首尾的灌水量，能获得比常规地面漫灌方法高的灌水均匀度。膜上灌投资少，操作简便，便于控制水量，可加速输水速度，也可减少土壤的深层渗漏和蒸发损失，提高水的利用率。近年来由于无纺布(薄膜)的出现，膜上灌技术应用更加广泛。膜上灌适用于所有实行地膜种植的作物，与常规沟灌玉米、樱桃、番茄相比，可省水 40%~60%，增产效果明显。

(4) 水平畦灌

这是一种在短时间内供水给大块水平畦田的地面灌水方法。水经过进水口流入水平畦时，先使灌水在短时间内布满整个畦田，形成畦面水层，然后再缓慢入渗。由于水流在短时间内迅速布满整个畦田，深层渗漏损失小，不易产生地表径流。对入渗率较低的土壤，灌水均匀度达 90%。因畦田中水均匀入渗，起到了淋洗土壤盐分的作用，还可直接控制供水时间，便于自动化管理。这种方法适合于所有作物和土壤条件，尤其适合入渗率较低或中等的土壤。该方式前提是田地平整，如田地不平整，造成灌水不均匀，积水会危害作物。

(5) 地下灌技术

这是把灌溉水输入地下铺设的透水管道或采用其他工程措施普遍抬高地下水位，依靠土壤的毛细管作用浸润根层土壤，供给作物所需水分的灌溉技术。地下灌溉可减少表土蒸发损失，灌溉水利用率较高，与常规沟灌相比，该灌溉技术一般可使作物增产 10%~30%。

2.2.4　提高热带作物对水分的利用率

随着水资源的日益紧缺，如何用好有限的水资源，提高单位水资源效益，已经成为节水农业共同关注的焦点。开展农业用水有效性的研究，提高水分利用效率(water use efficiency，WUE)是水分亏缺条件下农业得以持续稳定发展的关键。

2.2.4.1　作物水分利用效率

水分利用效率包括灌溉水利用率、降水利用率和作物水分利用效率 3 个方面。其中作物水分利用效率的概念在生态学和生理学上的表述是不同的。

生理学上的水分利用效率是指在控制条件下，完全去除土壤表面蒸发而测得的作物个体水分利用效率，即作物吸收的单位水分所形成的光合产物质量。常用叶片水分利用效率表示，是单位水量通过叶片蒸腾散失时进行光合作用所形成的有机物量，取决于光合速率与蒸腾速率的比值，是植物消耗水分形成干物质的基本效率，也是水分利用效率的理论值。

从生态学或者农学的角度，一般采用作物消耗单位水量所制造的干物质量来表征作物的水分利用效率。生产中，常用作物的经济产量作为计算依据以达到更接近农业生产实际的目的。计算公式如下：

$$\text{水分利用效率}=\text{经济产量}/\text{总耗水量} \tag{2-3}$$

水分利用效率的单位一般用 kg/m^3 或 $kg/(mm \cdot hm^2)$ 表示。

总耗水量是指作物一生中消耗的全部水量，包括蒸发和蒸腾耗水，可以用以下简单方法进行估算：

$$\text{总耗水量}=\text{播种时土壤储水量}-\text{收获时土壤储水量}+\text{生育期间降水量}+\text{灌水量} \tag{2-4}$$

由于考虑到了土壤表面的无效蒸发，作物水分生态效率对节水的实际意义更大，因而受到广泛的应用，有时也称水分生产率。

2.2.4.2　提高水分利用效率的途径

热带作物的水分利用效率一方面由产量来决定，另一方面由水分投入的量来决定。因此，在农业生产中只能在充分挖掘作物产量潜力的同时减少水分的投入，即选用耐旱作物及节水品种，采取合理施肥、节水灌水技术、蓄水保墒技术等，才能提高水分利用效率，保障农业的持续稳定发展。

(1)保水措施

通过采取土壤耕作、覆盖和其他蓄水保墒技术，充分接纳自然降水，减少无效蒸发耗水，提高农田水分利用效率。包括耕作改土、深松、保护性耕作、秸秆或地膜覆盖、中耕、镇压等，增强雨水入渗，减少降水径流流失，增加土壤蓄水能力，减少土壤蒸发。最终实现降水就地高效利用，减少灌溉水投入，实现高产。

①覆盖保墒技术　秸秆覆盖具有成本低就地取材、使用方便、无污染、改良土壤、培肥地力、增加降水入渗且保墒效果好等优点。秸秆覆盖可抑制蒸发率60%左右，玉米秸秆覆盖，可节水15%，每公顷可增产10%~20%。地膜覆盖适合于干旱缺水地区和盐碱地地区，具有提高土壤温度、抑制土壤返盐、蓄水保墒等优点，研究发现覆盖地膜可提高地温2~4℃，增加耕层土壤水分1%~4%，在干旱地区作物全生育期每公顷节水量达1500~2250 m^3，且可使玉米降水利用率从30. 8%提高到82. 5%，效果极其显著。

②耕作保墒技术　耕作保墒是一种传统的增加土壤蓄水、减少土壤蒸发技术；可有效改善土壤结构，疏松土壤，增大活土层，增强雨水入渗速度和入渗量，减少径流流失与土壤表面蒸发，提高农田土壤水分利用效率。如采用深松耕技术，耕作深度在20 cm以上，耕层中有效水分增加4. 0%~5. 6%。渗透率提高13%~14%；在热带地区雨季来临前深松土壤，可使40~100 mm土体蓄水量增加73%。

③输水渠道保水技术　农田灌溉用水从水源到被作物吸收利用一般经过3个环节：首先从水源到田间的输配水环节；其次是将输送到田间的灌溉水转化为土壤水；最后是作物吸收水分后通过光合作用形成有机物质。输配水主要通过各级渠道来实现，渠道是我国农田灌溉的主要输水方式，传统的土渠输水渗漏损失可占到引水量的一半以上，每年全国渠系水损失量约1×10^{11} m^3。如果采用渠道衬砌和管道输水技术则可以大大提高渠系水利用系数，减少输送过程中灌溉水的损失，节约大量灌溉用水。

④合理使用化学保水剂　合理施用保水剂、复合包衣剂、黄腐酸、多功能抑蒸抗旱剂和ABT生根粉等，可在作物生长过程中抑制过度蒸腾，减轻干旱危害，促进根系生长，提高对深层水的利用，能显著增强作物抗旱能力和提高水分生产率。保水剂成分多为高吸水性树脂，是一种吸水能力特别强的功能高分子材料，无毒无害，能够反复释水、吸水，还能吸收肥料、农药并缓慢释放，增加肥效、药效。抗蒸腾剂可以增大叶面阻抗、提高叶水势，进而减轻干旱胁迫的影响，在水分供应不足的情况下能明显提高作物产量。如热带地区1~2月干旱，种子出苗或移栽幼苗生长均缓慢，保水剂的使用能够促进种子发芽及幼苗的移栽成活。

(2)节水措施

①建立与区域水资源相适应的种植制度　不同作物之间的水分利用效率存在很大差异，C_4植物的水分利用率较C_3植物高2~3倍。因此，在节水农业中，要按降水时空分布特征、地下水资源、水利工程现状合理调整作物布局，选用需水和降水耦合性好、耐旱、水分生产率高的作物品种，以充分利用当地水资源。根据总降水量及其季节分布确定种植制度也十分必要。研究结果表明，从水资源利用角度，热带地区的水分条件能满足一年三熟，且其水分利用效率最高。这样，因水制宜，适当调整复种指数，注意用地和养地结合，以达节水增产的目的。

②建立节水灌溉制度 将有限的灌溉水量根据不同作物生长发育特点、需水量和需水关键期进行最优配置，建立节水灌溉制度，是实现作物节水、保证产量、提高水分生产率的主要途径之一。加大土壤调蓄能力，增加有效降雨利用，是建立节水灌溉制度首先要考虑的问题。根据降水特点和土壤水分周年变化规律、种植制度特点，优化节水灌溉制度；通过采用非充分灌溉、抗旱灌溉、低定额灌溉和精量优化灌溉，降低灌溉次数与灌水总量；巧灌关键水，满足作物生长发育和产量形成对水分的需求；在限制作物水分供应的情况下，实现产量品质的提升。

节水灌溉技术是根据作物需水规律，有效地利用当地水资源，获取农业的最佳经济效益、社会效益、生态效益而采取的多种措施的总称。

常见的节水灌溉模式主要有：

调亏灌溉技术(regulate deficit irrigation)：调亏灌溉是从作物生理角度出发，在一定时期内主动进行一定程度的有益缺水，使作物经历有益的缺水锻炼后，达到节水增产，改善品质的目的。通过调亏可控制地上部的生长量，实现矮化密植，减少整枝等工作量。该方法不仅适用于果树等经济作物，而且适用于大田作物。通过对不同作物的最佳调亏阶段、调亏程度以及不同养分水平或施肥条件下的调亏灌溉指标等综合技术集成、组装，将使灌溉水的生产效率提高到1.5~2.0 kg/m^3。

非充分灌溉(limited irrigation)：也称限水灌溉，将作物的灌溉制度和需水关键时期进行灌溉作为技术特征。非充分灌溉主要包括两方面：一是寻求作物需水关键期，即作物水分敏感期进行灌溉；二是根据作物需水关键期制定优化灌溉制度，将作物全生育期总需水量科学有效地分配到关键需水期，使有限水发挥最大的增产作用。

局部灌溉(localized irrigation)：以点灌方式，通过计算机监控调配用水量，按时按量把水直接输向作物根部，以湿润作物根部土壤为主要目标，实现有限水获得高产量。

控制性根系交替灌溉(controlled roots-divided alternative irrigation)：控制作物根系始终有一部分生长在干燥或较干燥的土壤中，使其产生水分胁迫的信号并传递到叶气孔形成最优的气孔开度。不同区域或局部的根系交替经受一定程度的干燥锻炼，可减少无效蒸发损失和总灌溉量，同时提高根系对水分和养分的利用率；以不牺牲作物光合作用产物而达到节约水分和养分的目的。热带地区主要适用于种植果树和宽行作物(如橡胶树、槟榔和椰子等)及部分蔬菜等。

(3)提高热带作物吸水力

①选育抗旱性强、水分生产率高的作物和品种 不同作物品种间水分利用效率和抗旱性差别很大。通过现代育种手段和生物技术方法，选育高产、水肥利用效率高的品种，可以显著地提高作物产量，同时有效地提高作物的水分生产率。初生根系多、吸水能力强，叶片小，光合蒸腾比高、收获指数大的品种抗旱能力强，水分生产率高。如在水分资源有限的情况下，以抗旱水稻品种或旱稻品种代替传统水稻品种，不仅提高根系的吸水能力，保证产量，也大大提高了作物的水分利用效率。同时要加强作物水分利用效率的分子遗传改良。1993年，Tarezynski等首先将甘露糖醇-1-磷酰脱氢酶基因转移到烟草，增强了抗旱能力，梁峥等人分别将大肠杆菌和菠菜的碱脱氢酶基因转到烟草中，增加了渗透调节能力，获得了转抗旱抗盐基因烟草。生物技术发展日新月异，抗逆性的分子育种已成为关注的热点。未来通过常规育种与分子育种相结合，作物将极大地提高水分利用效率，将为农

业节水做出更大的贡献。

②培肥地力，进行水肥一体化调控　通过增施有机肥和实行秸秆还田技术，既可提高土壤肥力，又可改善土壤结构，增大土壤涵养水分的能力，增强根系吸收水分的能力，提高土壤水分利用率。通过水肥一体化运筹与调控，实现以肥调水、以水促肥，充分发挥水肥协同效应，提高作物的抗旱能力和水分利用效率。合理施肥可以明显提高菠萝的水分利用效率，特别是氮、磷、钾肥配合施用。氮肥对作物根量的生长具有促进作用；磷肥具有在促进根深扎的作用；在合理的氮、磷配比下，热带地区樱桃番茄苗期的根长比对照显著增加，有效地增强樱桃、番茄的吸水范围和吸水强度，提高水分的利用效率。

2.3 热带作物生长发育对热量(温度)的要求

2.3.1 热量的生理功能

热量是热带作物生长的重要条件之一，热量条件的标志是温度。热带作物的各种生理过程、生化反应等都需要在一定温度条件下进行，如温度降低，细胞透性降低，水的黏度增加，吸水量减少；随着温度的增加，光合作用中 CO_2 的固定和还原也逐渐增强。因此，温度不仅直接影响热带作物的生长、产量品质及其分布，而且影响热带作物的生长发育速率及全生育期的长短；温度还影响热带作物病虫害的发生发展。同一热带作物的不同生育期对温度要求也不一样，一般热带作物生长旺盛时期以及开花结实时期，都需多日照、较高温度、充足雨水，才能获得较高的产量。温度对热带作物的影响主要取决于三基点温度、积温与无霜期及热带作物温周期现象。

2.3.1.1 三基点温度

在热带作物的生长发育过程中，每个生理过程都有其相应的最低温度、最适温度和最高温度，称为三基点温度(表 2-3)。热带作物只能在最低和最高温度范围内生长，在最适温度下热带作物生长、发育迅速而良好；在最高和最低温度下热带作物生长、发育趋于停止，但热带作物尚能够忍受。当温度高于高温值或低于低温值时，热带作物会受到不同程度的伤害，生长发育受抑，甚至死亡，这是热带作物生存的最高温和最低温的界限。三基点温度存在 3 个特征分别为：①不同热带作物的三基点温度不同；②同一热带作物不同生育时期和不同器官生长所要求的三基点温度不同；③热带作物生长发育时期不同生理过程的三基点温度不同，如光合作用的最低温度为 0~5 ℃，最适温度为 20~25 ℃，最高温度为 40~50 ℃；而呼吸作用分别为 0~10 ℃、36~40 ℃和 50 ℃；一般最适温度与最高温度比较接近，而与最低温度较远。值得注意的是作物的三基点温度可以通过育种加以改变，而这种改变对作物的产量和分布有很大影响。

表 2-3　代表性的热带作物生长的三基点温度　℃

作物名称	最高温度	最适温度	最低温度
橡胶树	39	25~27	10 左右
木薯		25~29	
胡椒	35 左右	23~27	10 左右

（续）

作物名称	最高温度	最适温度	最低温度
小粒种咖啡	35左右	15~25	10左右
中粒种咖啡	40左右	20~30	15左右
槟榔		24~28	1
剑麻		25~28	2~3
杧果	37	25~30	3
椰子		26~27	8
腰果		24~28	15
澳洲坚果	35	20~25	10
油棕	38左右	25~28	15左右
茶	35左右	15~25	10左右
可可	35左右	24~28	18左右

注：引自《热带作物栽培学》，1995；《热带作物高产理论与实践》，2007。

2.3.1.2 热量条件与我国热带作物生产

我国热带作物种植地区位于北纬18°10′~26°10′，实际处于热带北缘和南亚热带。因此，热量条件成为我国热带作物生产发展的主要限制条件。由于不同的热带作物所收获的产品来自不同的器官，可以将其分为两大类：一类是收获果实的，如油棕、可可、椰子、胡椒等；另一类则是收获叶片、块根、胶乳等营养器官或其代谢次生产物的，如龙舌兰麻、香茅、巴戟、橡胶树等。根据作物不同器官对三基点温度的要求，可以总结以下规律：种子萌发三基点温度<营养器官生长三基点温度<生殖器官生育的三基点温度。这是以果实为产品的作物要比以营养器官为产品的作物生产区的分布范围窄的原因。如油棕，当出现12 ℃低温时，花穗就出现败育，因为花粉母细胞减数分裂期和开花受精期，对温度条件最为敏感；但在营养生长期，即使出现短暂的8 ℃（极端最低气温）也不致死亡。世界上最高产的油棕国位于月均温年较差最小的地区，即马来西亚，位于北纬3°08′，月均温年较差仅为1.1 ℃；而位于北纬16°的洪都拉斯，温度年较差3.8 ℃，9~11月为高产期，1~4月几乎无油棕果收获；我国最南端的三亚南滨农场，位于北纬18°18′52″，温度年较差达7.6 ℃，产量极不稳定，盈利很少。

与油棕不同，橡胶树虽然原产于亚马孙河流域热带雨林中，在有倒春寒年份的3~4月，也会出现8~10 ℃低温，橡胶树出现普遍落花，不能正常结果，但该低温，对于韧皮部的产胶组织影响不大，也不影响产胶；小于5 ℃时出现寒害，无性系GT1，RRIM 600植株有少量爆皮流胶；气温降到接近0 ℃低温时，才会对韧皮组织产生伤害。这也解释了橡胶树能北移植区范围较广的原因。

2.3.2 热带作物生长发育对热量的要求与适应

2.3.2.1 热量对热带作物生长发育的影响

热量作为重要的生态因子，不仅直接影响热带作物的生长发育，而且影响热带作物产量和品质的形成。

(1)温度对发芽、出苗与生长的影响

影响热带作物生长发育的温度因子包括近地气层的空气温度、土壤温度、水温，以及热带作物体温等。温度对作物生产的影响是通过温度本身强度、持续时间及其时空变化等实现的。大气温度影响着土壤温度、水田温度和作物体温，进而也显著影响热带作物生长发育。

温度影响热带作物的生长、发育及土壤形成和土壤中的各种生物化学过程，有周期性(年、日)变化和非周期性变化。温度的高低直接影响热带作物播种和出苗早迟、分蘖消长、越冬安全，土壤微生物活动和有机物质的分解。根据研究，得到各种作物根系伸长的适温：水稻32~35 ℃，玉米24 ℃；温度为20~30 ℃时，温度升高可促进作物体内有机物质的输送，温度较低有利于有机物质的积累。例如，广东南部与福建南部两地，由于温度条件不同，龙舌兰麻的年叶片生长量，差1倍，5~10月，平均气温都在25 ℃以上，叶片增长数也达全年最高峰。由3~4月与5~6月两地叶片增长幅度相比，均在1/3，几乎相等；当然两地叶片增长的绝对值仍差异非常明显(表2-4)。有研究也发现在12~22 ℃的平均气温下，油棕的产叶量随气温的增高而直线上升，单叶平均干重的增长也呈类似的规律(表2-5)；不过从果穗产量来看，年平均气温25~27 ℃时的产量最高。

表2-4 在不同地方龙舌兰麻11648叶片的生长量

地区	月份	1~2	3~4	5~6	7~8	9~10	11~12	合计
广东海康	平均气温(℃)	19.1	24.1	26.6	27.5	25.2	20.3	23.8
	增叶量(片)	8.6	13.9	18.1	23.9	22.3	13.6	100.4
福建漳州	平均气温(℃)	13.5	18.4	25	28.1	25.2	16.5	21.1
	增叶量(片)	3.5	6	9	9.2	9	5.4	42.1

注：引自《热带作物栽培学》，1980。

表2-5 不同温度下幼龄油棕的生长

气温			4个月后的叶数			
光照*(光强52 500 Lux)	黑暗**	平均	叶数	%	质量(g)	%
32	22	27	6.5	100	19.7	100
27	17	22	6.0	92	17.1	87
22	12	17	3.6	55	12.3	62
17	7	12	0.5	8	1.5	8

注：* 每天提供12h15min的光照；** 黑暗时间为11h45min。

(2)温度对热带作物产量和品质的影响

温度对热带作物生长发育的影响，最终都会影响到产量。热带作物的不同生育期要求不同的最适温度，如果作物生育不同时期的环境温度能充分满足则作物就能获得高产。对于很多热带作物，只要具有适宜的温湿条件，终年可以开花结果。例如，可可、咖啡、椰子、油棕等均属此类型。即使很多热带作物具有全年开花结实的习性，但并不说明它们在一年之中就能均衡地开花与收获果实。实际上，即使在赤道热带地区，作物仍呈现一年之中有主花期和果实收获盛期。如巴西巴伊亚州对可可的开花进行观察发现，其主花期与高温季节是一致的，日均温在 24~25 ℃范围；日均温低于 22 ℃以下时，很少或停止开花；另外，盛花期也处于可可植株挂果负荷量最少的时间；相反当植株挂果负荷最大量时，也会少开或停止开花(图 2-1)。

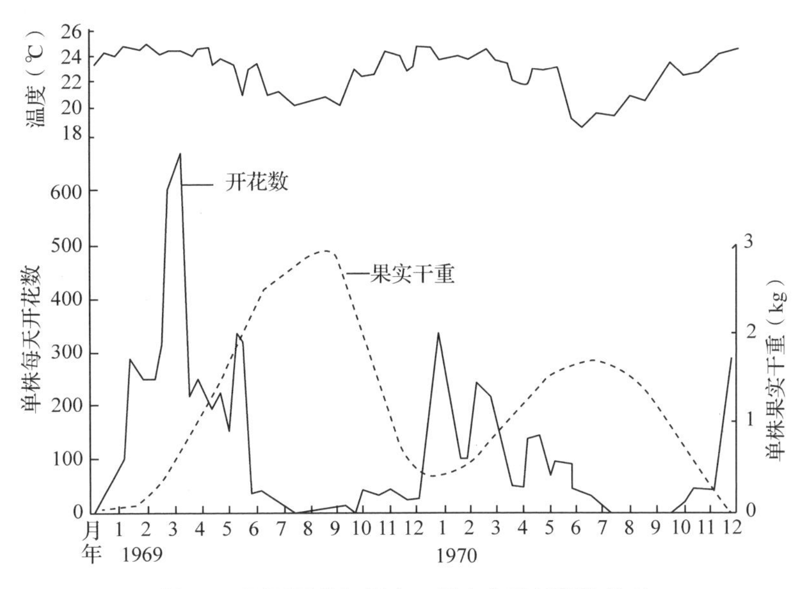

图 2-1　可可开花与温度、果实负荷量间的关系

[巴西巴伊亚州儒萨里(南纬 0°)12 株无性系]

温度对作物品质的影响有多种表现，如草莓在形成甜味和红色时要求中等到较高的温度，但在形成特有香味时则要求 10 ℃左右的温度。春季第一茬种植后的早晚会遇到这样的温度，故香味较浓；而后几茬种植由于气温较高，香味就较差。温度日较差大一般有利于糖分积累，这是热带地区哈密瓜香甜的主要原因。番茄开花受精遇低温则幼果发育不良易形成畸形果。

(3)温度对热带作物生理过程的影响

①光合作用　热带作物光合作用对温度的响应，因种类或品种而不同。

热带地区不少禾本科的植物，如甘蔗及象草等，都属 C_4 植物，C_4 作物的光呼吸较弱，二氧化碳补偿点低，但光合效率较高。C_4 植物的光合速率随叶温的升高而迅速增高，在 30~40 ℃间达到最高值，其后则随温度的继续升高而急剧下降。C_3 作物有明显的光呼吸现象，并随温度上升而加强，光呼吸放出的二氧化碳的量占光合作用同化二氧化碳量的 30%~50%，其二氧化碳补偿点高。许多 C_3 作物的光合速率在叶温达到 20~30 ℃为最高值，要比 C_4 作物的光合最适温度低得多。

同一种热带作物不同品种的光合最适温度也是不同的。例如，橡胶树无性系 10-14-38 的光合最适温度为 24.4 ℃，而 GT1 无性系则为 22.4 ℃。经过一定的低温驯化后，作物光合作用最适温度可以变低。其原因可能是：a. 在较低温度(冬季或高原)时，光合作用的光补偿点低，实际上是低温下呼吸作用的消耗减少；b. 在较低温度下，植物见光后，即能在较短时间内光合作用强度达到高峰；c. 太阳辐射强时，叶温高于气温。因此，光合作用的最适温度除低温季节比高温季节低外，在高海拔地区生长的植物较低海拔植物光合作用的最适温度要低，即生长的环境温度越低，光合作用的最适温度也越低。

②呼吸作用　热带作物的呼吸作用受内、外条件的影响，其中温度是重要的环境因素之一。热带作物的生理活动由呼吸作用提供能量，呼吸作用太强，会严重地影响光合产物的净积累，因此，环境的温度也必然会被限制在某一特定的范围之内。呼吸作用速率与温度呈正比关系，一旦温度超出了正常允许范围，则会引起作物生物量净累积减少，甚至出现负值。进行呼吸作用的温度低于光合作用的温度，光合最适宜的温度要比呼吸最适宜的温度低，因此，在高温下，呼吸作用增加光合产物的消耗，导致植株生长受到抑制(图 2-2)。如茶树在高温季节，芽叶生长停滞且容易老化，非常不利于茶叶产量的提高。

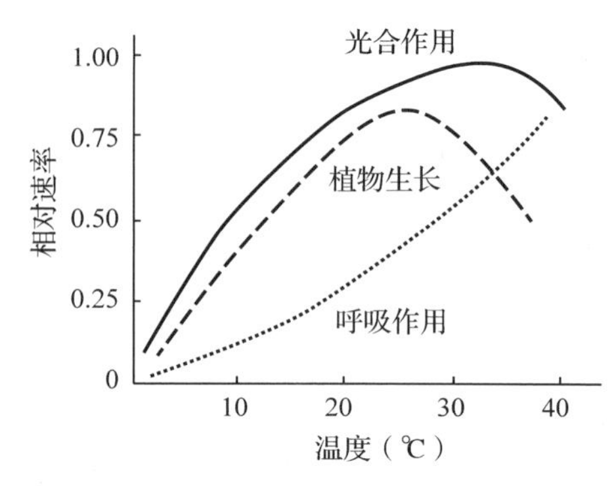

图 2-2　温度对呼吸作用、光合作用与干物质积累速率的影响

③蒸腾作用　植物体内的含水量经常处于动态平衡状态。该平衡状态是取决于吸水量和蒸腾量两者的状况。植物本身需要保持一定的含水量，依靠其确保自身的机能，调节气孔的开闭，气孔的开闭与水分蒸腾保持着密切的相关。据研究气孔开张度与蒸腾往往呈正相关。茶树叶气孔，白天蒸腾量大时，气孔开张度也大，晴天除 14:00 左右，气孔开张度为 4~6 μm，其余时间均在 6~8μm；夜间一般为 4~6 μm。上述变化规律显然与温度的变化有关，温度越高，蒸腾量大，但最大蒸腾量并不是出现在温度最高的正午。小粒种咖啡无荫蔽条件下，气温和叶温都比有荫蔽栽培的高，全天平均气孔阻力，前者为后者的 1.42 倍；蒸腾速率则表现出前者仅为后者的 79%。蒸腾速率小，气孔阻力大，不利于光合作用合成有机物质。因此，有荫蔽时，有利于创造一个适合于小粒种咖啡气孔维持较大开度的环境。

④温周期现象　作物生长、发育和产品质量对温度有节奏的昼夜变化呈周期性反应的现象称为温周期现象(thermoperiodicity)。大陆性气候地区，温度日较差大，原产于该地区的作物在温度日较差较大时生长较好；海洋性气候地区，温度日较差相对较小，原产于该地区的作物在温度日较差小的情况下生长较好。一般来说，温度日变化再配合其他条件比恒温条件更有利于作物的生育。大多数作物在节律性变温下种子萌发较好，变温对作物体内物质转移和积累具有良好的作用。夜间适当的低温使呼吸作用减弱，光合产物消耗减少、净积累增多。在一定温度范围内，昼夜温差值大，不仅作物产量高，而且品质好，表现在蛋白质和糖分含量提高。如橡胶树，由于云南西双版纳景洪地区的昼夜温差大于海口(图 2-3)，使得橡胶树在景洪地区无论长势还是产胶量都要优于海口地区(表 2-6)，温周期优势是其获得高产的一个重要原因。

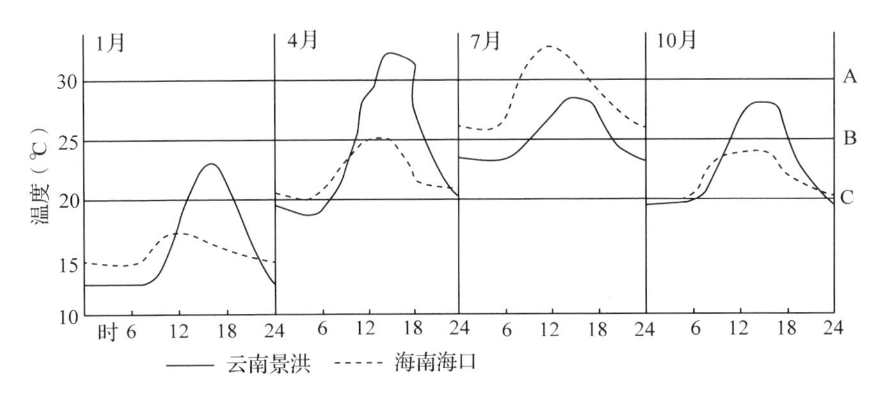

图 2-3　云南景洪、海南海口多年 1、4、7、10 月的平均气温比较

其中，A：净光合作用由于呼吸作用增加而削弱的临界温度

A-B：光合作用最适温度区

C：净光合作用显著下降的临界温度

（引自《云南橡胶树旱害》，1981）

表 2-6　景洪与海口橡胶树有效光合作用和呼吸作物强度计算值

项　目	地名	1 月	4 月	7 月	10 月	合计	比值
昼间有效光合作用	景洪	3.09	4.81	5.22	4.62	17.74	111.5
[CO_2mg/(g・d)]	海口	2.61	4.26	5.14	3.90	15.91	100.0
夜间呼吸作用强度	景洪	2.05	3.25	3.07	3.02	11.39	90.3
[CO_2mg/(g・d)]	海口	1.95	3.25	4.16	3.25	12.61	100.0

注：引自《橡胶树气象》，1989。

2.3.2.2　热带作物对热量的适应性

不同生态区、不同类型作物所需温度差别很大，因而温度影响着不同生态区作物的分布、作物的前后茬搭配(作物布局)等。

我国热带地区主要热带作物是橡胶树、油棕、椰子、可可。橡胶树喜热，18 ℃时开始生长，5 ℃左右即遭冻害，忌霜；同时要求湿度高(75%以上)、降水量(1000 mm 以上)。其他几种热带作物要求温度和橡胶树相近，油棕要求的温度更高。

一个地区的栽培制度和复种指数，在很大程度上取决于当地的热量资源。积温是表示热量资源既简单又有效的方法，比年平均气温等温度指标更可靠。一个地区的积温情况可为正确制定农业区划，安排作物布局，确定种植制度提供依据。例如，≥10 ℃的积温在 4200 ℃以下的地区只适于一年一熟，4000~5800 ℃可以一年两熟，5900 ℃以上可以一年三熟。据研究，当年平均气温增加 1 ℃时，我国≥10 ℃积温的持续日数平均可延长 15 d 左右，作物种植区将北移。

2.3.3　热带作物所需热量的调控技术

在农业生产中常采用耕作栽培等农艺措施调节土温、气温和作物体温，以保证作物生长的适宜温度条件。常用的措施有灌溉、松土或镇压、垄作或沟种、施肥等，它们通过改变热量平衡与土壤热特性(如热容量与导热率等)来调节温度。

2.3.3.1 栽培技术

(1)播种技术

作物播种时间不同，影响作物的出苗，进而影响作物生育期间的温度变化。生产中通过合理调节作物播期，改变作物生长期间的温度环境条件，实现其最佳生长季节与温光最佳季节同步，达到优质高产目的。作物种植行向不同，植株间的日照时数也有差异，从春分到夏至，日出和日落的太阳方位角，随纬度增高而越偏向北，日照时间越长，东西行向的日照时数相对多于南北行向的；而从秋分到冬至，太阳日出和日落的方位角随纬度增高而越偏南，日照时间越短，沿南北行向的日照时数相对多于东西行向的。行向也影响通风条件。为改善株间的农田温度、湿度和二氧化碳等的分布，宜使行向与作物生长发育关键时期的盛行风向接近。种植密度影响辐射平衡、湍流交换和蒸发耗热。随着种植密度的增加，株间辐照度降低，风速减小，二氧化碳供应趋少；温度在白天或暖季随种植密度增加而降低，在夜间或冷季则升高。种植密度增加，农田水分消耗则多，土壤水分减少；而株间空气湿度则因农田蒸散增强、湍流交换减弱而增加。同一种植密度下的株行距变化，也可影响小气候效应，如宽窄行可改善株间透光通风条件，使空气温度提高及湿度降低等。

(2)间套作技术

间作套种的农田因不同作物的株高、株型、叶型均不相同，形成高低搭配、疏密相间的群体结构，引起农田温度、光照和湿度的改变。当高秆作物对矮秆作物产生显著的遮阴作用时，矮秆作物带、行中的温度偏低而湿度偏高，并会随带、行间距的缩小而加剧。合理的间作套种，会增加边行效应，加强株间的湍流交换，从而改善通风条件，保证二氧化碳的供应。橡胶树间作木薯时，橡胶树的遮阴作用会降低木薯生长环境的温度。

(3)覆盖技术

①地膜覆盖　塑料薄膜地面覆盖栽培，简称地膜覆盖栽培，是用很薄的(0.004~0.02 mm)的塑料薄膜紧贴覆盖地面而进行的栽培。它是现代农业生产中最简单有效的增产措施之一。地膜覆盖能够协调土壤温度、保持土壤水分、改善土壤物理性状、增加土壤养分、减轻土壤盐渍化，因此，可以有效缩短作物苗期、促进生长发育、提高开花结果、增加产量等。

②秸秆覆盖　随着少耕、免耕技术的不断推广，秸秆还田和秸秆覆盖的面积越来越大。由于秸秆覆盖改善了土壤的水热变化，促进了作物的生长、产量和水分利用效率的提高。菠萝秸秆覆盖还田可以有效地平抑地温的变化，降低地温的日变幅，缓和昼夜温差，避免了地温的剧烈变化，能有效地缓解地温的剧变对菠萝根部产生的伤害。

(4)化学制剂应用技术

化学制剂分为两种：一种是改变作物生长环境温度的化学制剂，如地面增温剂(石油的副产品薄覆盖物)和抗寒剂(如抗冷冻素)、降温剂(白色反光物质)、喷撒有色物质(草木灰、泥炭用于酸性土壤的石灰、高岭土黑白色物质)等，可以改变作物生长发育的环境温度；另一种是调节作物生长的化学制剂，如水稻在灌浆期喷施920，可促进早熟。

2.3.3.2 灌排与施肥技术

(1)灌排技术

灌溉后地面反射率降低，太阳辐射增多，土壤表面蒸发耗热剧烈，从而使贴地气层和土层中的温度梯度和湍流交换减弱。同时，土壤水分的增加，使土壤的热容量和导热率增大，而土壤热通量显著减小，温度的日较差随之变小。因而，在白天和温暖季节灌溉，可产生降温作用；而在夜间和寒冷季节则可产生增温效应。具体效应的大小，因天气、土壤、植物覆盖，以及灌溉水量、水温与面积等条件而异。灌溉效应除受地区、季节、昼夜、天气条件影响外，还与灌溉方法、灌溉面积、灌溉量和土壤状况有很大关系。一般灌溉面积越大、土壤越疏松、土色越浅、天气条件越是持续晴朗干燥，则效应越显著。灌溉的温度效应也受灌溉水温的影响，生产上可根据需要，利用水源温度的变化来调节农田环境温度。

(2)施肥技术

气温对施肥效率的影响较大，适宜的温度有促进土壤有机质的矿化，供给作物有效养分增加的作用。一般在0~32 ℃，作物吸收肥料的数量、速率与土壤温度呈正相关关系，温度越高，作物吸收的肥料越多，转换利用率越高；低于0 ℃或高于32 ℃，作物的吸肥能力逐步下降。因此，要根据作物的生育特性，选择适宜的施肥温度。例如，水稻追肥的适宜温度为30~32 ℃，玉米追肥的适宜温度为25~30 ℃。在温度较低的季节，可在越冬作物上施用半腐熟的有机肥和浓度较高的清水粪，使其在分解过程中提供热量，升高地温。各种有机肥在其分解过程中会放出不同的热量，可以调节土温。根据肥料发热量的大小，分为热性肥、温性肥、凉性肥等。热性肥如马粪、羊粪、菜子饼等；温性肥如猪粪、人粪秸秆肥等；凉性肥如牛粪、塘泥、泥杂肥等。“冷土上热肥，热土上冷肥”，这种施肥措施，充分发挥了肥料的热特性，对作物生长有很大的好处。此外，施用草木灰和有机肥料，能使土壤颜色加深，增加土壤的吸热能力，提高土壤温度。

2.3.3.3 耕作技术

耕作措施包括翻耕、松土、镇压和垄作等，主要是通过改变土壤表面和根分布层，使土壤水热特性发生改变，影响土壤热量和水分交换，从而调节土壤温度和湿度。

(1)翻耕

翻耕使表土疏松，反射率降低，吸收辐射量增加，土壤孔隙度增大，空气含量增多，土壤热容量和导热率趋小，从而使土壤和近地面层空气温度产生剧烈变化。一般是白天温度高而夜间低，日较差大。白天或温暖季节，热量积集表层，因而翻耕影响的那一层温度相对较高，下层则较低。夜间或寒冷季节，翻耕地土壤深层向表层传递的热量相对较少，因而表层温度也较低，而深层则较高。所以翻耕所引起的温度效应，在低温时间里是表层降温，深层增温；高温时间里则表现为表层增温，深层降温。一般而言，温暖季节的白天增温层厚度比寒冷季节大，而寒冷季节的夜间降温层厚度比温暖季节大。

(2)松土

锄地松土的作用是综合的，可有增温保墒、通气及一系列生理生态效应，仅从温度效应来说，锄地可使暖季晴天土壤表层日平均温度增加1 ℃，最高温度增高2~3 ℃或更多。锄地增温的主要原因：一是切断土壤毛细管，降低表墒，减少了蒸发耗热；二是使锄松的土层热容量降低，得到同样的热能而增温明显；三是锄松的土层导热率低，热量很少往下层传导，多用于本层增温。

(3)镇压

镇压的作用与松土相反，它使土壤紧密。能增加土壤容重，减少土壤孔隙，毛管持水量增加，增加表层土壤水分，从而使土壤热容量导热率都有增加。土壤经镇压后，白天热量下传较快，使土壤表层在一天的高温期间有降温趋势；夜间下层热量上传较多，故在一天的低温期间可提高温度，即缓和了土壤表层温度日变化。此外，镇压可以消灭坷垃与土壤裂缝，在低温时期能保温，防止因风抽造成越冬作物的死亡。

(4)垄作

在热带地区，垄作可以提高土壤表层温度，有利于种子发芽与幼苗生长，一般可提高垄背土壤(5 cm)日平均气温1~2 ℃，并加大温度日较差。暖季垄作增温的原因主要有：

①垄背的反射率比平作平均低3%，对散射辐射之吸收略高于平作，但午后至夜间有效辐射也略高于平作。

②垄面有一定坡度，在一定时间，对一定部位，特别是靠垄顶的部位可较多得到太阳辐射，垄顶在一定时间遮挡了垄沟的阳光，在太阳辐射的分配上，垄面比平地多，平地比垄沟多，故使垄上增温，垄沟降温。

③垄面土壤水分少，因而蒸发耗热较少。

④垄面土壤水分较少，因而垄面土壤热容量与导热率较小。

影响垄作温度效应的条件包括季节与纬度、天气条件、垄向、垄的大小、高低、形状松紧与种植方式(单作或间套作等)、作物种类等。垄作与加沙、加粪等措施结合，也能提高增温效应。

2.3.4 低温对热带作物的影响及提高作物抗寒性的措施

热带作物生长发育过程中，常会遇到低温的影响。在低温逐渐到来时，作物体内会发生一系列生理生化变化，新陈代谢强度降低，适应性增强，生命活动得以延续进行。可是，当作物还没有获得对寒冷的适应性准备，或温度低于作物所能忍受的限度时，将会遭受严重的寒害，甚至死亡。寒害是我国热带作物种植区的主要自然灾害。

作物忍耐低温的能力随作物种类和生长发育而异，主要还是受不同作物品种的遗传特性所决定的。表2-7所列为主要热带作物耐寒的低温指标，典型的热带作物如可可、油棕、椰子等都要求在10 ℃以上，非典型的热带作物如油梨、茶或原产于热带高海拔地区的小粒种咖啡则有较高的耐寒力。

表2-7 主要热带作物寒害的低温指标

作物种类	寒害低温指标
橡胶树	绝对最低气温≤5 ℃幼嫩组织受害，出现黑斑 ≤0 ℃叶、枝、干普遍受害 日平均气温≤13 ℃、绝对最低气温≤8 ℃连续3 d以上，郁闭林段出现茎基树皮坏死（又称烂脚） 绝对最低气温≤8 ℃、日温差≥15 ℃、相对湿度差≥45%反复作用下，树干出现爆皮流胶
椰子	绝对最低气温10 ℃、果穗严重败坏，3~5 ℃以下叶片受害
油棕	绝对最低气温10~12 ℃、果穗严重败坏
龙舌兰麻11648	绝对最低气温-1 ℃、出现寒害，对叶片收获有影响
胡椒	绝对最低气温10 ℃、嫩叶受害，6 ℃枝蔓受害，<2 ℃枝蔓枯落、果穗脱落失收
小粒种咖啡	极端最低气温-1 ℃、嫩茎受害，-2.7 ℃叶片受害
中粒种咖啡	日平均气温10 ℃以下不利开花授粉，极端最低气温2 ℃叶片受害
腰果	绝对最低气温15~17 ℃以下幼嫩部分受害，7~8 ℃落花、叶干枯。枝破皮流胶

（续）

作物种类	寒害低温指标
可可	绝对最低气温 10 ℃、嫩叶受害，4 ℃果实大量干枯
香茅	绝对最低气温-1.8 ℃叶片全部受害，0 ℃以上不下霜可安全越冬
油梨	绝对最低气温-1.7～6.7 ℃叶、嫩枝受害
茶	大叶种茶耐-5 ℃、-2 ℃茶花大部分死亡

注：引自《热带作物栽培学》，1995；《热带作物高产理论与实践》，2007。

同一种热带作物的不同品种，其耐寒力有很大差异。如橡胶树的 RRIM600 品系在出现绝对最低气温 0 ℃时，将出现 2.5～3.5 级寒害，而 GT1 品系则为 1～1.5 级寒害。同一种(或品种)作物的不同器官或处于不同生育期，对低温的抗御力也不同。总的来说，地下部比地上部、花和幼果比营养器官、幼龄期比成熟期、生长期比越冬期、开花期比其他物候期的抗寒力弱。上述规律已取得人们的共识。

2.3.4.1　低温对热带作物的影响

作物遇到零上低温，生命活动受到损伤或死亡的现象，称为寒害。例如，在热带地区，冬季的日平均气温骤然降到 10 ℃以下时，有些作物就会遭受寒害。作物受害后，当时症状不明显，经过一段时间，才出现伤害或死亡。死亡前叶绿素破坏，叶片变黄、枯萎。寒害是由于低温下水分代谢失调，破坏了酶促反应的平衡，扰乱了正常的物质代谢，使植株受害；也有人认为是由于酶促作用的水解反应加强，新陈代谢破坏，原生质变性，透性加大所致。

寒害分为障碍型、延迟型和混合型等。障碍型指作物生殖生长期间遇低温使生理过程发生障碍造成不育而减产；延迟型指因持续低温作物生长发育延迟，不能正常成熟而减产和降低品质；混合型指两者同时发生，产生的危害更大。

在低温条件下，热带作物可以通过一定的生理功能来缓解寒害造成的伤害，从而提高自身对低温的抵抗能力。水分平衡失调是热带作物寒害的重要因素之一。我国南方期间又正值旱季，土壤干旱，根系吸水困难；大气湿度低，促使叶面蒸腾作用加剧。有试验结果表明，橡胶树幼苗根系的吸水力和叶片的蒸腾作用都随温度的下降而减弱，但根系吸水力的下降速率快于叶片蒸腾作用的下降速率。当极端低温降至 10～17 ℃时，橡胶树叶片蒸腾强度与气温呈线性正相关，抗寒性弱者，蒸腾强度高，波动性大。抗寒性强的植株，在低温下叶细胞积累渗透保护物质，使渗透势下降，且随温度的降低而递减，在整个越冬期间变幅小，其作用正是提高细胞对渗透胁迫脱水的抵抗；抗寒性弱的植株，细胞渗透势较高，且无自动调节能力。据广东植物研究所陈哲人研究，抗寒性强的橡胶树束缚水含量相对较高，也表明低温对橡胶树所造成水分的胁迫。

同样，低温引起膜伤害致使大量电解质外渗；橡胶树细胞的低温膜害有 3 种形式：①双分子膜解体；②生物膜发生液化作用；③双分子膜撕开。橡胶树的抗寒力与细胞电解质外渗率呈负相关，而电解质外渗率与降温强度呈正相关。抗寒性强的无性系(如五凤 1)在绝对低温和低温持续时间的共同影响下，电解质外渗率提高不多，质膜透性变幅不大；抗寒性弱的(如 PB86)则质膜透性增大，质膜透性变幅亦增大，低温强度对细胞质膜透性的影响比持续时间的影响大。由此看来，橡胶树原生质膜透性对低温的反应是相当敏感的。细胞器在低温下也会发生类似的变化。如细胞核膨胀或变形，核质呈均匀颗粒状，进而出现“孔洞”，核质凝聚，直到解体紊乱；叶绿体脱绿聚集，膨胀变形到凝聚或解体；细胞质膜脆性也随着温度降低而增大，质膜脆性越大越易破裂(图 2-4)。细胞核和叶绿体结构的稳定性与抗寒力强弱呈正相关，而质膜脆性与抗寒力呈负相关。三者对低温的反应尤以质膜最为敏感。但通过外加糖类或中性电解质，则可降低质膜脆性，提高细胞的抗寒能力。

巯基化合物含量与作物抗寒性也有密切关系，有研究测定了橡胶树苗木不同品系叶柄(或幼茎)的 R—SH 含量，结果表明：R—SH 含量高的品系，寒害级别较轻，如闽林 71-22 的 R—SH 含量为 52.4 μg/g，寒害级别为 1.0 级；而龙北 73-4 的 R—SH 含量为 36.9 μg/g，RRIM600 为 30.7 μg/g，寒害级别均为 5.0 级。在越冬期寒害发展过程中，未受害的植株 R—SH 含量一般较高，排胶正常；明显受害植株，则含量均低。研究发现脱落酸可缓解植物对低温的敏感，主要原因是因为脱落酸可保护细胞中的还原态谷胱甘肽(SH—化合物)的含量在低温下不降低。因为 SH—基是许多酶蛋白质的功能基团，可防止膜脂过氧化，稳定膜系统结构的完整。大量低温伤害的研究还表明，当植物遭受低温时，体内自由基的产生与清除之间的平衡状态破坏，自由基增多，导致蛋白质、核酸、多糖和膜脂分子被氧化破坏。特别是膜脂中的多不饱和脂肪酸双键最易与自由基发生过氧化作用，形成丙二醛，导致膜的完整性受到破坏，最终造成细胞伤害。各种抗氧化剂，如抗坏血酸及巯基(—SH—)化合物等，可降低低温胁迫的伤害。

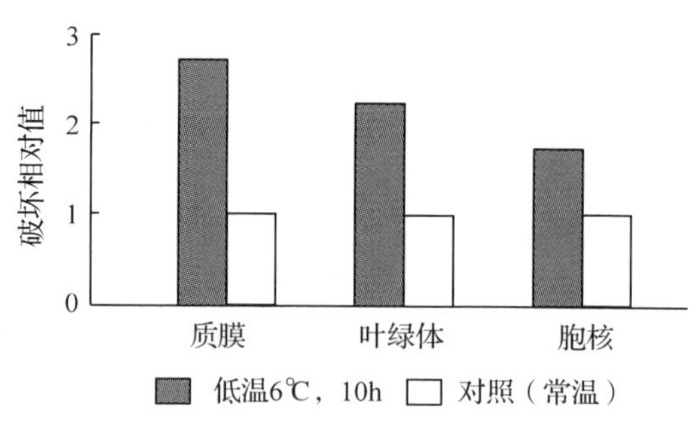

图 2-4　咖啡叶细胞器对低温的敏感性
(引自《热带作物学报》，1986)

2.3.4.2　提高热带作物抗寒性的措施

农业措施对温度的调控作用，它能使生长季的热量与作物所需的热量统一起来，并将越冬期因低温所造成的寒害降到最低。主要措施如下：

(1)选育热带作物品种

通过选育耐低温的早熟、高产品种，提高热带作物耐冷性，以便获得高产、稳产。还可通过基因工程，把外源耐寒基因导入目标作物，增强其耐寒能力，则更为经济高效。

(2)低温锻炼

将作物放置一定的低温条件下，经过一定时间低温锻炼的适应，提高其抗冷能力，如甘薯育苗时，在移栽前常采用低温炼苗，以提高幼苗在大田条件下的抗寒能力。

(3)合理栽培管理措施

采取配套的栽培措施如通过调整作物播期，使作物的关键生育时期，特别是禾本科作物幼穗分化、孕穗到抽穗扬花期，避开低温冷害的危害；南方地区采用塑料薄膜覆盖育秧，提高温度，并且在低温寒害即将发生的时候，采取稻田灌水，起到以水增温的作用。选择合适的接穗和砧木，如三合树的培育，广东新时代农场将耐寒害的 93-114 品系作为树冠接穗，芽接于产量高、茎干耐低温而树冠受寒害重的 GT1 品系，成功地使三合树的寒害减轻 2~3 级。适当增施磷、钾肥，少施速效氮肥，或用磷酸氢钾喷施叶片，也可减轻作物的寒害。某些化学药物如亚精胺、褪黑素等可以诱导热带作物提高抗寒性。

(4)改善农田小气候

育苗时采用温室、温床、阳畦、地面盖草、地膜覆盖和土壤保温剂等均可克服低温的不利影响，提早播期。此外，还可设置风屏、覆盖、防护林等改变作物田间小气候，进而避免低温寒害。

2.4　热带作物生长发育对光的要求

作物生产所需要的能量主要来自太阳光，另外可采取各种不同的人工光源补光。光是作物生产的基本条件之一。光在作物生产中的重要性包括间接作用和直接作用两个方面。间接作用就是作物利用光提供的能量进行光合作用，合成有机物质，为作物的生长发育提供物质基础。据估计，作物体中 90%~95%的干物质是作物光合作用的产物。光对作物的直接作用是对作物形态器官建成，如光可以促进需光种子的萌发、幼叶的展开，影响叶芽与花芽的分化、作物的分枝与分蘖等。此外，光还会影响作物的某些生理代谢过程而影响作物产品的品质。总而言之，光对作物生产的重要性最终体现在作物群体结构的改变和作物产量和品质的改变上。

2.4.1　光对热带作物的生理功能

光是影响作物生长发育的最为重要外界条件之一。它对作物的影响主要有两个方面：第一，光是绿色植物光合作用所必需；第二，光能调节植物整个生长和发育。其中依赖光控制作物生长、发育和分化的过程，称为光合形态建成(photomorphogenesis)。作物对光有一定的刺激反应，如向日葵通过光的刺激，产生相关激素，引导其向阳性，还有一些作物在特定光谱的光照下产生相应的反应。光敏色素是存在于作物中并与光周期相联系的一种发色团——蛋白质复合物，可吸收红光，启动作物许多生理过程，如发芽、生长、开花等。

2.4.2　热带作物生长发育对光的要求

2.4.2.1　热带作物对光的要求与适应

(1)光照时间

光照时间的长短，以小时为单位，是光资源数量、质量的另一种表达，植物对光照长度的反应，最突出的是光周期。

植物对自然界昼夜长短规律性变化的反应，称为光周期现象。按作物开花过程对日照反应的不同，一般分为长日照植物、短日照植物、中日照植物和中间型作物 4 种类型。

作物的光周期现象是系统发育过程中对所处生态环境长期适应的结果，与其原产地生长季的自然昼夜长短变化密切相关，一般短日照植物多起源于低纬度的热带、亚热带地区，这里下半年昼夜相差不大。长日照植物都起源于较高纬度的温带、寒带地区，这里下半年昼长夜短。

热带作物的大多数并不表现明显的光周期现象。在多数情况下，热带作物在有充足的光合产物和其他物质营养积累时就能开花结果。曾经普遍认为咖啡是短日照植物，在日照超过 13 h 或夜间使用人工光照的情况下，植株只有营养生长。但 20 世纪 70 年代已认识到光照对咖啡花期的影响是微不足道的，只是对咖啡生长周期具有较大影响。在远离赤道的咖啡种植区，如巴西的主要咖啡种植带上，花期的集中主要受温度和降水量等因子的影响。即使在降水量分布较均匀的近赤道的咖啡种植区，仍然保持着开花的周期性。

光照时间的生态作用，在热带作物方面研究不多，但在纬度与海拔均较高的云南种植橡胶树地区，越冬期间，日照时数的长短对提高橡胶树茎基部的耐寒力具有明显的影响。由图 2-5 所示，树基直射光的照射时数每日大于 4 h 时，可避免茎基部坏死；而低于 4 h 时，即可发生不同程度的寒害，具体表现为爆皮流胶、组织局部坏死等。日照时间较长者，无疑会伴随温度的升高，其作用当然也是存在的；但光的存在对提高韧皮部的机械组织的耐寒力起到重要作用。

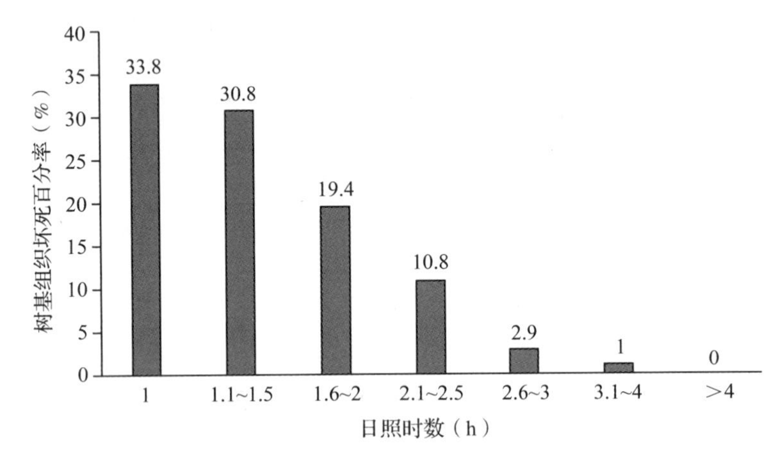

图 2-5　光照时间与橡胶树寒害

（引自《云南橡胶树栽培》，2009）

（2）光照强度

光强是指单位时间内投射到单位土地面积上的太阳辐射能。热带作物对光强的反应，一般可以分为 3 类。第 1 类是需要全光照的作物，也就是通常所称喜光作物，如龙舌兰麻、椰子、油棕、香茅等；第 2 类是需要荫蔽条件才能正常生长发育的作物，称为阴性植物，如砂仁、益智、白豆蔻、巴戟、三七、香草兰等；第 3 类是介于上述两者之间的，通常称为耐阴作物，如橡胶树、咖啡、胡椒、茶等，这类作物在苗期比较耐阴，随着树龄的增大，需光强程度随之提高。例如，胡椒在种植后的头半年需 80%~90%的荫蔽，一龄时 30%~40%荫蔽，成龄时则不需要荫蔽。表 2-8 总结了阳叶与阴叶在形态解剖特征和生理特殊的区别。

表 2-8　阳叶与阴叶的比较

特　征	项　目	阳　叶	阴　叶
形态解剖特征	叶片	较厚，较小	较薄，较大
	表面积	较小	较大
	角质层	较厚	较薄
	气孔	较多，较密	较少，较稀
	栅状组织	较发达	较不发达
	叶肉细胞	较小，间隙也小	较大，间隙也大
	叶绿体	基粒较小，片层数较少	基粒较大，片层数较多

（续）

特 征	项 目	阳 叶	阴 叶
生理特征	水分	+	++
	淀粉	++	+
	纤维素	+	++
	木质	++	+
	灰分	++	+
	脂类	++	+
	叶绿素含量	+	++
	叶绿素 a/b 比值	++	+
	细胞液浓度	++	+
	RuBP 羧化酶	++	+
	蒸腾作用	+++	+
	呼吸作用	++	+
	光合补偿点	++	+
	光饱和点	++	+

注：“+”的多少，表示含量或效率的高低。

叶是直接受光而进行光合作用的器官，由于其所处光照条件不同而产生适光形态，在强光下发育成的阳性叶与在弱光下发育成的阴性叶，不但在形态解剖结构上不同，而且其生理特性也明显变化。

由于阴性植物较喜光植物中的叶绿体有较大的基粒、较多的基粒片层数目和较高的叶绿素含量，这就使阴性植物能在较低光强下吸收光线，还能适应于阴处的光谱成分变化，阴性植物叶绿素 a/b 比值小，表明叶绿素 b 的含量相对较高，因此它就能充分利用蓝紫光而适应阴处生长。在一定范围内，同化作用与光照强度呈正相关。当光照达到一定强度后，光强再增加时，其同化作用不再增加，此时的光强度称为光饱和点；同一叶子在同一时间内，光合过程中吸收的 CO_2 和呼吸过程中放出的 CO_2 等量时的光照强度，称为光补偿点。光照强度达到光补偿点时，植物的干物质不再增加，光照强度低于光补偿点时，干物质则会因呼吸消耗而减少。不同热带作物光的饱和点和补偿点差异很大。例如，橡胶树光饱和点为 4×10^4 ~ 6×10^4 Lux，油梨为 1×10^4 ~ 2.5×10^4 Lux，香草兰为 1×10^4 Lux，茶树为 4×10^4 Lux；但它们光的补偿点，几乎都是接近 500 Lux。

当光照充足时，削弱顶芽枝向上生长，增强侧枝的生长，树体表现开张；当光照不足时，枝条加长和加粗生长明显，表现出体积增加而重量并不增加、干物质重量甚至降低的“徒长”现象。

光照强度与热带作物的花芽分化有密切关系，因为光照强度决定了光合作用的强弱和同化养分积累的多少，而足够的同化养分积累是花芽分化的条件之一。因此，光照不足，对花芽的分化和形成均产生不利影响。

在果树上的试验证明：在开花期进行短期遮光，对花粉发芽率、花粉管伸长以及雌蕊的受精能力并无不良影响，授粉后也可以正常受精。因此，遮光时造成的落果，可以认为是由于光合作用下降，致使受精胚营养不良而引起的。与此有关的，也必然会影响到果实的产量和品质。

(3)光质

光质是指太阳辐射光谱成分及其各波段所含能量。太阳辐射是一系列的电磁波。植物可以吸收的光主要是光谱中的可见光和部分紫外光与红外光。其中对同化作用有意义是波长为300~750 nm的可见光，称同化作用光谱或有效辐射。在同化作用光谱中，绿色植物吸收最多的是橙、红光(600~680 nm)、蓝紫光及紫外光(300~500 nm)；对绿光(490~575 nm)的吸收力弱；750 nm的红外光具热效应，与同化作用的直接关系不大。

不同颜色的光对作物的影响有明显差异，如蓝光有利于蛋白质合成，红光则有利于碳水化合物的合成。有色玻璃、有色薄膜和新型灯光的产生，可以使人们根据作物的需要配置适宜颜色的光进行照射。这种特定光谱在商品价值高并以集约方式栽培的作物中已有使用。

直接投射的阳光为直射光，经过反射的光为漫射光。漫射光里含有植物所需要的红、黄光达50%~60%，而直射光中只含37%。虽然漫射光的强度不及直射光，但几乎全部漫射光都可被植物利用，这是合理密植能增加作物对光能利用的理论根据。直射光随海拔的升高而增强，海拔每升高100 m，光强增加4.5%，紫外线增加3%~4%。紫外线的生态作用因波长而异，长的紫外线对作物有刺激作用，如可促进种子萌发、果实成熟，还可提高蛋白质和维生素的含量；波长较短的紫外线，则会抑制作物生长，造成果实和枝干灼伤等，以及杀死许多微生物。漫射光随海拔升高而减少，随纬度增高而增大。有云雾天时，漫射光会增加。

(4)主要热带作物对光的要求

不同类型和品种的热带作物对光的要求存在较大差异，光对热带作物的影响也不同。下面以几种常见热带作物对光要求进行简述：

Ⅰ．乔木型热带作物

①橡胶树　喜光但能耐阴，在全光照下生长良好。其光饱和点比水稻、棉花等农作物低，新品种可达4×10^4 Lux。幼苗期需要有一定的荫蔽，荫蔽度在50%以下对幼苗生长有利，但超过80%的荫蔽度时才会抑制其生长。光照不足，树体紧凑，植株向上生长占优势，下层枝条自然疏落，枝下高不断上移。光照充足，树体开张，冠幅大，有利于茎粗生长。光照长度影响橡胶树的抗性，茎基部受到阳光直射的时间少于4 h时，开始出现“烂脚”，随着光直射时间的进一步减少，“烂脚”逐渐加重。

②杧果　喜光树种，喜充足光照。在充足的光照情况下，结果多，果实外观与内在品质均好。生产上应注意适当密植与修剪，切忌果园封行郁闭，要求通风透光良好，否则病虫害多，果实外观差，产量与质量均不降。杧果在苗期需要一定的荫蔽条件，否则易发生幼苗灼伤现象。

③腰果　腰果树为喜光树种。光照充足，生长好，结果多；过度荫蔽，长势弱，结果少。据报道，原产地巴西最适宜日照时数每年在1500~2000 h，而委内瑞拉以2000~2400 h为宜。我国海南年日照时数，除中部山区为1746.6 h外，西南部最高达2661.5 h，其他地区都在2000 h以上，可以满足腰果树生长的光照要求。

Ⅱ．灌木型热带作物

①木薯　为短日照热带作物，喜光不耐荫蔽，对光照长度和强度的反应都很敏感，阳

光充足对提高产量有重要作用。木薯生长在阳光不足，荫蔽度大的地方，茎叶徒长，叶序稀疏，节间伸长，茎秆细弱，块根细小，且容易引起叶片脱落，造成低产劣质，因此木薯在林地间作，只限于幼林地段，与其他农作物间种，也应以矮生豆科作物为宜。

日照对木薯的开花和块根形成都有影响。木薯通常在日长 13.5 h 以下才开花，过度密植和荫蔽多数品种不开花，或只开雄花不开雌花。短日照利于块根形成，结薯早，增重快。日照长度在 10~12 h 的条件下，块根分化的数量多产量高。长日照不利于块根形成，日长 16 h 块根形成受抑制。但长日照利于茎叶生长，据试验，用 8 h 和 14 h 的日照长度处理出苗的植株，处理 8 周后，结果 8 h 日照结薯早，增重快，单株薯重是 14 h 日照的 1.5 倍。但长日照处理的茎叶生长快，14 h 处理者其茎叶增重是 8 h 日照处理的 3.4 倍，可见短日照长薯快，长茎叶慢，而长日照则长茎叶快，长薯慢。

②咖啡　属于半荫蔽性作物，在全光照下，咖啡的生长受到抑制，如果加上水、肥不合适宜，就会出现早衰和死亡的现象。荫蔽度过大，会导致植株的营养生长过旺，枝叶徒长，开花结果减少。咖啡对光的要求因品种、发育期、土壤肥力和水分状况的不同而有差别，大粒种咖啡最耐光，小粒种咖啡又比中粒耐光，且遮阴对小粒咖啡叶片的叶绿素及胡萝卜素含量的影响大于灌水，其对强光较敏感，可通过调整叶片生理生态变化来适应光照环境变化，减少强光对其光合器官的损伤。在土壤肥沃和有灌溉的条件下，荫蔽度可减少，或都不需荫蔽；相反，如在土壤瘠薄而高温干旱的地区栽培种咖啡，则应适当增加荫蔽。整个生育期一般适宜的荫蔽度大致是：苗期 60%~70%，定植后至结果前 40%~50%，盛产期 20%~40%。

Ⅲ. 矮秆热带作物

剑麻为喜光植物，需要充足的光照才能正常生长发育。在阳光充足下，植株长势健壮，叶片质地坚硬，抗性强，纤维发育良好，拉力强；反之，阳光不足，长叶数少，叶片窄而薄，纤维拉力差，抗性弱。

Ⅳ. 藤本类热带作物

胡椒，对光照的要求因品种和年龄不同而异。我国栽培的大叶种幼龄期需要适度的荫蔽。海南夏季阳光强烈，搭设大棚，适当用椰子叶或遮荫网遮阴有利于中小胡椒生长，并减少花叶病。成龄植株则需要充足的光照。成龄植株过于荫蔽会使植株营养生长旺盛，枝条徒长，叶片宽大，组织不充实，抽花穗少，产量低。因此，防护林与胡椒应有 4.5 m 左右的距离，不宜太靠近。

Ⅴ. 棕榈科热带作物

①槟榔　为喜光植物，但不同生育期对光照要求有差异。幼苗期需保持 60%左右的透光度，热带地区大多数情况下幼苗需增加荫蔽。成龄树其树冠对光照要求充足，树干忌阳光直射，故保留冠下灌木植被或间种绿肥作物对减少直射和引起干旱的不利影响均有较好的效果。

②椰子　属于强喜光作物，年日照时数 2000 h 以上植株才能生长旺盛并获得高产。

2.4.2.2　作物所需光照的来源

(1) 太阳辐射

太阳总辐射是地球表面某一观测点水平面上接收的太阳直射辐射与散射辐射的总和。它是地球表层上的物理、生物和化学过程的最主要能量来源，不仅是天气、气候形成的重要因子，也是影响作物生长发育及产量的重要环境因素。太阳总辐射变化具有动态性、时变性、多扰量性和不确定性等特征。自从 20 世纪 50 年代以来，全球呈现出不同程度的“变暗”，我国地面年太阳总辐射总体呈下降趋势，例如，1961—2009 年，南宁市年太阳总辐射呈波动下降趋势，月际变化为 2 月、4 月、8 月和 10 月太阳总辐射呈弱增加趋势，其余月份呈下降趋势；1961—2007 年，云南年太阳总辐射呈波段减少变化趋势，变化的主要因素为相对湿度和总云量；海南日均太阳总辐射变化呈波动趋势，全年、雨季日均太阳总辐射为显著的“变暗期”，尤其在三亚变化明显。

光能资源通常以太阳总辐射、光合有效辐射的年(季、生长季或月)总量及日照时数表示。我国的太阳辐射资源十分丰富，年总辐射量为 3300~8300 MJ/m^2，年光合有效辐射量在 2400 MJ/m^2 以上。西部高于东部，高原高于平原，干旱区高于湿润区。在作物生长季节(4~10 月)内的太阳辐射占全年总辐射量的 40%~60%，水热同季，对农业生产十分有利。长江以南地区的太阳辐射在年内分配较均衡，作物可以周年生长。从日照时数的特点看，我国各地呈西多东少的趋势，在 1400~3400 h，总辐射高值区日照时数多在 3000 h 以上。

(2)人工光源

人工光源是指能模拟太阳光谱的发光装置。作物栽培中的人工光源主要是进行人工补光，即通过安装补光系统，提高目标区域内的光照强度、特定波长或延长光照时间从而实现作物对光的需求。人工光源目前主要分为 3 类，即①热辐射光源，包括白炽灯和卤素灯；②气体放电光源，主要包括弧光灯，其填充气体范围从氢气到氙气，包括汞-氩气和钠-氩等；③固态光源，主要就是指 LED 灯。当前各种人工光源比较见表 2-9。

表 2-9　各类人工光源的特性指标比较

人工光源	功率(W)	发光效率(lm/W)	可见光比(%)	使用寿命(h)
荧光灯	45	100	34	12 000
金属卤化物灯	400	110	30	6000
高压钠灯	360	125	32	12 000
LED 灯	0.04	20	90	50 000

作物进行补光早期用白炽灯，但由于电光效率低、光合能效低等缺点，已经被市场淘汰；荧光灯出现后，因其属于低压气体放电灯的类型，光谱性能好，发光效率较高，功率较小，与白炽灯相比寿命较长(12 000 h)，成本相对较低。因荧光灯自身发热量较小，可以贴近植物进行照明，适于立体栽培等优点，在生产上大量使用。2009 年发明发光二极管(LED)灯，其作为新一代光源，具有更高的电光转换效率、光谱可调、光合效率高等诸多优点。LED 灯与传统荧光灯相比，主要优势为：①节省能源，与传统的荧光灯相比，可节省 50%以上的能源；②可按植物光合作用和生长发育需求调制光谱，按需用光，生物光效高；③为冷光源，可贴近植物照射，提高空间利用率；④环保、长寿命，可用 3×10^4~5×10^4 h、体积小、质量轻，适宜植物的工厂化生产，因而得到大力推广与使用。

2.4.3 提高热带作物对光的利用率

2.4.3.1 选种

(1)选用高光合效率的砧穗组合和丰产品种

热带作物种类和品种间光合效率的差异是存在的，最突出的记录资料是波多黎各的象草，其干草产量可达110 t/hm^2，光能利用率高达5.32%。而一般作物的光能利用率，都低于1%。橡胶树的试验表明，虽然它是C_3植物，但无论是接穗品系或砧木品系，光能利用率的差异，明显与产胶量存在相关性，表2-10所列几个接穗品系，光能利用率最高的PB86比海垦1高60%以上，不过橡胶树的产胶量与光能利用率之间还需经分配率的换算，即两种比均相对较高情况下，可获得令人满意的产量，如RRIM600和PR107即属此类品系。另一方面由表2-11也可看出，砧木对接穗生长和产胶量的明显影响，马来西亚橡胶研究院试验用6个砧木品系，接穗产量也是6个品系的平均，历时11年的观察记录，表明PB5/51砧木品系是最优者，对生长和产量的影响，均具在明显优势，产量差异达1/4以上。因此，在配置作物时，首要考虑选择适合的种或品种，以及砧木和接穗的品种。

表2-10 海南那大地区橡胶树各主要品系(接穗)的光能利用、干物质合成及产量情况

品系	统计次数	光能利用率(%)	合成量[g/(m^2·d)]	分配率(%)	干胶产量(kg/hm^2)
PRIM600	33	0.65	4.71	23.2	1584.0
PB86	12	0.75	5.50	12.5	964.5
GT1	30	0.50	3.61	24.8	1263.0
PR107	114	0.58	4.07	27.0	1456.5
海垦1	80	0.46	3.38	30.3	982.5

注：分配率的计算公式：干胶产量×2.5/干物质产量。引自《热带北缘橡胶树栽培》，1987。

表2-11 橡胶树不同砧木品系对接穗生长和产量的影响

砧木品系(不知父本)	开割时树围(cm)	开割时可割率(%)	割胶11年后树围(cm)	割胶11年平均株产(kg)	割胶11年平均单产(kg/hm^2)	割胶11年累计总产(kg/hm^2)
PB5/51	53.2	67.8	78.0	46.2	1876	20 649
多无性系实生苗	51.9	63.4	75.1	44.0	1640	18 052
PRIM623	51.3	57.4	74.9	41.9	1705	18 783
Tijr 1	50.8	56.6	72.1	41.8	1627	17 915
PRIM501	49.1	48.4	70.5	39.4	1585	17 462
PRIM600	49.2	46.2	70.6	39.2	1490	16 390

注：引自Planters' Bulletin，1983。

2.4.3.2 配置

热带作物为提高其群体光能利用率，主要以增加作物群体单位面积的截光率来获得。提高作物单位面积的截光率可以采用以下措施：

(1) 建立复层群落的人工生态系统

即将多种作物，按其对光照适应性的不同，进行合理的组合，起到仿热带雨林多层林相的生态效益，提高单位面积光能利用。由此而产生的经济效益也是明显的。目前在热带作物种植园中成功的复层群落组合主要有椰子—可可—菠萝、椰子—杧果、林—胶—茶、林—胶—益智或豆蔻或砂仁等。

(2) 适地适种的品种

山区不同坡向、坡位，根据其光照条件的不同，合理配置不同类型的作物，甚至是同种作物的不同品种。如在云南西双版纳，海拔较高，南坡与北坡的作物配置是不同的，北坡日照时间短，以种茶或小粒种咖啡；南坡在坡面长的情况下则坡中最优部位种植橡胶树的 RRIM600 品系，而坡下易沉积冷空气与坡上部位则以种植 GT1 品系为宜，这种山区坡地作物的合理配置与上述的复层群落的作物组合，都被称作为立体农业或立体栽培。

(3) 合理的种植密度

推行合理密植，采用适宜的种植形式，可明显提高热带作物种植园，特别是其早期的单位面积截光率和叶面积指数。合理的种植密度，其光能利用及作物产量产生较大影响。例如，72 株/亩橡胶树，4 龄后橡胶树即出现高生长的竞争，10 龄时竞争最强烈；8 株/亩出现高生长的竞争时间明显延迟，且分枝高度明显低于密植的。在光强与开花结果有密切的关系，强光有利于繁殖器官的发育，在生产实践中常见孤立的橡胶树向阳的一侧或树冠顶部开花结果较多，反之则少。试验表明：25.7 株/亩的未结果树占 34% ，30.7 株/亩的占 36% ，37.7 株/亩的占了 2%。

2.4.3.3 整形修剪

为充分利用光能，热带作物需要根据生长密度和叶面积系数情况，适当对作物进行整形修剪，减少无效生长和器官的消耗，以提高热带作物的经济产量。热带作物的经济产量由不同热带作物所收获的产品而定；高额经济产量的获得，主要是通过各项农业技术措施，协调各部分器官的关系，如避免作物的徒长、非产品器官的过旺生长和消耗、产品器官季节性技术措施的调控，以及避免对产品的强度收获等。

2.4.3.4 合理施肥

提高热带作物的光能利用率的另一途径是提高作物叶片光合能力。一般合理施用氮肥可以提高热带作物叶片面积和叶面积指数，并同时提高叶片的光合能力，加速热带作物园地尽早封行，减少光合辐射的漏光比例，增加光能截获量。如在干旱条件下，增施一定比例磷氮肥可以提高小粒种咖啡叶片叶绿素含量，提高其净光合速率。叶面喷施适量的微量元素（B、Zn）可明显增加小粒种咖啡的产量。橡胶树幼苗无性系热研 7-33-97，叶片光合速率受氮肥影响最大，其次是磷肥，钾肥和镁肥较小。其叶片光合作用最高效的施肥方案是：尿素为 0.55 g/kg 土，过磷酸钙为 0.14 g/kg 土，氯化钾 0.23 g/kg 土，硫酸镁 0.19 g/kg 土。

2.5 热带作物生长发育对养分环境的要求

和所有的绿色植物一样，热带作物在生长过程中需要多种养分，也就是营养元素。

2.5.1 热带作物生长发育所需的养分

作物在生长发育过程中，除从外界环境中吸收光、水、二氧化碳、氧气外，还必须吸收所需的营养物质，这些营养物质包括大量元素：碳(C)、氢(H)、氧(O)、氮(N)、磷(P)、钾(K)、钙(Ca)、镁(Mg)、硫(S)和微量元素：铁(Fe)、硼(B)、锰(Mn)、铜(Cu)、锌(Zn)、钼(Mo)，除了上述高等植物共同所必需的营养元素外，某些能刺激作物生长，或仅为某种作物所必需的矿质元素，通常称为“有益”元素。例如，甘蔗所必需的 Si，对椰子有良好作用的 Na 等，也是需要的。

2.5.2 热带作物所需养分的来源及调节

(1)种子(种苗)发育所需营养的来源

种子发芽所需的营养来于种子，无性繁殖所用苗木发根发芽所需营养来自营养体，如橡胶种子发芽、茶叶短穗扦插。所以，要得到壮苗，必须有饱满的种子或成熟、健壮、一定长度的材料，以保证其发根、发芽所需营养。

(2)作物从外界吸取营养后的养分调节

作物从外界吸取营养后的养分主要来自植物的养分资源。植物养分资源是指能够用于植物生产的各种养分的总和，包括土壤养分、肥料养分以及制造肥料养分所需的矿产品。

土壤含有作物所需的养分，但不断的收获会带走部份养分，得通过施肥加以补充。施肥包括植物体施肥和土壤施肥。植物体施肥包括种子施肥、叶面施肥、茎干施肥，土壤施肥包括沟施、穴施等。种植绿肥是土壤施肥的一种重要补充。施肥方式主要有种肥、基肥和追肥。

施肥量受树种习性、物候期、树体大小、树龄、土壤与气候条件、肥料的种类、施肥时间与方法、管理技术等诸多因素影响，生产上常用养分平衡法、营养诊断指导技术确定最佳的施肥量，达到科学施肥、经济用肥的目的。

2.6 热带作物生长发育对土壤的要求

2.6.1 土壤对作物的作用

土壤是地球陆地表面具有肥力特征的疏松层，是植物生长的基础，它不仅支持植物，而且植物生命过程所需要的水分和营养元素，大都通过根系从土壤中吸收。土壤既是生态系统中物质与能量交换的重要场所，又是生态系统中生物部分和无机环境部分相互作用的产物。

2.6.2 热带作物对土壤的要求与适应

2.6.2.1 土壤深度

土壤深度是决定热带作物生产力的重要因素，它不仅影响着土壤水分、养分的总贮量和利用率，限制根系分布的空间范围，也影响作物结果迟早、经济寿命、丰产稳产和品质。

热带作物都是多年生作物，其中不少是乔木树种，因此，生长需要土层的厚度一般以60~100 cm为宜，其下是半风化的母质层，而不是风化程度很低的岩石层，且土壤潜水面也应超过1 m。土层过浅，不仅根系生长发育受阻，且易遭受风害，在玄武岩发育的砖红壤地区，地下水位深，土层也很深厚。据报道，橡胶树的主根有深达10 m；在花岗岩、砂页岩等发育而成的砖红壤地区，橡胶树的主根深2~3 m。在遭台风侵袭时，前者主要风害征状是断干，而后者却易遭倒树，尤其是当风前降雨充沛的情况下。

在热带作物中，对土壤严格要求有深厚土层的作物是巴戟，它的产品是肉质根，植后5年始可收获，肉质根的深度可达1 m。

2.6.2.2 土壤水分

土壤水分是土壤的重要组成部分，通常它是作物吸收水分最主要的来源，在农业生产中占有重要地位。土壤水分主要来自大气降水、农业灌水、地下水和大气中气态水凝结等。土壤水分是土壤中许多化学、物理和生物学过程的必要条件，如矿物养分的溶解和转化、有机物的分解与合成等，都必须在有水的条件下才能进行。土壤水分和土壤空气是相辅相成的，土壤水分本身或通过土壤空气和土壤温度可影响养分的生物转化、矿化、氧化与还原等，因而与土壤养分的有效性存在很大的关系；土壤水分还可调节土壤温度，对于防高温和防霜冻有一定的作用。因此，控制和改善土壤水分状况，消除旱涝灾害，是保障丰产、质优的重要措施。

(1)土壤水分收支平衡规律

首先应了解土壤水分收支的平衡规律及其各项的特点，一般情况下，某一段时间间隔内的土壤水分平衡，可用下列公式表示：

$$W_2 = W_1 + (R+m+n) - (J+In+E+T) \tag{2-5}$$

式中 W_1——某一时期开始时的土壤水分含量；

R——降水量；

m——毛管上升水；

n——水汽凝结的水量；

J——地面径流；

In——渗漏水量；

E——土面蒸发量；

T——植物蒸腾量；

W_2——该时期终了时的土壤水分含量。

降水是土壤水分的主要来源，但并非全部降水都能渗入土壤而成为土壤水的补充量，其中，一部分降水被植被阻挡而蒸发掉，另一部分从地面流走成为径流，还有一部分渗漏掉。

土面和植物蒸腾，或总称蒸散，是支出土壤水的主要项目，对土壤水分含量的影响很大。

土壤水分平衡原理的生产应用。应结合地区土壤状况，在了解土壤水分的季节变化和周年变化规律的基础上，确定该土壤中各项收支的数量大小，对确定排灌时期、灌水量及水分资源合理利用等具有重要指导意义。

(2)热带土壤水分特性

热带黏质红壤由于具有较多的稳定性团聚体及其所构成的通气孔隙，一般来说，它们的透水性还是相当好的，能容忍较大的降水强度，表土不易结壳，但是，由于雨滴的打击和细粒的下移，也会堵塞表土的孔隙而降低渗透速率。我国亚热带红壤的渗透速率取决于土壤的结构。未耕种的红壤渗透速率 $K_{10}=6$ cm/h(K_{10} 为水温 10 ℃时的渗透速率)；肥力水平较高的旱地红壤 $K_{10}=11.5$ cm/h，而较差的旱地红壤 $K_{10}=2.9$ cm/h。因此，改善耕层结构，增加雨季时耕层的渗透速率，可能会促进深层贮水，减轻伏旱威胁。

大多数氧化土在饱和状态时的水分移动较快，但一旦从饱和转到非饱和时，其移动速率迅速下降。热带红壤脱水后，水分移动速率迅速下降，这既是红壤易受干旱的原因之一，又能在一定条件下起到调节水分的运行，防止水分进一步损失。这是因为当团聚体之间的水分移去后，连续的水分运行通道断裂，形成自然覆盖，从而降低表土蒸发，防止底层土壤水分的进一步散失。在结构良好的自覆盖作用明显的红壤上，还由于底层水的向上移动凝结而补充耕层水分，在一定程度上可以减轻红壤的旱情。

(3)土壤水分对热带作物生长发育的影响

土壤渍水对多数热带作物是不利的，如香草兰、油梨、胡椒、椰子等，都是极易引起根病及产量明显减少。橡胶树是较能忍受渍水的，但经过 8 年的观察，定期渍水也会严重影响生长，茎围的差异仅及非渍水地的一半(表 2-12)。

表 2-12 定期渍水地对橡胶树的生长影响

项 目	植后 16 个月的茎围(cm)	植后 8 年	
		茎围(cm)	分枝高度(cm)
定期渍水地	5.47	30.43	2.07
非渍水地	9.20	54.01	2.63

土壤干旱对作物产量的影响非常严重，如非灌溉的椰园经受一段较长时间的干旱，其后效可持续两年半。干旱除减少采果数量外，还降低每个果的椰干重量。正如 Patel 和 Anandan (1936)所指出，椰子树在佛焰花苞开放之前约 16 个月，花序就已形成，在此期间如遇上大旱，会引起花序败育，最终影响其后 28~30 个月的果实产量。

咖啡对土壤水分的反映是很特殊的，要打破其花芽的休眠必须有一个干旱期。Browning(1973)推断，花芽休眠的解除是受激素控制的。在休眠被雨水或灌溉打破之后，花芽中的赤霉素含量迅速增加，但在开花后一个月内，如遇干旱，幼果常因缺水而干枯，以致成果率低。

茶树生产 1 kg 鲜叶需耗水 500~600 kg，甚至超过 1000 kg。水分状况不仅影响植株的物理状况，更重要的是影响其化学成分，从而影响茶叶品质，例如，影响绿茶品质的主要化学成分是蛋白质、氨基酸和咖啡碱的含量。湿度大、水分足，芽叶细嫩含水多，细胞原生质保持溶胶状态，有助于蛋白质的形成，其他代谢产物咖啡碱含量也较高、用这样的原料在合理加工技术下，便可取得良好品质的成品。依据研究土壤水分与茶树生育关系的资料表明：土壤相对含水量 90%时，地上部生长最好；其次是含水 75%和 105%；含水 45%时，新梢虽能展叶，但叶不能长大；含水 30%时生育受阻，甚至枯死。对地下部生育情况来说，土壤相对含水量在 60%~75%时为最好；含水 90%~105%的根系生育较差，只有土表层生根稍多，底层不能长出新根；土壤含水30%~45%，根生长衰弱，颜色变褐或萎缩死亡。

2.6.2.3 土壤酸碱度

土壤酸碱性是土壤重要的化学性质，是土壤在形成过程中受气候、植被、母质等因素综合作用形成的属性，也是影响土壤肥力的重要因素之一。土壤的酸碱性通常用pH值表示，根据我国土壤的酸碱性变化情况，可分为极强酸性(pH<4.5)、强酸性(pH 4.5~5.5)、酸性(pH 5.5~6.5)、中性(pH 6.5~7.5)、碱性(pH 7.5~8.5)、强碱性(pH 8.5~9.5)、极强碱性(pH>9.5)7个等级。不同类型土壤，由于气候、母质、成土条件和利用程度的不同，土壤的理化性质、酸碱度和盐度等存在较大差别。一般南方土壤多呈酸性，北方或沿海滩涂多盐碱土。不同作物对土壤酸碱度的要求和适应性不同，应根据作物耐酸碱的程度，选择适宜作物种植在不同土壤上。

一般土壤pH值变化为5.5~7.5，土壤pH值小于5或大于9的是极少数。土壤pH可以改变土壤原有养分状态，并影响植物对养分的吸收。土壤pH值为5.5~7.0时，植物吸收N、P、K最容易；当土壤pH偏高时，会减弱植物对Fe、K、Ca的吸收量，也会减少土壤中可溶性Fe的数量；在强酸(pH<5)或强碱(pH>9)条件下，土壤中Al的溶解度增大，易引起植物中毒，也不利土壤中有益微生物的活动。此外，土壤pH值的变化与病害发生也有关，一般酸性土壤中立枯病较重。

土壤pH值对热带作物的影响，一般并不在于pH值本身，而是与土壤养分的有效性以及作物对营养的吸收等有关。就大多数养分有效性的良好pH值范围是在6~6.5。例如，在很酸土壤中，P和B变得无效；Zn、Cu在强酸和强碱性土壤中有效性都要降低等。土壤中N的有效性主要与pH值对有机质分解作用的影响有关。土壤微生物的活动影响土壤有机质的分解过程，而大部分细菌在中性、微酸性环境下发育最好，因此在酸性强的土壤中，N的有效性也要降低。在酸性土壤中Fe、Mn、Al是最有效的，但过量又往往引起对作物的毒害。主要热带作物对土壤pH值条件列于表2-13。

表2-13 主要热带作物的土壤pH值条件

作物	适宜范圈及非适宜范围作物的反应
橡胶树	pH 4.5~6为适宜范围，pH 7.5~8叶片发黄
椰子	pH 5.2~8为适宜，pH >8、<5时生长不正常
咖啡	pH 6~6.5为适宜，pH <4.5根系生长不良
胡椒	pH 5.5~7.0为适宜
腰果	pH 5.5~6.0为适宜
油棕	pH 4~6为适宜，pH <3.2、>8.5均不宜
龙舌兰麻	pH 7~8为最适，有广泛适应范围
丁香	pH 5~7为最适
八角	pH 5~6为最适
茶树	pH 4.5~6.5为最适，pH <4、>6.5生长不良，产量不高
可可	pH 6~7为最适
油梨	pH 5~7，有较广泛适应范围
三七	pH 7.5~8
砂仁	pH 4.8~5.6
益智	pH 4.6~6.0

2.6.2.4 土壤有机质

土壤有机质是指动物、植物的残体以及它们分解、合成的产物。有机质在土壤中的含量并不多，我国耕地土壤中耕层有机质的含量一般为10~50 g/kg以下。土壤有机质是土壤肥力的物质基础，其含量高低是评价土壤肥力的重要标志。有机质中含有N、P、K、C、S等各种营养元素，随着有机质的不断分解释放出来，供作物生长发育利用。土壤有机质不仅是作物养分的重要来源，同时还能改善土壤理化性质，并促进土壤团粒结构的形成，使土壤结构性能良好，土壤不会板结，有利于耕作，并能协调土壤水和空气。有机质多的土壤，保水保肥能力较强；反之，则土壤结构性能差，易板结，不利于耕作，保水保肥能力差。大量研究表明，在其他条件基本相同时，土壤肥力水平与有机质含量密切相关。所以，对农田来说，培肥的中心环节是保持和提高土壤有机质含量，其重要手段是增施各种有机肥、秸秆还田和种植绿肥。培肥地力是保持种植业可持续发展的根本条件。

土壤有机质在土壤肥力、植物营养和作物生长发育中具有重要的作用，具体包括以下几个方面。

(1)土壤有机质提供作物需要的养分

土壤有机质含有N、P、K等作物和微生物所需要的各种营养元素。随着有机质的矿质化，这些养分转化为矿质盐类(如铵盐、硫酸盐、磷酸盐等)，以一定的速率不断地释放出来，供作物和微生物利用。此外，土壤有机质分解过程中还可产生多种有机酸(包括腐殖酸本身)，其对土壤矿物质部分有一定溶解能力，促进母岩风化，有利于某些养料的有效化；另外，这些有机酸还能络合一些多价金属离子，使之在土壤溶液中不致沉淀，从而增加作物必需的这些金属离子的有效性。

(2)土壤有机质能增强土壤的保水保肥能力

腐殖质疏松多孔，又是亲水胶体，能吸持大量水分和养分，是土壤有机质的主要成分。据测定，腐殖质的吸水率为500%~600%，而黏粒的吸水率为50%~60%，腐殖质的吸水率比黏粒大10倍左右，能大幅提高土壤的保水能力。腐殖质因带有正负两种电荷，故可吸附阴、阳离子；又因其所带电荷以负电荷为主，所以它吸附的主要是阳离子，其中作为养分的主要有K^+、NH_4^+、Ca^{2+}、Mg^{2+}等。这些离子一旦被吸附后，可避免随水流失，且能随时被根系附近H^+或其他阳离子交换出来，供作物吸收，不失其有效性。腐殖质保存阳离子养分的能力，要比矿质胶体大许多倍。因此，在保肥力很弱的砂土中增施有机肥料，可增加土壤中的养分含量，改良砂土的物理性质，还可提高其保肥能力。腐殖质是一种含有许多功能团的弱酸，提高土壤腐殖质含量可提高土壤对酸碱变化的缓冲性能。

(3)促进团粒结构的形成，改善物理性质，促进作物生长

腐殖质在土壤中主要以胶膜形式包被在矿质土粒的外表。由于它是一种胶体，黏结力比砂粒强，施于砂土后能增加砂土的黏性，可促进团粒结构的形成。另外，由于它松软、絮状、多孔，而黏结力又不如黏粒强，所以黏粒被它包被后，易形成散碎的团粒，使土壤比较松软而不再结成硬块。这说明有机质能使砂土变紧，黏土变松，土壤的透水性、蓄水性以及通气性都有所改变。对农事操作来讲，由于有机质的存在使得土壤耕性较好，耕翻省力，适耕期长，耕作质量也相应提高。由于腐殖质是一种暗褐色的物质，它的存在能显著加深土壤颜色。深色土壤吸热升温快，在同样日照条件下，其土温相对较高，从而有利于春播作物的早发、速长。

(4)土壤有机质含氮丰富，是微生物所需能量的来源

土壤有机质因其矿化率低，不像新鲜植物残体那样会对微生物产生迅猛的"激发效应"(指由于加入了有机质而使土壤原有机质的矿化速率加快或变慢的效应)，而是持久稳定地向微生物提供能源。所以含有机质多的土壤，肥力平衡而持久，不易产生作物猛发或脱肥等现象。

(5)腐殖酸在一定浓度下，能促进微生物和植物的生理活性

极低浓度的腐殖质(胡敏酸、褐腐酸)分子溶液，对植物有刺激作用，能改善植物体内糖类的代谢，促进还原糖的积累，提高细胞的渗透压，从而提高植物的抗旱性；能提高氧化酶的活性，加速种子对养分的吸收，促进作物生长；还可增强植物的呼吸作用，提高细胞膜的透性和对养分的吸收，从而提高其对养分的吸收能力，加速细胞分裂，增强根系的发育。

(6)腐殖质有助于消除土壤中的农药残毒和重金属污染

腐殖质能吸附和溶解某些农药，并与重金属形成溶于水的络合物，可随水流排出土壤，减少农药残毒和重金属对作物的毒害及对土壤的污染。

热区土壤有机质的含量与地面植被和土壤管理的好坏密切相关。在热带雨林下，砖红壤表层有机质含量可高达10%左右，一般为3%~5%；广西东南部、广东西北部、福建南部和海南岛北部的赤红壤、砖红壤有机质的含量均在2%以下，低的只有1%左右。

腐殖质是土壤有机质中比较稳定的部分，也是土壤有机质的主体，它的组成和特性与土壤肥力密切相关。在赤红壤、砖红壤中，相对分子质量较小，芳质化程度较差的富里酸占优势，胡敏酸的比值常在0.45以下，而且胡敏酸中还有一部分活动性较大，几乎全部以游离态或以活性铁铝氧化物结合态存在于土壤中(表2-14)。

表2-14 砖红壤中腐殖质组成

地点	植被	土层(cm)	有机质(%)	胡敏酸(%)	富里酸(%)	胡敏素(%)
西双版纳	季雨林	1~3	3.54	13.75	21.76	0.63
		3~16	1.76	11.11	28.92	0.38
西双版纳	竹林	0~19	2.80	15.32	21.25	0.72
澄迈	季雨林	0~20	3.50	5.8	30.3	0.19
徐闻	旱地	0~20	1.35	8.5	27.1	0.31

注：引自《中国热带作物种植业区划》，1989。

2.6.2.5 土壤松紧度

土壤松紧度主要通过土壤孔隙度来体现。土壤孔隙是影响土壤通气、透水及根系伸展的直接因素，尤其在热带高温多雨或高温干旱和半干旱地区，孔隙的数量及其不同孔径的组合，往往是土壤渗水、保水以及防止表层水土流失的决定因素。砖红壤由于具有较高的微团聚性，反映在其构成土体的总孔隙、通气和持水孔隙度都比较高，有利于渗水、保水，水气矛盾似不突出。但粗质赤红壤的孔隙性较差，明显影响根系穿插，这可能与其较多的石英颗粒和黏粒相互嵌入的紧排列密切相关。黏质红壤的持水孔隙度一般都相当高，但由于其中包含大量的由束缚水所占的孔隙，这部分孔隙所持的水分，由于吸力很大，根系不能利用。

2.6.2.6　土壤盐基饱和度

土壤胶体(1~100 nm 的固体颗粒)带有电荷。土壤一般带负电荷，只有强酸性土壤中才可能带正电荷，故土壤对离子的交换吸附主要是阳离子交换吸附。土壤胶体带电的数量受土壤胶体的数量、种类及 pH 值的影响。一般含黏粒较多的土壤(胶体较多)、含腐殖质和蒙脱石较多土壤，以及 pH 值越高的土壤，其所带负电荷越多，吸附阳离子的能力就越强。每百克干土中所含全部交换性阳离子的毫当量数称为土壤的阳离子交换量，是土壤保肥供肥能力的重要指标。土壤阳离子交换量小于 10 me/100 g 土时，表示土壤保肥保水能力较差；10~20 me/100 g 土为中等；大于 20 me/100 g 土时表示土壤保肥保水能力较好。

土壤盐基饱和度是指土壤胶体上所吸附的交换性盐基性离子(如 Ca^{2+}、Mg^{2+}、K^{+}、Na^{+}等离子，H^{+}、Al^{3+}不属盐基性离子)占交换性阳离子总量的百分数。交换性阳离子全部为盐基性离子时，称为盐基饱和；部分为盐基性离子、部分为氢离子和铝离子时，称为盐基不饱和。盐基饱和度为土壤中矿质养分含量的指标之一，也与土壤反应有关。中性和碱性土壤盐基饱和度大，酸性土壤盐基饱和度小。

2.6.2.7　土壤生物

土壤的生物特性是指由土壤动物、植物和微生物活动所造成的一种生物化学和生物物理学特性。这种特性与作物营养有十分密切的关系。土壤微生物直接参与土壤中的物质转化，分解动植物残体，使土壤有机质矿质化和腐殖质化。含氮的有机物质，如蛋白质等，在微生物的蛋白水解酶作用下，逐步降解为氨基酸(水解过程)；氨基酸又在氨化细菌等微生物的作用下，分解为 NH_3 或铵化合物(氨化过程)。旺盛的氨化作用是决定土壤氮素供应的一个重要因素，所形成的 NH_3 溶于水成为 NH_4^+ 离子，可被植物利用；NH_3 或铵盐在通气良好的情况下，被亚硝化细菌和硝化细菌氧化为亚硝酸盐类和硝酸盐类(硝化作用)，供给作物氮素营养。

此外，微生物的分泌物和微生物对有机质的分解产物，如 CO_2、有机酸等，还可直接对岩石矿物进行分解，如硅酸盐菌能分解土壤里的硅酸盐，并分离出高等植物所能吸收的 K；磷细菌、钾细菌能分别分解出磷灰石和长石中的 P、K。这些细菌的活动也加快了 K、P、Ca 等元素从土壤矿物中溶解出来的速率。可见土壤微生物对土壤肥力和作物营养起着极为重要的作用。

(1)红壤中微生物的分布

土壤中的腐生性微生物依赖有机物质为其提供能源和碳素营养，因此，有机质含量和酸度成为影响红壤地区土壤中微生物发育和分布的主要生态因子。

对绝大多数细菌来说，它们适宜生长的土壤酸度为中性或微碱性。红壤中因受酸度的影响，细菌数量一般较中性或呈微碱性反应的其他类型土壤低。而真菌多半对土壤 pH 值适应范围较广。红壤中真菌数量并不见得比其他土壤多，但与细菌数量相比，其比值还高于其他土壤，如砖红壤的真菌/细菌比值为 2.61%，红壤为 1.77%，黄棕壤为 0.49%，黑土为 0.49%。

(2)耕作对红壤中微生物的影响

耕作改变了自然土壤的性状，直接影响土壤中微生物的发育。森林植被下的红壤由于植被茂盛，有机质含量高，开垦以后因高温高湿的条件微生物活动旺盛，导致有机物质分解速率加快，但回到土中的有机残落物却减少，以致土壤有机质含量逐渐降低，其他养分也因受淋溶而减少。因此，在残落物少或施肥不足的情况下，可能导致开垦后土壤微生物数量反比自然土为少的结果。海南儋州开垦多年的橡胶林、油棕林下砖红壤中微生物数量与自然林下的相比差别不大；种植咖啡、胡椒的土壤中由于施肥关系，微生物数量增加，而一般旱作地土壤中微生物数量减少。

(3)红壤中的固氮微生物

红壤中有多种能够固定氮素的微生物，如圆褐固氨菌(*Azotobacter chroococcum*)、贝氏固氮菌(*A. beijerincki*)、棕色固氮菌(*A. vinelandi*)、福州固氮菌(*A. fuzhouensis*)等。此外，红壤地区还有多种与豆科植物或非豆科植物如木麻黄(*Casuarina* sp.)等共生的固氮微生物。这些微生物在红壤地区生态系统的氮素循环中起着重要作用。

据调查，凡未经开垦的红壤，不论其母质、土壤和植被条件，基本上未见自生固氮菌(*Azotobacter*)出现，只有在经过耕种熟化的土壤中才存在，其出现几率和数量与土壤熟化程度、土壤 pH 值有关。通常，圆褐固氮菌只出现在 pH 5. 5 以上耕作的土壤中，且有随土壤 pH 值增高而出现概率和数量均增多的趋势。在酸性土壤中可以发现能耐酸的固氮菌。如福州固氮菌对 pH 值适应范围很广，在 pH 4. 05~11. 04 的范围内均有不同程度的固氮作用。此外，还有贝氏印度固氮菌(*Beijerinckia indica*)，它的分布与土壤 pH 值的关系与圆褐固氮菌相反，即随土壤 pH 值增高出现几率减少。红壤中还有大量与自生固氮菌伴生或在土中自生的其他能够固氮的细菌，虽然它们的固氮率不及一般自生固氮菌高，然而因其数量庞大，估计在整个生态系统的氮素循环中起着重要的作用。

2. 6. 3 热区土壤类型与肥力

2. 6. 3. 1 热带土壤类型分布

土壤是各种成土因素综合作用的产物，成土因素中的气候、生物、母质都具有特定的地理规律性，土壤类型及其分布也必然反映这一规律。

热区土壤是在高温多雨的生物、气候条件下形成，最主要土壤类型有砖红壤、赤红壤，其次为燥红土、黄壤、热带滨海砂土。水平分布规律由南至北分别为：砖红壤地带、赤红壤地带，沿海地区分布有热带滨海砂土，热带干旱区有燥红土分布。垂直带谱由高到低则为：南方山地草甸土—黄壤—赤红壤—砖红壤。由于本区复杂的成土条件，使土壤分布具有明显的地域性。现分别论述如下：

(1)海南

海南岛地势从中部山地向海洋逐级下降，无论是成土条件、土壤分布均以山地为中心向四周递变。土壤分布受地形影响极为明显，全岛形成若干个同心圆。最外一环，围绕全岛的近代滨海阶地一般为滨海砂土(海拔度仅 10 m 以内)，次外环为砖红壤，主要分布在阶地和海拔 350 m 以下的丘陵。砖红壤是海南岛的地带性土壤类型。岛北部和东部广大低丘台地为花岗岩、玄武岩和浅海沉积物发育的铁质砖红壤；岛西部则为花岗岩、变质岩、砂页岩和古海沉积物发育的褐色砖红壤：因岛内山地位置偏南，甚至接近海岸，所以岛南部为花岗岩、砂页岩发育的赤红壤。岛西南部为干旱区，由于五指山的屏蔽作用，形成燥红土。岛内地势较高的部位(约海拔 700 m 以上山地)，分布有花岗岩、砂页岩发育的山地黄壤。海南岛各种土地类型面积(表 2-15)。

表 2-15　海南岛各种土壤类型面积

类型	砖红壤	山地砖红壤	燥红土	褐色砖红壤	山地褐色砖红壤	赤红壤	黄壤	热带滨海砂土
面积（$\times10^4 hm^2$）	133.86	35.1	7.4	29.96	16.08	32.7	17.08	10.88
占全岛总面积的比例(%)	39.5	10.4	2.2	8.8	4.7	9.6	5.0	3.2

注：引自《中国热带作物种植业区划》，1989。

(2) 广东

雷州半岛南部的徐闻县全境与海康县南部一带的缓坡低丘，分布着红色砖红壤，母岩为玄武岩，有机质和氮素含量较高。遂溪县与海康县北部，至廉江市、化州市以南分布着黄色砖红壤，母质为质地甚粗的浅海沉积物、风化较深的变质岩和花岗岩组成。北部丘陵多为赤红壤。

(3) 广西

本区地域广阔，气候多异，地貌复杂，土壤类型多。在水平分布上大约以北纬 24°为界，以北为中亚热带常绿林红壤，以南为南亚热带季雨林赤红壤。在北纬 21.40°以南存在少量花岗岩、片麻岩发育的砖红壤，主要分布于博白县龙潭、合浦县南部及北海市。

(4) 福建

本省宜发展热带作物的土壤绝大部分为花岗岩、砂页岩及石英砂岩风化而成的赤红壤，主要分布在福清、莆田、仙游、漳州、云霄、诏安等一带起伏的丘陵台地。

(5) 云南

本省热带作物种植区位于南部丘陵山区，土壤是由花岗岩、千枚岩、砂页岩、沉积物等母质发育的砖红壤(常在海拔 800 m 以下)、赤红壤(常在海拔 800~1200 m)，而三大河流(红河、怒江、金沙江)的燥热河谷地带，高温少雨，蒸发量大，主要土壤类型为燥红土、褐红土。

2.6.3.2　热区土壤肥力特征

我国热带地区高温多雨，适于植物生长的时间长，生产量大，热带植物每年的干物质产量比温带植物高 1/3~1 倍。例如，云南西双版纳热带雨林下的凋落物，每年干物质重达 11.6 t/hm^2，海南那大次生林的凋落物干重达 10.2 t/hm^2。

由于热区高温多雨，微生物活动旺盛，使岩石矿物和有机质受到强烈的风化和分解，Si、Ca、Mg、K、Na 等基性元素遭到强烈的淋失，铁锰氧化物相对积聚。以致相当大面积的砖红壤和赤红壤所含养分不足。

(1) 土壤氮素

土壤中氮素的含量与有机质含量呈正相关。其含量的高低随土壤、植被类型不同而异。在热带雨林和季雨林下的赤红壤和砖红壤，有机质含量在 5%左右，含氮量相应在 0.3%左右；在次生雨林下，有机质为 2%~4%，含氮量在 0.2%~0.3%；在灌木茅草植被下，土壤有机质含量为 2%，含氮量在 0.1%~0.15%；当植被遭到破坏，土壤受到侵蚀时，土壤有机质往往低到 1%，其氮含量也相应低于 0.05%~0.1%。

(2)土壤磷素

土壤磷素的含量受母质、地形、耕作、施肥、土壤侵蚀和管理等一系列因素的影响。由于磷在土壤中很难移动，因此局部变异很大。在我国热带地区大部分土壤中，由于风化程度极为强烈，平均磷素含量是我国土壤中最低。全磷含量一般在0.05%~0.1%，其中浅海沉积物发育的砖红壤和花岗岩、砂页岩发育的侵蚀性赤红壤，其全磷含量一般只有0.03%~0.06%，有时可能低于0.01%，但玄武岩发育的砖红壤，全磷含量高达0.15%~0.23%。

(3)土壤钾素

钾素的主要来源是土壤中的含钾矿物，但含钾的原生矿物和黏土矿物只能说明钾素的潜在供应能力，而土壤实际钾素的供应水平则取决于含钾矿物分解成可被植物吸收的钾离子的速率和数量。广东西北部、雷州半岛高度风化的花岗岩、片麻岩和浅海沉积物发育的砖红壤、赤红壤，全钾(K_2O)含量为0.06%~0.3%，缓效钾(K_2O)为3~7 mg/100 g；速效性钾(K_2O)则为2~6 mg/100 g。粤西北部橡胶树出现的黄叶病，就是因这类土壤中缺钾。雷州半岛、海南北部、福建沿海台地玄武岩、凝灰岩等成土母质发育的砖红壤、赤红壤钾含量也很低，全钾一般在0.06%~0.59%，缓效钾为4~12 mg/100 g，速效性钾4~10 mg/100 g。在风化程度不深的花岗岩、砂页岩等成土母质发育的砖红壤、赤红壤，全钾含量为0.5%~3.3%，缓效性钾50 mg/100 g，速效性钾1~10 mg/100 g。

(4)钙、镁及微量元素

我国热区岩石和矿物风化时，Si、Ca、Mg、K、Na等元素受到强烈降水的淋失，尤其是含钙、镁的矿物更易风化被淋洗，因此，热区土壤中钙、镁含量一般偏低。

作物所需微量元素主要来自土壤。土壤中微量元素能否供作物吸收利用，与土壤条件，特别是与土壤酸碱度存在密切的关系。多数微量元素，如钼、硼、锌等，因热带作物种植区土壤酸性较强，可给性较低而常常不能满足作物的需要。

2.7 热带作物生长发育对空气(风)的要求

空气的水平流动即为风，风是一种自然的力量，在植物生产过程中是一个极为重要的气象因子。风不是热带作物生长发育必需的生态因子，但它直接或间接地影响作物的生长发育，对农业生产的影响有利也有害，如每年强热带风暴和台风对我国海南、广东、广西、福建四省(自治区)沿海地区热带作物生产造成的危害是十分严重的。

2.7.1 风对热带作物的作用

2.7.1.1 风的有利作用

(1)风对花粉、种子传播的影响

自然界中许多植物是借助风的力量进行异花授粉和传播的。热带作物槟榔、椰子等为风媒花，靠风力传播花粉。风速的大小影响授粉效率和种子传播距离，从而对作物的繁衍和分布起着较大的作用。农业生产中借助风进行异花授粉，如对槟榔授粉，增加结实率，提高产量；在热带作物橡胶树和咖啡、可可等开花时，风散播花的芳香，招引昆虫传授花粉；风传播一些小型种子，帮助其扩大繁殖生长区域。

(2)风对光合作用和蒸腾作用的影响

微风能带走叶面周围因蒸腾作用放出的水汽分子和二氧化碳含量较少的空气，带来二氧化碳含量较多的干燥空气，起到加速蒸腾，带走热量，降低叶温，防止强光照对叶面的伤；由于蒸腾加速，促进了根系吸收，使根系不断地从土壤中吸取养分，使同化作用始终保持在较高水平上。另外，雨后有风吹拂，有利于作物表面适度干燥，避免疫霉菌等引起的病害。因此，热带作物群体结构保持疏密配置合理，通风透光，才能高产。

①风与光合作用　低风速条件下，可使下层受荫蔽的叶片能得到适度的光照，群体光合作用强度随风速增大而上升；风速超过一定限度，则光合作用强度反而降低。在低风速条件下，叶片的片流层变薄，二氧化碳的扩散阻力减少，有利于二氧化碳的输送，从而提高光合作用强度。高风速条件下，叶片蒸腾旺盛，叶片的水分条件恶化和气孔的开张度减小，致使光合作用降低。因此，在微风吹拂下，既能改善二氧化碳的供应情况，又能使光合有效辐射合理分布到叶层中，从而提高光能利用率。

②风与蒸腾作用　适当的风速使叶片的片流层变薄，降低叶片质外体的水势，水分扩散阻抗减小，加速正常的蒸腾，使水分与无机物迅速地输送到叶子里，有利于植物的正常代谢。但强大的风速对蒸腾速率的影响有不同的结论。一般认为，随风速增大会使气孔关闭，这是由于蒸腾速率增加引起反馈效应。但也有人认为，由于叶片在大风中弯曲和相互摩擦而使叶片角质层的阻抗减小，有利于蒸腾。

(3)风对田间小气候的调节

风可以调节农田小气候状况，影响农田湍流交换强度，能够使农田空气湍流加强，增加地面和空气的热量交换，增加土壤蒸发和植物蒸腾，提高农田空气中二氧化碳含量及其他成分的交换，从而使作物群体内部的空气不断更新。风对植株周围的温度、水气、二氧化碳等有调节作用，可促进植物体内的蒸腾作用和光合作用等生理过程的进行。对咖啡、木薯田观测结果，风速小于2 m/s条件下，热力因素对湍流交换速度影响较大；风速大于2 m/s时，动力因素对湍流交换速率影响是主要的，湍流交换速率与风速成正比。高温季节，在强烈太阳照射下，微风可以促使空气交换，增加叶片的蒸腾作用，降低作物体温和近地层气温，从而避免引起作物的灼伤；在越冬期，当地面和作物体温由于强烈辐射冷却时，风可以将近地面层的冷空气吹走，避免或减轻作物遭受辐射霜冻的危害。

2.7.1.2　风的不利作用

风对热带作物生长的不利影响，主要体现在大风上。对热带作物危害的风，包括热带气旋(按国际统一划分的等级标准。中心附近大风力小于8级的称为热带低压；8~9级为热带风暴；10~11级为强热带风暴；大于等于12级为台风)、龙卷风、信风、季风、海陆风、焚风等，其中强热带风暴、台风和龙卷风破坏性最强，栽培技术难以有效抗御的措施。龙卷风在云南南部出现次数较多，风速可达100 m/s以上，但其影响范围小，出现频率低，危害程度不及台风那么严重。台风是我国华南沿海地区影响范围大，危害最严重的暴风害，2005年，18号台风“达维”对海南垦区橡胶树已开割树受害率(3级损害以上)50.9%，未开割树受害率33.9%，橡胶种植业经济总损失达24亿元。风对热带作物不利影响主要体现在以下四个方面。

(1)大风对热带作物的危害

风力在6级以上就可对作物产生危害。风速在17.2~20.7 m/s的风称为大风，它对农业危害很大。大风加速植物蒸腾，使耗水过多，造成叶片气孔关闭，光合强度降低。强风可造成林木和作物倒伏、断枝、落叶、落花、落果和矮化等，从而影响其生长发育和产量形成。橡胶树对风十分敏感，在年平均风速大于 2 m/s 的地方，生育不良，风速大于 3 m/s 时，一般需营造防护林才能种植。在海南，台风是橡胶树的主要灾害，10 级以上台风可使橡胶树普遍发生折枝、断杆或倒伏，并产生不同受害程度(表 2-16)。

表 2-16　广东省橡胶树风害综合等级划分标准

是否割胶	风力(级)	风速(m/s)	受害等级
开割	≤9	≤24	无
	10	24~28	轻
	11~12	28~33	中
	>12	33	重
未开割	≤8	≤20	无
	9~10	20~28	轻
	11~12	28~33	中
	>12	33	重

注：引自王兵等，2019。

(2)大风带来降雨，造成涝害和水土流失

在国家干旱地区和干旱季节如出现多风天气，不但土壤水分蒸发增加，旱情加重，大风还会吹走大量表土，造成风蚀。但在海南及沿海热带地区，大风尤其是台风往往带来充足的雨水，造成热带作物断枝、倒树，局部引起涝害现象。台风带来的降水将热区表层肥沃土冲涮走，降低了土壤肥力。

(3)风加速病虫害传播速率和传播范围

风能传播病原体，引起作物病害蔓延。据研究，槟榔、椰子等炭疽病在旱季，随风吹送或虫媒的传播下，增加明显。风还会帮助一些害虫迁飞，扩大危害范围。例如，椰心叶甲害虫，随风漂飞，扩大槟榔与椰子的危害区域。热带作物的枝叶受大风影响，相互摩擦，造成枝叶机械损伤，病原体可从伤口侵入，引起害虫寄生，造成危害。

(4)风的其他不利影响

传播杂草种子，扩大杂草繁殖区。另外，海南等热带沿海地区，海潮风含有较高盐分，可渗透到作物组织中，影响授粉和花粉发芽。

2.7.2　热带作物生长发育对风的要求

不同类型和品种的热带作物对风的要求存在较大差异，风对热带作物的影响也不同(表 2-17)。下面以几种常见类型热带作物对风要求进行简述：

(1)乔木型热带作物

①橡胶树　橡胶树喜微风，怕强风，当年平均风速小于 2 m/s 时，对橡胶树生长没有多大的妨碍；当年平均风速大于 2 m/s 时，对橡胶树的生长、产胶有抑制作用，没有良好的防护林，橡胶树不能正常生长。橡胶树茎干脆，易折断，热带风暴袭来引起断树、倒树，风力增大，断倒率也加大，给橡胶树造成严重的危害。

表 2-17　主要热带作物风害的指标

作物名称	风害指标
橡胶树	平均风速>3 m/s，不能正常生长，必须营造防护林
	风力 8 级断倒率<1%、10 级断倒率 10%、12 级断倒率 25%
龙舌兰麻	>12 级成龄植株倾斜 18%~20%、叶片风折等
油棕	6 级小叶破碎、8 级吹折叶片、果穗败坏，>10 级破坏新生叶丛
椰子	6~7 级生长、产量轻微影响；8~9 级小叶撕破，吹折少数叶片
	11~12 级严重危害，迎风一面叶片折断，大量老、嫩果和部分 6~8 个月龄的果实被吹落，倒树、断干也罕有发生
胡椒	平均风速>3 m/s 植株生长受到影响
	<8 级吹落花果；>10 级吹掉叶片、折枝断蔓，吹倒支柱，伤主蔓，导致病害发生
咖啡(含中、小粒种)	>10 级花蕾枯萎，吹落果实，折枝、断干，倒树
	干热风使叶片萎蔫，枯黄，嫩叶脱落，影响开花实
腰果	>8 级折断枝干，倾斜或倒伏
	常风 3~4 级有碍开花坐果
可可	对风敏感，风速 4 m/s 即可引起落叶

注：断倒率是指受害 4 级(主干 2 m 以上折断)+5 级(主干 2 m 以下折断)+6 级(接穗全部断损)+倒伏的受害百分率。

②杧果　杧果需较静风环境，常风大、干热风、台风(含热带风暴)均不利于杧果的正常生长与发育。风大的地区，易擦伤果实，也加剧落果，树体生长慢，易早衰。干热风易加剧生理落果、易发生果实、幼苗及树皮灼伤现象。沿海地区易受台风影响，台风常导致树斜、倒，断枝、裂枝或吹伤叶片、扭伤枝条等，或刮伤刮落果实。台风过后，由于叶片受伤，易发生严重细菌性黑斑病，如防治不力易发生不正常落叶现象，引起树势减弱。风害易发地区应加强营造防护林，加强护果措施，调节花期，以减少风害。

③腰果　腰果树有一定抗风力，但 8 级以上台风能折断枝干，损叶伤根；强劲常风(4~5 级)会损伤嫩叶和花序，影响产量。2005 年 9 月 26 日，第 18 号台风“达维”(12 级以上，风速 40~50 m/s)袭击海南省，严重折断幼龄和成龄腰果树树干和主枝。

(2)灌木型热带作物

①木薯　微风利于木薯生长，但木薯植株高大，忌怕台风，台风常吹毁叶片，吹断枝条或茎干，造成倒伏，使块根断裂而腐烂于土中，造成减产。

②咖啡　咖啡喜静风的环境条件，台风及干热风对咖啡的生长均不利，当台风达 10 级以上时，叶片、果实就会大量吹脱，部分主干枝条会被吹断；台风过后咖啡根颈交界处的树皮被磨损，引起病菌侵入，造成风后大量死亡。干风会对咖啡开花稔实极为不利。

(3)矮杆热带作物

剑麻：微风可以促进剑麻田内部空气流通，调节剑麻田的土壤湿度，减轻或防止幼龄剑麻田斑马纹病的侵染，同时增进土壤中气体的交换，促进根系的吸收。强风对剑麻植株影响不大，而台风可使叶片摩擦损伤或折断，甚至连根拔起。由台风降水引起大幅度降温，易发生黄斑病；大量降水还会引起斑马纹病的发生与蔓延。因此，剑麻田设置防护林，对易受台风侵袭的地区很有必要。

(4)藤本类热带作物

胡椒：胡椒为藤本植物，攀缘生长，蔓枝脆弱，抗风力差，喜静风环境。风大的地区，嫩叶被吹破损，影响生长。遇到台风。轻则吹落叶片和花果，造成减产；重则招折枝、断蔓、倒柱，严重影响植株生长。此外，台风会加剧病菌的传播。台风过后植株的蔓、枝、叶产生伤口，大量叶片和地面接触，有利于病菌的侵染和繁殖，为瘟病和细菌性叶斑病的流行创造条件。据调查，1970 年，发生在万宁、琼海、文昌等地胡椒瘟病流行与同年的 13 号台风关系密切。1971 年，兴隆农场胡椒细菌性叶斑病大流行与同年第 9 号台风的影响分不开。1989 年 10 月，4 次台风造成万宁市胡椒瘟病大流行。海南地区常遭遇台风的袭击，种植胡椒应有计划地保留和营造防护林，做好防风工作。

(5)棕榈科热带作物

①槟榔　槟榔属风媒花为主的植物，微风有利于花粉的传播。但热带低气压和台风对槟榔生长极为不利。如果损害叶片在 4 片以上时，就会影响第二年的花序形成。海南多台风侵袭，槟榔栽培应注意营造防护林，以减轻强风的危害。

②椰子　椰子抗风力较强，在滨海地区 3~4 级的常风，有助于加强蒸腾作用；7~8 级的风力，对椰子生长发育和产量影响不大；但 9~10 级或以上的强风对椰子生长及产果均有较大的影响。

2.7.3　提高热带作物的抗风能力

为提高热带作物的抗风能力，主要考虑两点，即作物自身的抗风力和栽培措施。

2.7.3.1　选种

(1)作物类型的选择

选择抗风的作物，其本身组织坚韧，能抗强风，如龙舌兰麻、芦荟、白木香、檀香、藤类等。或经常处于收割或摘叶、修枝的作物，如茶树、香茅、绞股蓝等。选择树冠稀疏而能耐 10 级风力，不致有严重危害的，如椰子、油棕、槟榔、木棉、爪哇木棉等。也可选择耐风力中等的作物，风力不大于 8 级，不致有严重危害的，如橡胶树、腰果、咖啡、胡椒等。而对强风敏感的作物，如可可、香草兰等就尽量选择避风地块种植或做好防护措施。热带作物不同品种之间抗风性存在差异，如 PR107、云研 77-4 品种的橡胶树抗风性明显优于 RRIM600 和 277-5 等品系。

(2)不同品种的选择

同一种作物不同品种间的抗风性能存在明显差异，如高种椰子的抗风力强于马哇(MAWA)种。橡胶树的海垦 1、PR107、云研 77-4 是比较抗风的品种，而 RRIM600、GT1 是抗风力较差的，其中 RRIM600 经适当修剪，则可明显提高抗风力，且遭风害的植株，恢复较快，93-114 是属于具有中等抗风力的品种。多年生的乔木，即使同一品种，在不同树龄，其抗风力也是有差异的，一般在植株矮小的幼龄期较耐强风侵袭；生势旺盛的中龄期，树冠庞大、茂密，则风害相对最重；进入老龄期，由于树冠的自然稀疏和枝干木材强度的正价，致风害率又减轻。

同一作物不同的器官，其抗风力存在差异，其中繁殖器官是最易遭受风害的，在 6~8 级风力情况下，大多数作物即可引起落花、败育、幼果脱落等；树干和根系等营养器官，抗风力最强。如油棕、椰子等，即使在风力大于 12 级时，也罕有断干者。

热带作物种植时首先需要选择适宜的抗风作物或抗风的品种，尤其是乔木类型的作物，挡风面大，在数十年的经济寿命期间，可能遭受多次、甚至数十次的强风暴侵袭。因此，必须十分慎重地选择作物类型与品种。

2.7.3.2　配置

为减少大风对热带作物的伤害，首先，需要营造防护林，它是降低风速最有效的措施。林带对气流起着阻碍、摩擦、分散的作用，从而降低风速。防护林的营造原则是防护林行向需与风向呈垂直，并根据地形和热带作物确定防护林带大小、与种植园距离等。其次，充分利用抗风性作物与非抗风性作物的特点，在背风坡、地面粗糙度大的丘陵山区栽培不抗风的作物或品种，而在风路两侧、迎风坡面、山丘顶部或凸出部位种植抗强风性的作物或品种。最后，可采用"避"过暴风危害的措施，这对以收获果实为产品的作物具有实际意义的。例如，在海南种植的腰果，主要收获季节在 5~6 月，而台风季多在 7~9 月。在海南，香蕉生产多采用生长后期"避"台风的措施，并获得成功。由于台风的不可预测，晚台风常造成农业巨大损失。

2.7.3.3　整形修剪

热带作物防止大风危害，可以矮化植株，降低风害。热带作物栽培常用修枝整形方法，明显降低植株高度，提高抗风力。对澳洲坚果修剪，降低株高，减少冠幅，提高其抗风性。海南省中风害区和重风害区橡胶树 RRIM600 修枝整形试验资料显示，实行的抗强台风几种修枝整形措施中，以在 2.5 m 高处截冠平切为最优的决策。

2.7.3.4　合理施肥

树冠与种植者肥水管理密切相关。热带作物，尤其是热带乔灌木作物，常因肥水施用不当造成树冠过大、过密，导致抗风性下降。生产中应避免偏施氮肥，以防树冠过重、根冠比失调而加剧风害。

2.8　热带作物生长发育对生物的要求

2.8.1　生物对热带作物的作用

2.8.1.1　作物间的竞争与促进作用

(1)作物与其他作物之间关系

间作群体中，作物之间同时存在地上部和地下部的相互作用，这种作用有种间竞争和种间促进作用，二者作用的结果决定了间作群体的整体效益。在一定条件下间作作物种间根系的相互影响及养分在土壤中的移动比地上相互影响更为重要。

槟榔和咖啡间作，可以抑制咖啡株高的生长，但促进了咖啡根系的延伸。间作咖啡对氮、钾肥的吸收量大于槟榔，槟榔对钙、锌的吸收量大于咖啡，两者间养分吸收的差异，减少了作物间养分的竞争，槟榔间作咖啡根系互作具有对土壤养分资源利用的互馈效应。目前，槟榔林下间作咖啡成为海南地方政府调节产业结构，促进地方经济发展的主要推广模式。

(2)作物与杂草关系

杂草与作物争夺养分、水分、光照和空间，妨碍田间通风透光，从而降低了作物的产量和质量；许多杂草是致病微生物和害虫的中间寄主或寄宿地，易导致病、虫害的发生。

(3)作物与自身之间的关系

作物连作会对其后期生长产生影响，连作栽培会加快病原体的繁殖，并成为土壤中的优势群体，导致微生物群落的多样性发生改变，对土壤中生物的活性造成不良影响。同时，作物群体之间的个体存在相互竞争的关系，这是作物栽培中合理密植需要考虑的因素。

2.8.1.2 微生物与作物相关性

(1)防治病害

微生物主要通过下列途径对寄主植物产生防病作用：①促进植物对营养的吸收及直接促生作用；②转化环境中的营养物质，增加植物生长所需营养；③提高植物耐受(非)生物胁迫的能力；④诱导植物对病原微生物的系统抗性；⑤与病原微生物互作调节植物的抗病性等。对寄主植物具有防病促生作用的微生物有木霉属(*Trichoderma* spp.)、球囊霉属(*Glomus* spp.)等。根围土壤中的木霉比如哈茨木霉(*T. harzianum*)、绿木霉(*T. virens*)等可引起寄主植物的系统抗病性，其作用机制是研究热点。另外，根围植物促生菌(plant growthpromoting rhizobactria，PGPR)和丛枝菌根真菌(arbuscular mycorrhizal fungi，AMFs)对寄主植物具有促生作用，其中PGPR主要通过固氮、解磷、解钾和矿化有机质等途径增加植物可利用养分和分泌植物生长激素的途径直接促进植物生长，AMFs主要通过促进植物对磷的吸收及扩大根系吸收表面积等途径产生促生作用。PGPR和AMFs具有协同作用关系，促进植物的生长发育，间接提高了植物对病害的抑制能力。

(2)造成病害

微生物中同样存在有害微生物，它们对植物的生长和农作物产量可能有显著负面影响，但并不一定寄生于植物组织中。有害微生物的有害活动通过限制根系营养或通过改变根系功能等方式来改变水、离子和植物营养物质的供应。全球每年因病害导致的农作物减产高达20%，其中植物的细菌性病害最为严重。如大豆的根腐病主要由大豆疫霉菌、镰刀菌、腐霉菌诱导发生，致使大豆根系活力降低，根系对水分及养分的吸收能力下降，从而造成大豆减产。

(3)菌根互作

地球上80%的陆生植物都能与菌根菌形成互惠共生关系。菌根的形成依赖于植株，菌双方养分的平等交换，根系获得菌根菌提供的水分和矿质养分，而菌根菌获得植物提供的碳水化合物，即糖和脂肪酸。真菌的寄主有木本和草本植物约2000种。菌根又可分为外生菌根和内生菌根两大类。外菌根的特征是真菌菌丝不伸入根部细胞，而是紧密地包围植物幼嫩的根。内生菌根是真菌的菌丝体主要存在于根的皮层薄壁细胞之间，并且进入细胞内部。菌根的作用主要是扩大植物根系吸收面，增加对营养元素的吸收能力。菌根真菌菌丝体既向根周围的土壤扩展，又与寄主植物组织相通，一方面从寄主植物中吸收糖类等有机物质；另一方面从土壤中吸收养分、水分供给植物。某些菌根具有合成生物活性物质的能力，不仅能促进植物良好生长，而且能提高植物的抗病能力。

2.8.1.3 动物与作物相关性

(1)虫害

随着农业生产的改革，农作物病虫害的发生频率也逐渐增加。农作物的病虫害是影响农业生产持续稳定发展的最大诱因，种类多、影响大、暴发成灾可能性大已成为它的标签。据统计，国内重要农作物的病虫害类型达 1400 多种，常见的有二化螟、棉铃虫、蝗虫等，除了其自身的生物学特征外，农作物的品种、气象条件的变化都对其有着重要影响，最可怕的是，部分病虫害如蝗虫能进行长距离的迁徙，从而对农作物形成大面积、大范围的破坏，使农作物严重减产，危害极大。

(2)传粉

昆虫具有控制病虫害和传粉的独特生态服务功能，使传粉昆虫成为与保证野生植物异花传粉和主要作物生产有高度相关性的功能团。然而近年来研究表明，许多植物和传粉者正在大规模减少，这无疑是传粉昆虫面临的紧迫问题，昆虫传粉者的生态服务功能受到人们的关注。Biesmeijer 等发现 23 种蜜蜂、18 种蝴蝶在 200 年内已经在英国消失，而且欧洲一些地区野生蜜蜂和食蚜蝇的减少也伴随着其传粉植物的减少。昆虫为植物提供传粉服务，使植物能够顺利繁衍。开花植物进行有性生殖必须依赖一定的媒介来传递花粉，昆虫传粉占所有动物传粉的 80%~85%，对象包括水果、蔬菜、油料作物、谷物、饲料，代表了全球近 1/3 的粮食产量。邓园艺等研究发现，油茶不存在无融合生殖和自动自花授粉现象，其结实和结籽依赖传粉者。咖啡传粉离不开丰富的传粉功能团。传粉昆虫保证了植物的异花授粉，可维持自然界植物的遗传多样性。达尔文很早就发现了异花授粉的重要性，因为维持物种稳定主要依靠杂交来完成。昆虫通过异花传粉携带的异质基因可以进一步增强后代的变异性和适应性，进而推动物种本身的进化。

(3)改造土壤

土壤动物，栖居在土壤中的活的有机体，参与岩石的风化和原始土壤的生成外，对土壤的生成和发育、土壤肥力的形成和演变以及高等植物的营养供应状况均有重要作用。土壤动物是土壤中和落叶下生存着的各种动物的总称。土壤动物作为生态系统物质循环中的重要消费者，在生态系统中起着重要的作用，一方面积极同化各种有用物质以建造其自身；另一方面将其排泄产物归还到环境中不断改造环境。

常见的有蚯蚓、蚂蚁、鼹鼠、变形虫、轮虫、线虫、壁虱、蜘蛛、潮虫、千足虫等。有些土壤动物与处在分解者地位的土壤微生物一起，对堆积在地表的枯枝落叶、倒地的树木、动物尸体及粪便等进行分解。细菌的繁殖能使枯枝落叶软化，从而为动物提高适口性；枯枝落叶经土壤动物吞食变成粪便排出后，又利于微生物的分解。一部分土壤动物是自然界“垃圾”的处理者；另一部分土壤动物是以其他动物为食物的捕食者。它们构成了土壤中食物链和食物网。一些动物，如蚯蚓能大量吐食土壤，分解有机质提高土壤肥力，促进土壤团粒结构的形成，改善了土壤物理性质；另一些土壤动物也会危害农田，如鼹鼠。土壤动物对环境变化反应敏感，物种组成和生存密度会随着环境的变化而改变。因此，可以利用土壤动物物种组成和生存密度的变化作为环境监测的一种手段，如蚯蚓便是放射性污染的指示生物。

2.8.2　热带作物生长发育对生物的要求

2.8.2.1　生物对作物的有利因素

(1)促进传粉

传粉是指花粉由花药散出，并借助某一媒介力量，经过一定的时间和空间，将花粉传送到柱头，继而萌发的过程。传粉昆虫是生态系统的重要组成部分，与植物构成了互利共生的关系。通过对植物的采蜜授粉，昆虫得到了食物，同时在植株间进行传粉，促进了植物个体间的基因交流。

油棕为典型的异花授粉植物，通常靠风和专一昆虫(象鼻虫)传粉。油棕、槟榔等棕榈科植物其雌雄花花期不一致，虽为风媒花，但昆虫对其传粉与坐果也有很大的作用。

油茶的主要传粉昆虫为大分舌蜂、油茶地蜂、湖南地蜂、纹地蜂和浙江地蜂等膜翅目昆虫。这些野生蜜蜂对提高油茶的传粉效率，解除花粉限制，提高油茶的坐果率和产量具有重要作用。

阳春砂仁雌雄同株，是典型的虫媒花植物。阳春砂仁的总产量和单产量都较低，原因是阳春砂仁具有特殊的繁殖器官结构，花的着生部位在近地面阴湿环境，不易散播花粉，自然状态下的春砂仁结实率一般仅5%~8%。大蜜蜂和东方蜜蜂是云南省金平县的主要访花昆虫，大蜜蜂的授粉行为更容易使砂仁授粉成功。大蜜蜂最活跃的时间段是11:00~12:00，东方蜜蜂最活跃的时间段是16:00~17:00，当大蜜蜂的采粉频率降低时，东方蜜蜂的采粉频率逐渐增高。

(2)促进生长，增强养分吸收，提高抗逆性

根际微生物可以促进土壤中有机质的分解，同时使土壤中C、N、S、P等元素参与到农作物的新陈代谢中，有利于完成农作物自身的物质循环，促进农作物的生长发育。土壤微生物是农作物土壤生态系统中物质循环和能量流动的主要承担者。在农田生态系统中，合理的农田管理措施，能有效地保护和改善土壤环境，影响土壤微生物的多样性；农作物根际微生物能影响农作物生长发育、增强养分有效利用、抵御逆境危害等；

植物根际促生菌(plant growth-promoting rhizobacteria，PGPR)是土壤微生物中促进植物生长、增强矿质营养吸收和利用，并能抑制有害生物的一类典型有益菌。PGPR主要通过两种方式对植物起作用：一是通过合成某些对植物生长发育有直接作用的物质(如生长素IAA等)和/或改变土壤中某些无效元素的形态，使之有效化被植物吸收(如固氮、解磷等)，直接促进植物生长，如泡囊—丛枝(VA)菌根真菌在农作物上的应用越来越多，对于大豆这种农作物来说，VA菌根真菌能促进大豆对N、P等元素的吸收和利用，有利于大豆植物的生长发育，进而提高大豆的营养价值；CHABOT等研究发现，随着肥力的增加，根瘤菌对P的吸收能力增强，可促进非豆科的生菜和玉米生长。

一些根际微生物通过抑制或减轻某些植物病害、逆境危害等不利因素间接影响植物生长发育和产量，有研究表明表明，链霉菌S506能有效地促进番茄植株生长，缓解番茄冻害，提高番茄植株的耐盐、耐冻能力。

(3)作物间套作相互促进

间套作种植能提供多重功能限制病原菌的繁殖与传播；同时间套作系统微气候环境和土壤微生态的变化也是影响作物病害发生的重要因素，即间套作通过改变田间小气候(温度、湿度和通气条件)及土壤微生态环境(土壤微生物数量、区系、多样性、群落结构及土壤酶活性)进而抑制病原菌的竞争与增殖。此外，间套作还通过影响根际养分活化、寄主作物对养分的吸收利用和分配及作物生理生化抗性而影响寄主作物的抗病性。

间套作促进作物对养分的吸收利用，提高寄主作物的抗病性。当施氮量过高时，作物体内游离氨基酸、酰胺等可溶性氮同化物含量增加，加快了病原菌对寄主的侵入及其在寄主体内的繁殖速度，从而增加作物的感病性并加剧病害发生。增施钾肥可提高作物组织中酚类物质的含量和多酚氧化酶活性。酚类物质具有抗微生物活性，并能抑制病原菌产生的细胞壁降解酶的活性。

2.8.2.2　生物对作物的不利因素

(1)病虫害

农作物病虫害是我国的主要农业灾害之一，它具有种类多、影响大、并时常暴发成灾的特点，其发生范围和严重程度会对我国农业生产造成重大损失。我国农作物常见病虫害有稻飞虱、白粉病、玉米螟、棉铃虫、小麦锈病、棉蚜、稻纹枯病、稻瘟病、麦蚜、麦红蜘蛛、蝗虫、麦类赤霉病等，已成为严重影响我国农业生产的重大病虫害。由生物因素引起的病害具有传染性，称为侵染性病害或寄生性病害。在侵染性病害中，致病的寄生生物称为病原生物，其中真菌、细菌常称为病原菌，被侵染植物称为寄主植物。侵染性病害的发生不仅取决于病原生物的作用，而且与寄主生理状态及外界环境条件也有密切关系，是病原生物、寄主植物和环境条件三者相互作用的结果。

(2)动物危害

一般是指对热带作物生产过程，尤其是收获前产生破坏作用的的野生动物，如野猪、大象、野兔、麻雀等鸟类及田鼠等；家养殖动物如牛、羊、鸡等。云南一些大象保护区，常年受到大象对热带作物及庄稼的破坏；热区种植的水果如毛叶枣受到鸟及蝙蝠等影响。

(3)生产中引起的破坏

作物生产者——人类可以采用科学的理论知识对作物进行直接性操作，如环割、修剪、断根，也可能因农事操作传播病害，施肥打药、浓度过高、烧死作物等对作物产生危害。

2.9　地形对热带作物生长发育的影响

地形是指海拔、坡向、坡度和坡位等内容，通过影响光、热、水、风、土壤等生态因子，进而间接影响热带作物的生长发育。因此，地形对于热带作物的生长、发育等方面存在有利或不利的影响。我国热带作物种植地区多数为丘陵山区，尤其是云南南部，纬度偏北、海拔较高，高、中山峡谷或山间盆地相间排列，因此，了解地形对生态因子的影响，对开发利用热带气候和生物资源具有重要的生产指导意义。

2.9.1　地形对环境的影响

2.9.1.1　海拔

(1)海拔对环境因子的影响

①光照　光照一般随海拔升高，太阳直达辐射、总辐射和辐射差额都不断增加，而散射辐射则减少。这主要是因为随海拔高度的增加，大气层变薄，空气密度降低，空气中尘埃、杂质、水气等含量减少，透明度增加的缘故。光照强度也随海拔升高而增加，如每升高 100 m，增加 4%~5%。

太阳照射时间随海拔变化不大，但山地受云雾的影响实际变化复杂。一般在低洼的山谷和盆地中，日照时间较少，在山的上部和向阳坡上，日照时间较长。气候越潮湿，对日照时间的影响越显著，如云南西双版纳年日照时数随海拔高度分布的曲线呈抛物线形。它表明年日照时数由低处向上，受云雾量的影响开始是递减的，大致在 850 m 处达到最小，随后又因海拔增加，日照时数又开始增加。日照时长与海拔的关系，可用以下公式表示：

$$Y = 4176.634 - 4.9822H + 0.002\,662H^2 \tag{2-6}$$

式中 Y——年日照时数；

H——样点海拔高度(m)。

②温度　地面气温随海拔高度的增加，总体呈现逐渐递减的趋势，但由于地形的原因，其变化是很复杂的。许多资料表明，即使同一山脉，不同高度的直减率也不同。测点高度越高，自由大气影响愈明显；测点高度越低，地形的影响越大。因此，气温随海拔的变化，往往是山下直减率小，山上直减率大。此外，气候干燥的山地或季节比潮湿的山地或季节变化单一且更有规律性。例如，在潮湿的四川山地，1 月平均气温在海拔 1200 m 以下，由于云的影响而变化不大，递减率为每 100 m 降低 0~0.2 ℃；而 1200 m 以上，递减率变为每 100 m 降低 0.56 ℃。

(2)海拔对热带作物的影响

椰子栽培的海拔高度主要取决于温度的高低。印度迈索尔邦在北纬 12°左右，椰园主要分布于海拔 600~900 m；在斯里兰卡，椰子种植海拔则为 750 m；而坦桑尼亚的塔坡拉，在海拔 1300 m 的高地也能建立椰子园。在低海拔地区，椰子栽培的界限可远离赤道；因此，位于北纬 18°的牙买加，椰子在海拔 150 m 以上便不能高效种植。我国椰子种植区均在北纬 18°以北，主要分布于海南的东部和东南沿海的低海拔缓坡地；在五指山以南的三亚、陵水等地，8 个椰果即可得 1 kg 油；而位于五指山以北的文昌等地，则 10 个椰果才能产 1 kg 的油，由此可见热量条件对椰子产量的影响很大。可可通常生长在海拔 300 m 以下地区，但在赤道附近，海拔 1000~1200 m(哥伦比亚)和海拔 1100~1300 m(乌干达)地区均可种植。

不同海拔高度对橡胶树生长、产量均有明显影响；随海拔升高，树干茎圈增长减缓，海拔上升 300~500 m，茎围生长量减少 10%~25%；且随着海拔升高，年割胶期相对缩短，产量明显下降(图 2-6)。

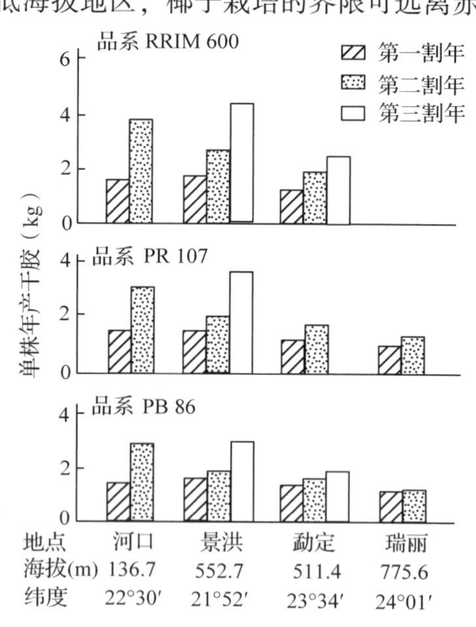

图 2-6　不同海拔及纬度与橡胶树产量的关系

2.9.1.2　坡度、坡向和坡位

(1)对降水的影响

迎风坡和背风坡降水分布不同。迎风坡面由于暖湿气流在动力和热力作用下，产生强烈的上升运动，抬高到一定高度后，由于高空温度低，水汽凝结而形成降水，成为雨坡；背风坡面由于气流翻山下沉具有焚风效应，造成降水稀少而成为干坡。表 2-18 列举云南东南部和西南部两处迎风和背风坡面降水量的差异，可见迎风坡降水量要远高于背风坡。

表 2-18　迎风坡和背风坡降水量的差异

坡位	地点	海拔(m)	年降水量(mm)	坡面
西部	龙陵	1527.1	2097.6	迎风坡面
	潞江坝	727.4	740.2	背风坡下的坝子
东部	河口	136.7	1805.1	迎风坡面
	蒙自	1300.7	829.0	背风坡下的坝子

在海南省上半年东南季风盛行时，处于东海岸五指山麓的万宁、琼海，月降水量已超过 50 mm，进入雨季；而位于五指山西侧的东方、莺歌海等地则处于背风坡的雨影区，再加中南半岛山脉对西南季风的阻碍，翻过山后所产生的焚风效应一直影响到海南省的西部，导致处于沿海平地的东方、莺歌海降水量明显减少(表 2-19)。

表 2-19　海南省五指山东西两侧降水量比较

坡位	降水量(mm)		
	地点	3 月	4 月
东部	万宁	63.1	160.0
	琼海	74.1	118.9
中部	琼中	61.6	100.4
	白沙	29.7	106.6
西部	东方	18.7	31.4
	莺歌海	26.3	40.5

(2)对光照和温度的影响

①对光照的影响　夏半年，北半球在回归线附近，以东、西坡受热量最多，南坡次之，北坡最少；对于低纬度地区，则是北坡受热量最多，南坡受热量最少，并随坡度增大，南坡辐射总量急剧降低，北坡变化则相对较小。冬半年，在北半球任何纬度上都以南坡所获辐射量最多，并由南坡向北坡急剧减少，纬度越高、坡度越大，减少越快(图 2-7)。由此，在云南景洪正午所获得的直接辐射强度，南坡每增加 1 ℃，相当于纬度降低 1 ℃，也就是相当于测点向南推移约 110 km；而北坡则恰恰相反。

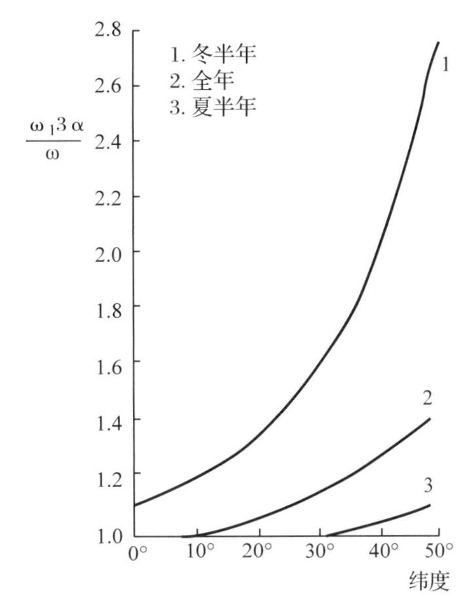

图 2-7　北半球不同纬度的南坡，在最热的坡度下可获得太阳辐射量与水平面可获得的太阳辐射量的比值

②对温度的影响　一般规律为：在辐射型天气下，低部位坡面和避风的地方，白天温度较高，夜间温度较低，辐射霜冻较重；而高部位和迎风的坡面，则白天温度较低，夜间温度较高，辐射霜冻较轻。在冷平流天气下，低部位坡面和避风的地方，昼夜温度都要比高部位或迎风的地方高，平流霜冻较轻。

表 2-20 不同坡向上 80 cm 深的平均土温

坡向	冬季	夏季
北	4.2	15.3
东北	4.4	17.0
东	4.0	18.6
东南	5.1	19.7
南	5.5	19.3
西南	6.6	18.8
西	5.5	18.5
西北	4.5	16.0
平均	5.0	17.8

坡向、坡度和坡位不同，所接受的太阳辐射光、热效应不同，空气和土壤的温度、湿度及所承受的风力也不同。据对阿尔卑斯山(瑞士)不同山坡 80 cm 深土温的 3 年观测的结果表明：各坡向土温的差异是很大的。南坡和北坡 80 cm 深土温年平均值相差 3.1 ℃(表 2-20)，浅层南、北坡土温差异更大。在辐射降温期间，依据西双版纳观测的数据，在坡度相同不同坡向、坡位各层温度差，无论日平均气温或最低气温，北坡均低于南坡，且随观测点高度的降低而差值逐渐增加。

坡度、坡向和坡位对热带作物生长发育的影响较大，尤其是在纬度较高、海拔又高的云南山区，在冷冬年的同一海拔可以观察到南坡的橡胶树安然无恙，而北坡成片死亡；在阳坡随着坡度的增大，橡胶树的寒害减轻，北坡则随坡度的增大，寒害加剧。

(3)对风的影响

坡向与风之间有十分复杂的关系。就台风而言，首先，由于台风本身在运行过程中，风向在不断地变化；而且处于台风路径上的不同位置，风向也不同；其次，台风进入山区后，在地形作用下，必然会形成风路，风路通常是指与台风主要路径相一致的河流、山谷、水面、鞍部、沿山谷修筑的公路等。在风路两侧，不论什么坡向，风害都非常严重。因此，在台风侵袭时，山区坡向对热带作物的风害并不处于主导地位，而是服从于地形作用下所形成的风路。

2.9.2 山地逆温及利用

在山区贴近地面层的空气辐射冷却，密度加大，于是沿地形下滑到坡脚；而坡脚不仅有自身空气辐射冷却，还加上下滑来的冷空气影响，致使坡脚比斜坡中上部气温都低的逆温现象。山区逆温作为一种特殊的气候资源，它与水湿条件结合常会使植被分布产生倒置。山区逆温发生的原因有平流和辐射两种，而多为两种共同作用影响所造成。以平流为主的多在冬季出现，以辐射为主的一年四季均可出现。当风速和云量较小时，山区逆温出现频率高，且强度也大。

山区逆温层厚度因地形、坡向、天气不同而不同。一般北坡厚度小于南坡，多云天气较晴朗天气厚度薄，温度和缓。据在云南南部热带作物植区的考察结果，逆温层厚度为 300~500 m。

逆温的产生与消失时间，大多在太阳落下前后约 0.5 h 生成，一直延续至翌天日出后 2~3 h。由于逆温维持时间长，日平均气温与最低气温都明显表现出逆温的特点。图 2-8 是云南西双版纳日平均温和最低气温的增量随海拔高度的变化。由图中可见，相对高度在 100~350 m 范围，无论最低气温或日平均气温的增量均随海拔高度的升高稳定提高；350~600 m 范围，温度坡度较大；而 50 m 左右高度处是低温中心的高度带，此高度范围内，在低温影响下，易产生凝霜，可称为霜线高度。因此，在配置作物时，应将不耐寒的热带作物布局在当地逆温层的高度部位，而把耐寒的热带作物种在下部。

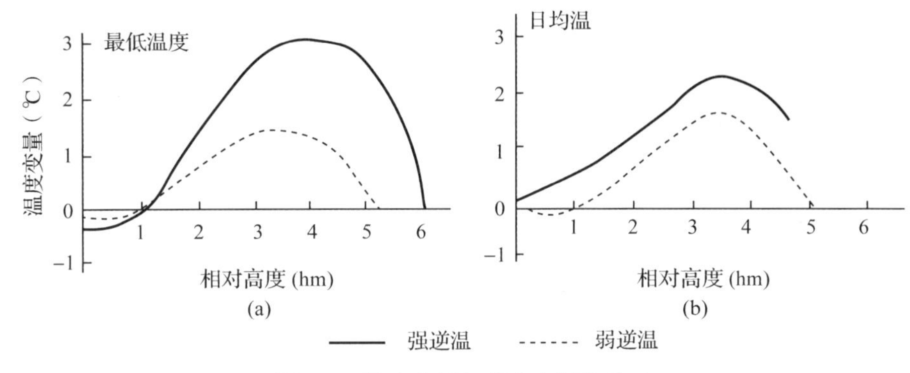

图 2-8　温度变量与高度之间的关系

小 结

本章从水分、热量、光照、养分、土壤、空气(风)、生物和地形方面介绍了热带作物生长发育对环境的要求与适应，同时从生产角度介绍了热带作物生长发育所需环境的调控措施。

思考题

1. 什么是水分利用效率？如何提高热带作物水分利用效率？
2. 温度对热带作物生长发育有哪些影响？
3. 低温对热带作物的影响有哪些？如何提高热带作物的抗寒能力？
4. 热带土壤有哪些特征？为什么？
5. 热带地区土壤有哪些类型？土壤肥力有什么特征？
6. 地形是如何影响环境因素的？
7. 什么是山地逆温？它有什么特性？

推荐阅读书目

1. 热带作物栽培学总论．王秉忠．中国农业出版社，1997.
2. 耕作学．曹敏建．中国农业出版社，2013.

参考文献

曹敏建，2013. 耕作学[M]. 北京：中国农业出版社．
高传昌，吴平，2005. 灌溉工程——节水理论与技术[M]. 郑州：黄河水利出版社．
何春生，2006. 热带作物气象学[M]. 北京：中国农业大学出版社．
王秉忠，1997. 热带作物栽培学总论[M]. 北京：中国农业出版社．
曾宪海，林位夫，谢贵水，2003. 橡胶树旱害与其抗旱栽培技术[J]. 热带农业科学(3)：52-59.

第3章 热带作物的产量及产品品质与栽培

作物产量和产品品质是作物栽培的核心问题，实现高产优质的栽培是作物遗传改良及环境和措施等调控的主要目标。作物产量及品质是在光合产物积累与分配的同一过程中形成的，因此，产量与品质间有着不可分割的关系。不同作物、不同品种，其由遗传因素所决定的产量潜力和产品的理化性状有很大差异，再加上遗传因素与环境的互作，使产量和品质间的关系变得相当复杂。

3.1 热带作物的产量及栽培

3.1.1 作物产量的分类

栽培作物的目的之一是尽可能地获得较多的有经济价值的产品。作物的产量分为光合产量、生物产量和经济产量。

3.1.1.1 光合产量

光合产量是指作物通过光合作用，利用光能，同化二氧化碳、水和无机物质，进行物质转化和能量积累，形成各种各样有机物质的总量。光合作用累积有机物的速率和数量，是决定作物产量高低的最重要因素。作物产量的95%以上都是光合作用的产物，所以，固定光能越多，累积光合产物就越多。高的光合产量是夺取作物高产的根本。

3.1.1.2 生物产量

我们知道并非全部光合产量都可以转化为生物产量，光合产量中的有很大一部分在作物生育过程中被呼吸消耗或被人工修枝、整形、伤害或病虫禽兽危害所损耗。光合产量又称干物质生产量或净生产量，是指作物通过光合作用和吸收作用，生产和累积的各种有机物的总量。这些有机物质总量包括根、茎、叶、花、果及脱落的枝叶和取走的胶乳等。由于作物的根系生长在土壤中，总量难以测定，因此，除根茎类作物外，其他作物的根系一般不包括在生物产量中。通常所说的生物产量是指收获时整个植株地上部分总干重。

橡胶树是C_3植物，光合效率较低，净光合率小于16CO_2 mg/(cm^2·h)，相当于一般C_3禾谷类作物的净光合率，另外CO_2补偿点较高，在100 mg/kg左右。实践证明，橡胶树在日温差大的地区产量高，日温差小的地区产胶潜力则小。云南垦区日温差很大，即白天光合作用旺盛，呼吸消耗也相当高，但到夜间温度低，呼吸消耗较少；而在海南垦区，夜间温度不如云南那么低，日温差不如云南大，呼吸消耗就多，因此相同品系的年产量在海南要比云南低得多。由此看来，减少呼吸消耗在提高生物量有很重要的现实意义。但目前热带地区除了选择良好的宜林地外，还没有有效的手段来降低植物呼吸消耗。

3.1.1.3　经济产量

经济产量是生物产量中所要收获部分的总量，一般我们统称为产量。由于人们利用目的不同，经济产量所指的产品也不尽相同。例如，咖啡、胡椒的主要产品是种子，龙舌兰麻、香茅的主要产品是叶片，椰子、油棕的产品是果实，甘蔗的产品是蔗茎。不同的利用目的，主产品的器官是不同的。例如，玉米作为粮食作物栽培时，经济产量指的是籽粒收获量；而作为青贮饲料时，经济产量指的是茎、叶和果穗等的全部收获量。橡胶树的主产品是胶乳，但当其用作木材，橡胶树的主产品为茎干。在商品生产时代，作物产品的综合利用越来越广泛，有些副产品也可能成为主产品。

3.1.1.4　经济系数

经济产量占生物产量的比例，即生物产量转化为经济产量的效率，称经济系数或收获指数。从概念可知，经济系数仅表明生物产量转运到经济产品器官中的比例，并不表明经济产量的高低。通常，经济产量的高低与生物产量的高低呈正比，但是必须注意的是，许多以生殖器官为收获物的作物，在多数情况下，经济产量是与生物产量减去某个基数以后的多余部分呈正比。即

$$Y=b(x-a) \tag{3-1}$$

式中　Y——单株经济器官的干重；

b——常数，即单位株重增加的穗重；

x——单株总干重；

a——临界株重，即开始形成经济器官时，所必需的基数株重。

由上式可见，只有当 $x>a$ 时，才会有 Y，也就是当株重 x 小到等于临界株重 a 时，籽实重 Y 将等于 0。式(3-1)中的 b 和 a 值因作物、生育期、肥水条件而不同。由此可见，提高经济系数是争取高产的关键。

不同作物的经济系数差异较大。一般来说，以营养器官为主产品的作物经济系数要高于以生殖器官为主产品的作物；另外，植株越高经济系数越低，二者呈负相关关系。据综合资料表明，从 20 世纪 20 年代的小麦高秆品种的经济系数 0.32 提高到现代矮秆高产品种的 0.49，经济产量增加约 2 倍。生物产量则增加不多。这充分说明，经济系数的显著提高，是贮积能力增加结果。

对于短期作物，特别是一次性收获的作物来说，经济系数的测定是可以做到的。然而，热带作物大都多年生大型作物，生命期长，且每年收获多次，经济系数的测定远比短期作物困难。以前有人采用整株挖出称重的方法来测定热带作物的生物总产量，但所得到的毕竟不是整个生命周期内产生的干物质产量。因此，有人探求使用非破坏性的方法来测定在一年中经济产量与全年干物质总产量的比率作为经济系数或收获指数的估计值。Ramadasan 和 Mathew(1986)提出了年生产指数(API)来衡量椰子的生产效率，API 等于椰子果实和果穗重量占年干重增长量的比率，其中年干重增长量常采用回归的方法进行估计。

马来西亚橡胶研究所提出了分配率来衡量橡胶树的生产能力。分配率又称相对生产力，即干物质产量中分配于人们所需的物质或器官部分，在许多作物来说是干物质用于生产种子及果实等部分，对胶树来说就是用于生产干胶的百分率。它等于(株年干胶产量×

1.5)/(株地上部分年干重增长量+年干胶产量×1.5)×100%，干胶产量之所以乘以2.5是因为每燃烧1 kg橡胶产生的热量相当于2.25~2.5 kg木柴，因此，2.5是一个转换热量的系数，以便于进行比较，但不同的无性系在不同地区所测算得到分配率不同。

像咖啡、胡椒、椰子、油棕以种子(或果实)为生产目的的作物，其光合产物既可以用于营养器官生长，也可以用于生殖器官生长，因此，存在着一个营养生长和生殖生长的矛盾。经济产量的高低取决于这个矛盾双方对立统一的状况。营养生长过旺，生殖生长量必然下降，导致经济系数的降低。热带作物大都是多年生作物，从植株的第一个花芽分化起，营养器官和生殖器官之间就时刻在为争夺光合产物而竞争。这种竞争在不同作物中的表现有所不同，如油棕、椰子等作物，成龄后每抽一片叶，就有一个花序，基本上常年开花结果，而且它们粗壮的茎干中储存着丰富的养分，当植株开花结果需要大量光合产物而新合成的光合产物供应不上时，这些营养物质就被释放出来，起补充和调节的作用，因此，这类作物的经济系数变化较小，植株到达一定年龄之后，基本上保持在一个稳定的值。

3.1.2 产量与产量构成因素

作物种类不同，它们的产量构成因素(因子)也不同，主要表现在单株产量构成上的差别。生产籽粒的作物主要产量构成因素有单位面积株数、单株粒数和绝对粒重；橡胶树产量构成因素有单位面积可割株数、割次、每株次胶乳产量、干胶含量；木薯产量构成因素有单位面积有效株数、每株薯数、单薯重；咖啡产量构成因素有单位面积株数、每株果节数、每果节果实数、每果实重量、咖啡豆干重与果实重之比。

产量构成因素中任何一因素的增加都会引起产量的提高。但各因素在发挥各自作用的过程中并不是孤立存在的，而是相互联系，彼此影响。当一个构成因素的作用增大时，另一个因素的作用就会减少，反之亦然。要获得了最高产量就是要在产量构成因素间取得最佳平衡。

不同作物在不同地区和栽培条件下，有其获得高产产量构成因素的最佳组合。因此，要充分了解作物产量因素的发生、发展规律和物质分配与积累规律，以便采取相应的农业技术措施，实现作物高产、稳产。

3.1.3 作物产量形成定量化理论

作物产量相关理论的形成经过漫长而繁杂的过程。人们经过长期实践研究，从多角度、多途径进行了深入剖析，形成了四大作物产量形成理论体系：作物产量构成理论、光合性能理论、源库理论，以及在这三大理论的基础上形成的“三合结构”理论。

3.1.3.1 产量构成理论

20世纪初，Engledow和Wadham(1923)在《禾谷类产量研究》中，首次把产量分解为株穗数、单位面积株数、穗粒数和粒重几个构成要素，并提出作物产量构成理论。这种方法是通过作物生育状况解析产量的构成，由于其测定方法简易，至今在作物栽培研究中仍盛行。

产量构成因素的形成和决定的时间是不同的，并且有一定的顺序性。一般说来，生育前期是营养体的生长，光合产物大量用于根、叶、分蘖或分枝等营养器官的建成；器官的生长程度又决定后一阶段生长程度。生育中期是生殖器官的分化、形成和营养器官旺盛生长的重叠时期，依靠器官的生长特性，在单位营养体上形成较多的生殖器官，以建成较大的潜在贮藏能力。生育后期为结实成熟阶段，植株的营养器官不再增重，而逐渐减轻，大量的光合产物输向籽粒，以实现潜在的贮藏能力。因此，在作物生长发育的不同生育时期，有侧重地对不同产量构成因素加以调节。一般而言，越早形成的因素变异越大，受环境因素的影响越大，在栽培上人为促控的效果也越大；越晚形成的因素越稳定，较多地受遗传特性所控制，在栽培上人为促控的效果往往较小。

不同产量水平条件下，对作物产量因子的主攻目标会有所不同。低产条件下提高群体产量，应适当增大种植密度，使生物产量的基础增大(株数、穗数)，有利于产量的提高。中、高产水平条件下，在保证一定株数的基础上，应提高个体产量及其经济系数(粒数、粒重)，在适宜的群体结构条件下充分发挥个体的增产潜力，实现高产。产量构成因素对产量形成的影响程度，可运用通径分析、灰色系统理论中关联度分析法对产量因素进行综合评价。

不同作物生长的三大时期(生育前期、生育中期、生育后期)的长短及其最适平衡是不同的。例如，薯类作物的木薯、薯蓣等是以地下部肥大的块根作为栽培的主要收获物，块根形成的迟早、数量的多少，形成后膨大持续期的长短与速度等，直接决定着块根最终产量。

3.1.3.2　光合性能理论

植物生长分析法是英国学者 Blackman 于 1919 年首先创立，后经 Gregory、Watson 等发展，现已成为一种能对作物生长进行定量的研究方法。Nichiporovich 于 1954 年提出了生物学产量和经济产量的概念，并将两者表示为：

$$\text{经济产量} = k \times \text{生物学产量} \tag{3-2}$$

式中　k——系数，表示由生物学产量形成经济产量过程中的效率，其与 Denald (1962)所推论的收获指数 *HI* 具有相同的意义。

我国学者郑广华(1966)提出群体光合性能 5 大因素：光合面积、光合时间、光合速率、呼吸消耗和经济系数，并将它们与经济产量联系起来：

$$\text{经济产量} = (\text{光合面积} \times \text{光合能力} \times \text{光合时间} - \text{消耗}) \times \text{经济系数} \tag{3-3}$$

至此光合性能理论才基本形成。

光合性能是决定作物产量高低及光能利用率高低的关键。它除了受作物遗传性状的控制外，还受生态条件和栽培技术的影响。因此，增加光合面积，提高光合速率，尽量延长光合时间，减少光合产物消耗，提高光合产物的合理分配利用等是提高作物产量的主要途径。

3.1.3.3　源库理论

1928 年，Mason 和 Maskell 通过碳水化合物在棉株内分配方式的研究并从物质运输分配的角度提出了作物的源库学说。源库学说认为，源和库是产量形成的两个方面，作物产量既依赖于库的大小，又取决于源生产和输出光合产物的能力。作物的产量是源、库、流互相平衡的结果，源、库质量水平上的协调发展是作物高产的基础。较大的库容可促进源的光合作用和光合产物输出，库小源大则光合产物的运输分配受限，降低源的光合效率；而库大源小时，库对同化物的需求超过源的负荷能力，造成强迫输送分配，引起叶片早衰，同时库需求得不到满足而致库器官发育不良，出现空瘪粒和小僵果等低劣产品质量的现象。

作物的源库类型是其源库特性与产量形成关系在一定生态环境和栽培条件下的综合反映。按照源库特征与产量的关系，作物品种或群体一般可划分为 3 种源库类型：库限制型(增库增产型)、源限制型(增源增产型)和源库协调型(源库互作增产型)，后者又可再分为库大源强协调型(源库优化型)和库小源小协调型(源库限制型)。

据研究认为，在低产水平时，源不足是限制作物产量的主导因素，增产的主要途径是增源与扩库同步进行。因此，增产技术放在增源与扩库两个方面，即通过增加叶面积指数和增加单位面积的穗数来提高群体的产量。在中产阶段时，增源的重点是提高光合速率和适当延长光合时间两个方面，扩库的重点是由增穗转向增加穗粒数和粒重；在高产阶段时，提高最适叶面积指数和改善株形是增加产量的主要途径。

3.1.3.4 产量形成“三合结构”理论

赵明等(1995)在分析“产量构成、光合性能、源库关系”三者之间的内在联系基础上，将其整合统一构建了“三合结构”模式理论(图 3-1)。三合结构理论是指以作物产量构成、光合性能、源库理论为基础形成的有机统一的产量分析模式，该理论以源库理论为主题，源与光合性能相连，库与产量构成理论相连，构成了源库不同层次和数量质量性能的产量分析框架，所以，$LA \times D \times (PR - RR) \times HI = EN \times GN \times GW$。可将作物产量的形成因素分为一级、二级、三级等结构层，并与作物群体—个体—器官—细胞—分子等的结构层次相对应。其中模式二级结构层中的各性状被划分成以群体结构改变为主的数量性状和以个体功能改变为主的质量性状(图 3-2)。

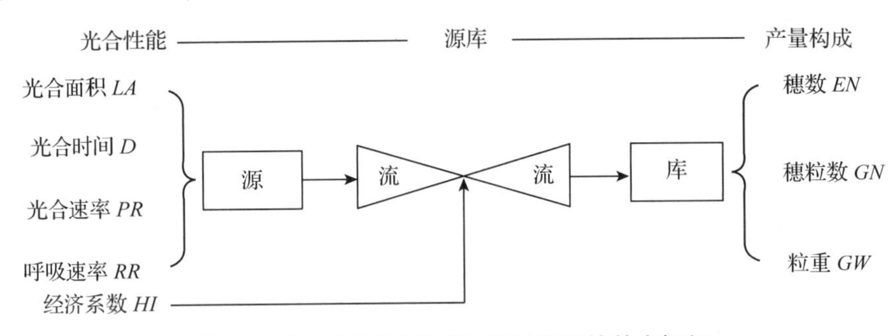

图 3-1 “三合结构”模式二级结构层的基本框架

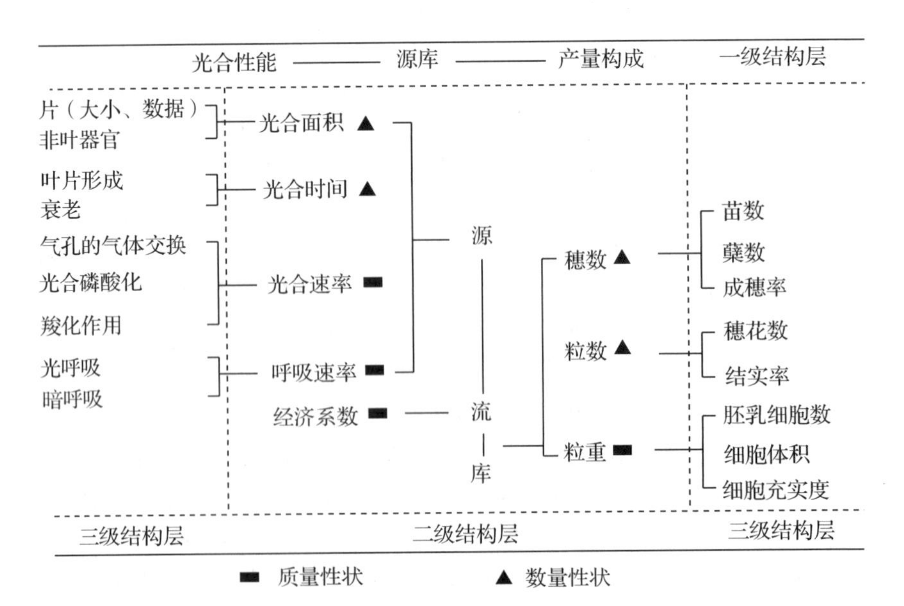

图 3-2 作物产量“三合结构”模式理论框架

由于作物的生长发育过程中的物质消耗不仅包括呼吸消耗，还包括其他物质、能量代谢造成的消耗，用单位时间干物质净积累量(即平均净同化率，*MNAR*)代替式中的(*PR*−*RR*)，其生物学意义似更为合理。单位土地面积上的平均光合面积*LA*值等于平均叶面积系数*MLAI*)值。因此，$LA \times D \times (PR - RR) \times HI = EN \times GN \times GW$ 可以简化为 $MLAI \times D \times MNAR \times HI = EN \times GN \times GW$(图3-3)，该方程更便于作物产量形成的分析，是“三合结构”二级结构层更具体的量化表述，称之为“三合结构”定量表达式。“三合结构”模式及定量表达式的建立使作物产量形成过程得以系统、清晰地展现。

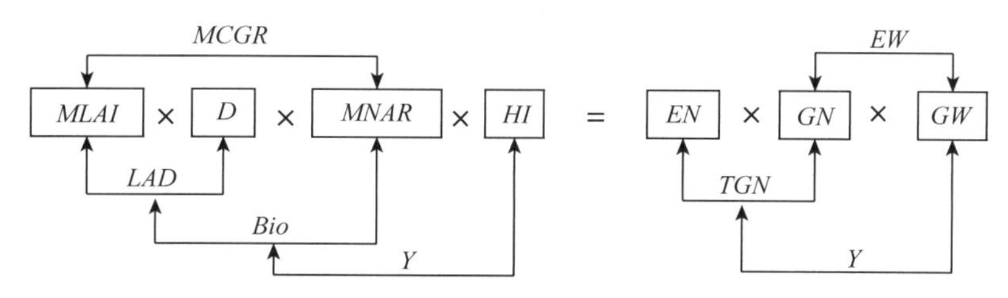

图3-3　“三合结构”定量表达式各参数的相互关系

图中：*MLAI*为生育期内平均叶面积指数；*MNAR*为平均净同化率[$g/(m^2 \cdot d)$]；*LAD*为光合势($m^2 \cdot d/m^2$)；*MCGR*为平均作物生长率[$g/(m^2 \cdot d)$]；*Bio*为生物产量(g/m^2)；*Y*为籽粒产量(g/m^2)；*TGN*为总粒数；*EW*为单穗粒重(g)；*D*为光合持续期(d)；*HI*为收获指数；*EN*为穗数($1/m^2$)；*GN*为穗粒数；*GW*为粒重(g)

3.1.4　影响产量的栽培因素

由光合性能理论可知，要提高作物产量，首先应有较高的生物产量。从理论上说，需要具备以下几个前提条件：①具有高光合效能的品种；②环境因素都处于最适状态；③具备最适宜于接受和分配阳光的群体。由源库理论可知，低密度下群体源面积或库容量不足是作物产量的主要限制因素，此时增加密度能够有效扩大源面积和库容量，提高单位面积产量。高密度下群体源活性不足是产量提高的主要限制因素，适当降低密度，改善冠层通风透光条件，减少源器官中同化物积累造成的反馈抑制，可以增强源活力，实现高产目的。

综上所述，能够提高作物光能利用率和改善源库关系的人为可调控因素都是影响作物产量的栽培因素，如种植密度、肥水管理、化学调控等。

3.1.5　提高产量的栽培措施

3.1.5.1　选用良种

众所周知，良种是作物增产的内因。首先，品种应是高光效的。据研究，光能利用率高的品种特征是：较矮的茎秆，这样可以减少呼吸消耗，有利于光合产物的积累，还能使植株的重心降低，避免因倒伏而减产；叶片较短、分布合理，这样有利于群体上下层均匀受光，减少相互遮蔽；叶片直立，可使叶双面受光和使叶片在早晚弱光时，能充分接受光照，中午强光时，能减少强光和高温的不良影响，并能使作物群体下部分的叶片接受更多的光；耐阴性强使作物即使在较弱的光照条件下也能进行有机物质的积累。

其次，因地制宜地选择品种。例如，云南植胶区地处热带北缘的高海拔地区，冬季热量不足，常有冷空气侵袭，低温寒害是云南天然橡胶产业发展的主要障碍，尤其在特强冷冬年份，橡胶树寒害具普遍性和严重性。因此，筛选和培育抗寒高产橡胶树品种是云南植胶区天然橡胶产业发展的关键。

3.1.5.2 株行距配置

株行距配置就是为作物创造良好的光照与吸收环境，更好地进行光合作用，提升作物对光照、水分及土壤等营养物质使用效率，尽最大可能提高产量。若种植密度过稀时，虽然个体发育好，但群体结构不良，光能利用率低；种植密度过密，则有可能造成下部光照过弱，在光补偿点以下，使下层叶成为消耗器官。另外，种植过密会使通风不良，光合作用旺盛时株间的 CO_2 浓度过低。不同的橡胶无性系由于遗传基础不同，其株型和长势存在差异，要求的最佳种植密度会有所不同。合理密植还与机械条件、经济条件、管理水平等有关，如我国近几十年来的橡胶树种植密度走过了一条“疏—密—疏”的历程。

种植行向也会影响作物群体冠层的光能利用和碳固定，一般以东西行向的光能利用效果较好，作物产量较高。

3.1.5.3 改革种植制度

可以通过提高复种指数和土地、气候资源的利用率来提高作物对光能的利用率，增加作物群体产量，进行种植制度改革。例如，将一年一熟制改为一年二熟、二年三熟，或一年二熟改为一年三熟等；采取间作、套种等，如在幼龄胶园间作菠萝，油棕园间作木薯，木薯间作花生种植模式；处理好品种搭配，如春夏季光、热资源充足，生长期长，可选用晚熟品种，使群体有较大叶面积指数，而秋季则相反，用早熟品种。

另外，播期也是一个重要的影响因素。若播种时间过早，达不到作物生长所需的水分和温度，幼苗在生长阶段营养不足，生长期间对病虫害的抵抗能力不足；若播种过迟，作物错过生长条件，同时缩短农作物生长周期，由于没有足够的生长时间，也达不到高产的需求。

3.1.5.4 合理灌溉与施肥

肥水管理可以调控群体叶面积指数 *LAI*。当作物生长慢时，可通过充足供水来促进叶面积指数的发展；如果发展过快，又可以用控制水的办法来限制叶面积指数的增长。在所有的肥料中，氮肥对叶面积指数的调控作用最大，氮肥多可促进叶面积指数的发展。

在利用肥水调控叶面积指数时，必须考虑植株营养生长和生殖生长的协调平衡，当叶面积指数增长到一定水平后，其大小必须与水、肥条件相适。水、肥供应不足时，叶面积指数不宜过大；肥水供应充足时，叶面积指数可以大些。若肥水条件好，叶面积指数过大时，则会影响光照条件。

为了提高施肥效果，旱作物播前施肥应在灌水后进行，以免肥料流失。生育期内宜先施肥后灌水，通过灌溉水将肥料运移至根系周围，以利作物吸收；水溶性强的肥料也可在灌水之后施入。目前，生产上多采用水肥一体化技术进行肥水管理。

3.1.5.5 化学调控

植物激素可调节作物各个部分的生长速率及其协调性，影响着作物的繁殖及其与生长的关系。化学调控可使作物由高秆变矮秆，由晚熟变早熟，这样可改稀植为密播密植，改高肥水减产为高肥水仍安全地，充分地发挥肥效，化学调控可推动多熟复种制，如生长延缓剂培育水稻秧苗，解决连作晚稻秧龄长、秧质差的难题；化学调控还可提高作物的抗逆性，使作物安全渡过不良环境或少受伤害，或品种南北移动，扩大栽培区域。

生长调节剂还可增加代谢库的竞争能力，增加代谢源的合成能力，提高光合速率，提高产量。例如，在橡胶树生产上大面积推广的乙烯利刺激技术。乙烯利能提高胶树的产胶与排胶机能，提高了每割次的排胶量。但是必须注意的是，乙烯毕竟是一种与植物衰老有关的激素，长期使用或不当使用乙烯利，会导致橡胶树出现一系列的生理异常，可能会使“乙烯利”变成“乙烯害”。

3.1.5.6　其他措施

整形修剪可以调节叶片的空间分布、增加空间的叶片层数，这样既增加了叶面积指数，又改善了通风透光条件，提高了光能利用率，可大幅度增加生物产量和经济产量。正确的土壤耕作有利于改善土壤的物理性状，提高土壤的透水性和持水能力，能充分利用降水和灌溉水量。旱田的适时中耕使表土层疏松，切断土壤毛管，减少土壤水分蒸发损失。

3.2　热带作物的产品品质与栽培

当前，我国社会主要矛盾已经转化为人民日益增长的美好生活需要和不平衡不充分的发展之间的矛盾，通过全面的农业供给侧改革，提高农产品品质是当前农业生产的第一重要目标。研究如何提高作物品质的形成规律与调控技术是作物栽培学的重要课题。

3.2.1　作物产品品质的构成

作物产品品质是指其利用价值和经济价值。从狭义上说，优质主要是指作物产品自身及其延伸所表现出的优良品质，包括营养品质、加工品质和商业品质三个方面的内涵。

营养品质是指作物产品所含的营养价值，是产品品质的重要方面，它主要取决于产品的化学成分及其含量，包含了作物产品的理化成分即水分、灰分、pH 值、粗蛋白、粗脂肪、氨基酸、维生素、矿物质元素、脂肪酸、热量等营养特性，还包括安全特性[产品可食性、杂质含量、农药残留(有机氯、有机磷)、基因产品的安全性等]、卫生特性(微生物含量、重金属元素残留量、激素含量等)、功能特性[农产品的医疗性、人的嗜好性和适口性、农产品的感官特性(色、香、味、形)等]。例如，木薯中的生氰糖苷、真菌毒素、重金属、病原菌等直接威胁木薯的质量安全。不同作物产品，其营养品质的要求标准也不同。

加工品质指目标产品对加工的适宜性、质量优劣及其加工技术，包括加工特性、储运特性、利用特性等，如橡胶胶乳的相对分子质量、挥发脂肪酸(VFA)、凝胶含量等会影响其湿凝胶强度、回弹性、成膜性、机械稳定度(MST)等胶乳的加工品质。

商业品质指农产品的形态、色泽、整齐度、容重、装饰等，包括等级规格、外观特性、流通特性、简便特性等，也包括是否受到化学物质、放射性物质等的污染。若农产品存在着整齐度差、纯度、净度不高以及装饰粗糙等问题，则在国际市场上的竞争力就会下降。加工品质和商品品质的评价指标随农作物产品不同而不同。

同一作物因产品的用途不同，其品质要求也不同。例如，番木瓜用于烹饪时，要求果实不宜过熟，青木瓜的纤维素含量更高；直接食用时，要求番木瓜酶、果糖的含量高。再如，杧果果汁饮料类加工需要其有较高的出汁率，而杧果果酒加工则需要其具有较多的碳水化合物。所以人们会根据自身的经济利益，制定不同的农产品质量标准。

一般而言，与作物产量的形成过程相比，作物品质的形成和决定过程在时间幅度上要短得多，主要集中于产品器官的物质积累阶段。尽管构成作物品质的性状很多，作物之间差异也很大，但与作物生产关系最密切、最重要的品质性状可以说是作物产品的理化品质，即各类有机化合物积累的数量与比例。

3.2.1.1 糖类的形成与积累

作物产量器官中贮藏的糖类主要是蔗糖和淀粉。蔗糖以液体的形态、淀粉以固体(淀粉粒)的形态积累于薄壁细胞内。作物产量器官中累积的糖类，有的以蔗糖为主，如杧果，其蔗糖含量可达 19.37%左右；有的以淀粉为主，如魔芋地下块茎，其淀粉含量高达 35%左右，木薯、淮山药等作物的淀粉达 20%~30%。

蔗糖的积累过程比较简单，一般情况下，由叶片合成的蔗糖可向下运输和向上运输，尤其是下运，主要通过同侧韧皮部筛管输送到同侧的叶鞘和节间，横向转移甚少，随着时间推进，再横向转移至其他部位。通过叶片等器官形成的光合产物，以蔗糖的形态经维管束输送到贮藏组织后，先在细胞壁部位被分解成葡萄糖和果糖。在组织中，二磷酸尿苷葡萄糖(UDPG)是一种极为重要的葡萄糖活化形式，它在蔗糖合成酶或蔗糖磷酸合成酶的催化下，分别与果糖和果糖-6-磷酸作用，合成蔗糖。最后转移至液泡贮藏起来。

$$\text{UDPG+果糖} \xrightarrow{\text{蔗糖合成酶}} \text{蔗糖十二磷酸尿苷(UDP)}$$

$$\text{UDPG+果糖-6-磷酸} \xrightarrow{\text{蔗糖磷酸合成酶}} \text{蔗糖磷酸+UDP}$$

$$\downarrow \text{磷酸酶}$$

$$\text{蔗糖+磷酸}$$

UDPG 是合成蔗糖的关键物质，由葡萄糖-1-磷酸与三磷酸尿苷(UTP)作用而生成。

$$\text{葡萄糖-1-磷酸+UTP} \xrightarrow{\text{UDPG 焦磷酸酶}} \text{UDPG+焦磷酸}$$

淀粉的积累过程与蔗糖有相似之处，光合产物以蔗糖的形式经维管束输送，并分解成葡萄糖和果糖后，进入细胞质，在细胞质内果糖转变成葡萄糖，然后葡萄糖以累加的方式合成直链淀粉或支链淀粉，形成淀粉粒。通常禾谷类作物在开花几天后，即开始积累淀粉。另外，由非产量器官内暂时贮存的一部分蔗糖(如作物茎、叶鞘)或淀粉(如叶鞘)，也能以蔗糖的形态(淀粉需预先降解)通过维管束输送到产量器官后被贮存起来。

此外，油茶、油棕、腰果等油料作物尽管成熟种子内主要积累的是脂肪，但在种子形成初期以积累糖类为主，到种子形成后期糖类才转化为脂肪。

3.2.1.2 蛋白质的形成与积累

作物的种子内含有贮藏性蛋白质，在豆类作物种子内特别丰富，如大豆种子的蛋白质含量可达 40%左右。种子在发育成熟过程中，氨基酸等可溶性含氮化合物从植株的各个部位转移到籽粒中，然后在籽粒中转变为蛋白质，以蛋白质粒的形态贮藏于细胞内。

谷类作物种子中的贮藏性蛋白质，在开花后不久便开始积累。在成熟过程中，每粒种子所含的蛋白质总量持续增加，但蛋白质的相对含量则由于籽粒不断积累淀粉而逐渐下降。豆类籽粒成熟过程中，荚壳常常能起暂时贮藏的作用，即从植株其他部位运输而来的含氮化合物及其他物质先贮藏在荚壳内，到籽粒形成后期才转移到籽粒中去。所以，在豆荚发育早期，荚壳内的蛋白质含量增加；到发育后期，荚壳内的蛋白质则开始降解，含量逐渐下降。在果实、种子形成前，植株体内一半以上的蛋白质和含氮化合物都贮藏于叶片中，主要存在于叶绿体内。一般叶片充分伸展时，其蛋白质含量达到高峰，而后随着叶片的衰老而不断降解。在果实形成前，降解的蛋白质被上位叶等新生器官利用；在果实形成后，则开始向果实和种子转移。

3.2.1.3 脂类的形成与积累

作物种子中贮藏的脂类主要为甘油三脂，包括脂肪和油，它们以小油滴的状态存在于细胞内。油料作物种子含有丰富的脂肪，例如，油棕果含油量高达50%以上，腰果也可达40%，椰肉含油量约为35%，油茶可达25%~40%。在种子发育初期，光合产物和植株体内贮藏的同化物是以蔗糖的形态被输送至种子后，以糖类的形态积累起来，以后随着种子的成熟，糖类转化为脂肪，脂肪含量逐渐增加。

油料作物种子在形成脂肪的过程中，先形成的是饱和脂肪酸，然后转变成不饱和脂肪酸，所以脂肪的“碘价”(每 100 g 植物油可吸收的碘的克数)随种子成熟而增大。同时，在种子成熟时，先形成脂肪酸，以后才逐渐形成甘油脂，因而“酸值”(中和 1 g 植物油中的游离脂肪酸所需的 KOH 的毫克数)随种子的成熟而下降。所以，种子只有达到充分成熟时，才能完成这些转化过程。如果油料作物的种子未完全成熟时收获，由于体内脂肪的合成、转化过程尚未完成，导致种子的含油量低且油质较差。

3.2.2 影响作物产品品质的因素

作物产品品质既受品种的遗传特性控制，又受到生态环境条件和栽培技术措施的影响。某一作物种属的遗传性能限制着该作物的生产性能和品质，即遗传形式是一个固定的量，它决定作物的最大生长量和收获物的品质，不论环境条件如何有利，也不会超过这个限度。然而任何作物都是在一定的环境条件下完成其正常的生长、发育，只有在有利于植物生长发育的环境下，才能充分实现作物的遗传特性，否则将限制作物遗传潜力，甚至危及作物的正常生长。由此可见，遗传是决定作物产品品质的内因，环境是影响作物产品品质的外因。

3.2.2.1 遗传因素

由于作物产品品质性状受基因控制，使作物能够保持了其经济性状和产品质量的相对稳定性，正因如此，作物之间本身就存在产品品质的差异。粮、棉、油等作物产品其所含贮藏物质主要是碳水化合物、蛋白质、脂肪为最多，蔬菜、水果等产品所含贮藏物质主要是粗纤维、维生素和矿物质等。不同类型作物产品所含有效成分比例有所不同。一般禾谷类作物含碳水化合物较多，豆类含蛋白质较多，油料作物含脂肪较多。一般认为，农产品某些成分(蛋白质、脂肪)的含量与单位面积产量呈负相关。例如，油料作物和豆类作物的单产一般低于禾谷类作物，木本作物的产量高于草本作物。另外，作物产品品质性状在遗传上一般都是数量性状，易受环境条件的影响。

3.2.2.2 生态因素

光照、温度、水分、土壤等生态因子对作物生长发育的影响并不是独立起作用的，而是相互影响的。作物产品品质因不同的生态因子而不同。

(1)光照对作物产品品质的影响

光量、光质和日照时数对产品品质有不同的影响。小粒咖啡生豆中总糖、蛋白质、脂肪、绿原酸和水浸出物的含量随荫蔽度的增加而增加，咖啡因和粗纤维的含量随荫蔽度的增加而减小。红皮杧果，若光照不足，果皮色素不能充分转化，着色面积减少，颜色变淡，色度下降，影响果实外观品质。但不同的作物对光的反应不同，如茶树喜弱光且耐阴，不要求很强的直射光，而需要散射光。“云雾出名茶”，在气温较低而云雾多的高山，或者平原丘陵的春秋季，茶芽生长缓慢，叶厚而嫩，面茶滋味醇厚，品质最好。

由于光合作用是形成作物产量和品质的基础，强光可促进花青苷的形成，果树在通风透光的条件下，可明显改进果实的着色，增加糖和维生素 C 的含量，提高果品的耐贮性。例如，火龙果品质差，其原因之一是果实成熟期遇较长时间阴雨天气，光照低，果实中糖分含量和维生素 C 含量明显降低。

日照时数也会对作物品质造成不同的影响。长光照下，大豆蛋白质含量下降，脂肪含量上升。在脂肪中，棕榈酸和油酸所占比例下降，亚油酸和亚麻酸所占比例有所升高。甘蔗的含糖量也与日照时数有关，9～11 月的日照时数累计在 126 h 以下时，含糖量 11. 17%；133～188 h，含糖量 12. 02%；日照时数为 200～220 h，含糖量为 12. 65%。

(2) 温度对农作物品质的影响

温度是热量强度的量度，它直接影响植物的光合作用、呼吸、细胞壁的渗透性、水和养分的吸收、蒸腾作用、酶的活性和蛋白质的凝聚。植物完成一个生命周期需要一定的积温，积温不够则植物不能完成正常的生长发育。温度影响植物对矿质元素的吸收，温度过低时，植物根系对矿质营养的吸收受阻；温度影响土壤微生物的活动，进而抑制土壤的 pH 值，土壤 pH 值的变化又影响到矿质营养元素的有效性；温度影响植物的光合作用，在光合最适温时，光合速率最高，净光合产物积累最多，净光合产物的多寡，影响农产品的风味和品质。因此，温度不仅影响农作物的生长发育，也影响其内在品质。

如大豆蛋白质含量，在我国是南高北低。其原因是大豆这类种子的化学成分中主要是作为贮藏物质的蛋白质和油分，油分和蛋白质互为消长，影响大豆一类油质种子化学成分的主要因素是温度，适宜低温有利于油分积累，故我国北方地区大豆油分含量高，蛋白质含量低。

水稻遇到 15 ℃以下的低温，会降低籽粒灌浆速度；超过 35 ℃的高温，又会造成高温逼熟，影响品质。一般温度高，则果实糖酸比较高，果实着色好，品质也佳；反之，则糖酸比较低，品质变劣。但温度超过一定限度，反而有害。

柑橘的品质主要取决于气温高低。在我国柑橘生产地区的北界，果实的可溶性固形物比例和糖分含量都偏少。往南随着温度的升高，这类内含物质呈增加趋势，到最南部的雷州半岛，由于温度过高，这类内容物含量反而减少；但柑橘内柠檬酸的含量却正好相反，北部多，南部少。昼夜温差大，糖分积累则高。

温度对甘蔗糖分的积累会产生较大影响，随着外界环境温度的升高，甘蔗蔗糖分损失增加，温差对甘蔗糖分的积累会产生较大影响，据研究，在 9～10 月温度日较差 3. 1～6. 2 ℃，含糖量 10. 00%～11. 76%；温度日较差 6. 56～7. 53 ℃，含糖量 10. 84%～13. 66%；温度日较差 11. 6 ℃，含糖量 14. 22%。

(3) 水分对作物品质的影响

水是植物制造碳水化合物、保持原生质的水化作用所必需的，是植物养料和矿质元素运输的媒介，其含量占绿色植物组织鲜重的 70%～90%。在一定范围内，组织的代谢强度与其含水量呈正相关。植物体内水分的短缺会减弱细胞分裂和细胞的生长，植物的蛋白质含量通常与土壤水分含量成负相关；土壤水分含量对植物养分吸收有显著影响，土壤水分供应增加时，作物能较好地吸收养分，植物对水的利用效率也显著提高；水在植物的生态环境中具有特别重要作用，通过水的理化特性可以调节植物周围的环境。

研究发现，红壤水分含量降低可增加柑橘果实可溶性物质和糖分的含量。在相对含水量60%~70%的范围内，既可增加柑橘果实中品质成分的含量，又可提高果实的口感。

(4)土壤性质对农作物品质的影响

土壤是绝大部分植物生长发育的载体，是植物主要的矿质营养及氮素营养的来源。土壤的结构，直接影响根系和地上部分的生长，黏重的土壤不利于根系对土壤养分的吸收；土壤的水分含量影响土壤的空气含量；土壤的酸碱度通过改变土壤中植物所需营养的有效性来影响植物吸收；植物所必需的营养元素，绝大部分是通过根系从土壤溶液中吸收的，土壤中各营养元素有的参与形成植物结构，或一些重要化合物，有的参加酶促反应或能量代谢，有的则具有缓冲作用或调节植物代谢等功能。只有土壤中养分供应充足，各种元素比例配合适当，植物才能生长发育良好，才能有利于提高产量和品质。

适宜的土壤pH值及均衡充足的土壤养分，常能使作物形成优良的品质。如酸性土壤施用石灰改土，可起到明显提高作物蛋白质含量的作用。营养元素中，硝态氮和硫酸钾对烟叶的产量和品质有良好作用，而铵态氮和氯化钾会提高烟叶中蛋白质含量，降低燃烧性。土壤的盐碱含量不但会影响作物产量，而且还会影响作物的品质。如盐胁迫会影响大豆籽粒的蛋白质含量，对籽粒的脂肪含量影响不大，但对脂肪酸的组成有一定影响，盐胁迫使亚油酸和亚麻酸含量增加，油酸含量减少。

3.2.2.3　栽培措施

(1)施肥对农产品品质的影响

科学施肥可以有目的地改变农作物代谢方向，促进作物体内蛋白质、淀粉、蔗糖、脂肪及其他有用物质的积累，从而达到改善品质的目的。不合理施肥或过量施肥则会造成土壤污染，自然生态破坏，导致农产品质量下降，甚至会对作物造成毒害。中国绿色食品发展中心规定，AA级绿色食品生产过程中，除可施用有机肥和微量元素及硫酸钾、锻烧磷酸盐外，不准施用其他化学合成肥料。可见，科学施肥是提高农产品产量和品质，改善农产品风味、营养组成和含量，提高农产品价值的重要措施。

一般认为施用较多有机肥时，作物品质较好，过量施用化肥，作物品质较差，而且会因化肥中有毒物质的残留影响人们的健康。适量施用有机肥或化肥都能在不同程度上影响作物品质。高产优质的地块应强调以有机肥为主。

通过有机栽培方法生产出的有机农产品，除了硝酸盐、重金属含量低和零农药残留，安全特性高外，营养特性、功能特性、卫生特性方面都表现突出。有机谷类中的淀粉含量比普通谷类高1%~2%，蛋白质含量虽比普通谷类低1%，但蛋白质的消化率提升3%；有机果蔬中含有更多黄酮类、类胡萝卜素等抗氧化物质，如有机番茄中黄酮类化合物比普通番茄高70%~90%；有机果蔬中的Fe、Mg、Ca等微量元素及维生素C的含量也有所提升，如有机草莓中维生素C的含量比普通草莓高10%。

在所有的肥料中，一般N肥对改善品质的作用最大，但N肥使用过多，则使植物体内大部分糖类和含氮化合物结合成蛋白质，导致油分的合成受到影响。另外，N肥过多会使根部中柱细胞木质化程度加快，不利块根形成和膨大。P 肥对油分形成有良好作用，因糖类转化为油脂的过程中，需要 P 的参与。不施 K 肥或过多施用 N、P 肥，会导致木薯的淀粉含量下降，施适量 K 肥能显著提高木薯薯块的 K、Mn、Zn、可溶性糖、淀粉的积累量，薯块的 P、K、Mn 及可溶性糖含量与施 K 量呈极显著或显著正相关。

此外，微量元素也会对作物的品质产生影响。作物对微量元素的反应，取决于土壤中微量元素的丰缺程度、各种元素的互作和 N、P、K 大量元素的供应状况。例如，槟榔，使用 B、Mo、Mn 等微量元素能促进早熟，提高口感。在稻田中施含 Zn、B、Mo、Mn 和 Cu 肥对稻谷产量和稻米品质有明显效果。

(2) 种植密度对农产品品质的影响

对于大多数作物而言，适当稀植可以改善个体营养，从而在一定程度上提高作物品质。在禾谷类作物制种时，一般种植密度稀一些，可以提高粒重、改善外观品质。当前，生产上最大的问题是由于种植密度过大、群体过于繁茂，易引起后期倒伏，导致品质严重下降。但是，对于收获韧皮部纤维的麻类作物而言，在不造成倒伏的前提下，适当密植可以抑制分枝生长、促进主茎伸长，从而起到改善品质的效果。

(3) 农药对农产品品质的影响

农药是重要的农业生产资料，是防治农作物病虫害和其他有害生物必备的生产物资。但农药本质上也是一种有毒的物质，尤其是化学农药，如果使用不当，易造成环境污染，造成农产品农药残留，有的甚至会造成人畜中毒，天敌死亡。热带地区高温高湿的环境导致病害、虫害严重，一些菜农、果农为片面追求经济效益，直接用剧毒或高毒农药防治病虫害，有的用 3911、1605、氧化乐果等剧毒、高残留农药防治菜青虫、蚜虫、桃小食心虫等害虫，造成土壤污染和农产品农药残留，既影响了作物品质又损害了消费者的身心健康。近年来，我国出口的农副产品因农药残留超标被退货的事例不在少数。

农药可通过改变根际微生物间接影响植物生长，改变与 C、N、S、P 循环相关的根际微生物的丰度，影响植物的营养摄取，降低农产品的营养特性、安全特性、卫生特性和功能性特性。因此，国家绿色食品发展中心规定，AA 级绿色食品在生产当中禁止使用任何化学农药。

(4) 科学技术水平对农产品品质的影响

科学技术是第一生产力。科学技术水平在一定程度上决定了农产品产量和品质的高低。科学技术的进步使遗传育种已由过去的提纯复纯发展到基因工程，更加有利于选育出社会需要的高品质、高抗逆性的农作物，如抗除草剂甘蔗、红糖专用型甘蔗、抗病毒病番木瓜、综合品质较强的马丽卡杧果、高糖的红头粉香蕉等。

在栽培管理中基于对作物生理特性的深入了解，通过现代化设施优化农作物的生长发育环境，提高作物某些遗传潜能的发挥。例如，通过平衡施肥、精准灌溉、温度、湿度调控、生物农药及植物生长调节剂的应用等，极大地提高农作物产量和品质。例如，在荔枝栽培阶段及果实成熟阶段果农广泛使用了植物生长调节剂，如防落素、萘乙酸、多效唑、芸薹素内酯、乙烯利等，一定程度地满足了果农对上市时间、商品品质、产量等的需求，但果实营养品质欠佳。

(5) 收获对农产品品质的影响

每种作物、每个品种都有其最适的采收期，要适时收获。单就水果而言，自然成熟后的品质最佳，但番木瓜、香蕉、荔枝、杧果等水果，成熟度越高越香甜。考虑到品质、贮藏运输、货架寿命等综合因素，一般应在九成熟采收。受利益驱使，果农往往提前采收，为尽早上市抢占市场，往往在七成熟甚至更早地采摘，不但风味欠佳、外观不好，而且果实中的营养成分较低。即使在喷施乙烯利等植物调节剂催熟，虽然果实的外观具有熟相，但内在品质仍然不好，仅仅果实脱涩、变软而已，更不易存放。经后熟的香蕉，虽然色泽金黄，可是食用品质不佳，水分流失严重易褐变。脂肪含量高的农产品过早收获，籽粒尚未充实饱满，并影响产量、含油量及脂肪酸的组成。

在理解生态环境因子和栽培措施对作物品质的影响时，还应考虑到其复杂性。即在众多的环境因素综合作用下，其中某些因素有利于优良品质的形成，某些因素可能对品质是不利的。例如，南方的光照、温度、降水都适于作物营养物质的积累和吸收，同时也利于病、虫、杂草的生长发育，因此也加大了热带作物病虫草害的防治难度。

3.2.3　提高热带作物产品品质的农业技术措施

3.2.3.1　选用优质品种

作物的主要经济性状都受遗传基因控制，在外界条件引起基因突变或染色体畸变时，作物性状便会发生变异。因此，在育种过程中要高度重视品质育种，农作物栽培时选用株型、叶型合理、高光效的高产、优质品种。另外，引进和选用适合于当地气候及生态条件的优质品种，并研究品种的生育特性和特点，制定配套栽培技术，充分发挥品种的优质、高产性状，即良种良法是获得农作物产品优良品质的基础。

3.2.3.2　改进栽培技术

优质栽培是指以提高农作物产品品质为主要目标的栽培技术，这是近年来在栽培技术上的新提法。通过栽培技术措施来提高农作物产品品质受到了普遍的重视，主要是下列几方面途径：

(1)按照作物产品成分的形成规律，采用相应的优质栽培技术

这是优质栽培的重要内容。按产品成分区分，粮食作物主要是合成蛋白质和淀粉，油料作物生产油脂，纤维作物主要生产纤维素，蔬菜作物主要是维生素、矿物质，水果则强调风味中的甜、酸、涩、苦等。这些物质形成均有其规律和特点，以及对土壤、养分等的要求。针对不同成分的发育需要来满足要求，营养元素的效果最为明显。例如，N 素是合成氨基酸和蛋白质最重要的元素；K 素对块根、块茎类产品有重要作用；花生不能缺乏 Ca 和 Mo，烟草则需要控制 N 素使用，严禁 Cl 素，充足供应 K 肥。微量元素的追施可显著提高香蕉果实中 N、K 含量，并提高产量。

(2)根据农作物产品的外观形成特点，采取优质栽培技术

麻类作物如亚麻、大麻、红麻，其产品主要是韧皮纤维，优质指标要求纤维长，木质化程度低，纤维细胞上下均匀一致，所以对植株要求细高，生长一致，粗细均匀，分枝少，无疤痕。其栽培技术措施有：适当加大密度；在茎秆快速生长时应加强水肥管理；间苗定苗时要大小一致、距离相等；用生长调节剂和南麻北种等措施促进营养生长，推迟开花等。

(3)针对农作物产品器官的生育特点，采取措施，改进品质

这是间接的优质栽培技术。例如，热带兰栽培管理中，可通过人工调控高温、高湿、弱光，利用植物生长调节剂等提早或延长开花时间，提高兰花的品质。

(4)根据作物类型，确定合理轮作与行向配置

通过合理轮作改善土壤状况，提高土壤肥力来提高作物产量和品质。在安排轮作时，应遵循“高产高效，用地养地，协调发展，互为有利”的原则，在提高土地利用率的同时，还要充分发挥轮作的养地作用。不同的行向形成不同的品质，如南北行向比东西行向更利于提高木薯间作花生模式中的鲜薯产量和淀粉产量，东西行向比南北行向更利于提高花生产量，花生行北侧或西侧的木薯的鲜薯产量和淀粉量比南侧或东侧的高，木薯行南侧或西侧的花生荚果产量比北侧或东侧的高。

(5)根据不同栽培目的，确定适宜的产品收获时期

以收获种子或果实的作物，其收获期为生理成熟期。禾谷类作物，以蜡黄末期到完熟初期收获为好。木薯大雪过后产粉率下降。油菜以70%~80%植株黄熟、荚果呈黄绿色时收获为适期。豆类以茎秆变黄、植株下部叶片脱落为收获适期。薯类以地上茎叶变黄、地下块根干物质最大时为收获适期。同时，要根据气候条件、产品用途等，适时提前或推迟收获。

3.2.4 作物产量与品质的关系

作物产量和产品品质是作物栽培、遗传育种学科研究的核心问题，实现优质高产是作物遗传改良及环境和措施等调控的主要目标。从人类的需求来看，社会对作物产品品质的要求越来越高，作物产品的数量和质量同等重要。作物产量及品质是在光合产物积累与分配的同一过程中形成的，因此，产量与品质间有着不可分割的关系。

研究报道，某橙子果实中N、K和Cu元素含量与产量呈极显著或显著负相关，Ca和Zn含量与产量呈极显著或显著正相关，其余元素与产量无显著相关；果实单果质量、纵径、横径、可滴定酸含量与产量呈极显著或显著负相关，可食率、可溶性固形物含量和固酸比均与产量呈显著或极显著正相关。

一般高相对分子质量成分，特别是高蛋白质、脂肪、赖氨酸等的含量很难与丰产性相结合。禾谷类作物籽粒的蛋白质含量与产量、油料作物的油分含量与产量、甜菜块根产量与含糖率等都呈负相关。一般认为，不利的环境条件往往会增加蛋白质含量，提高蛋白质含量的多数农艺措施往往导致产量降低。一般中产或低产情况下，随着环境和栽培条件的改善，如增施氮肥，籽粒产量与蛋白质含量同时提高，基本上二者呈正相关。当产量达到该品种的最高水平后，随施氮量增加，蛋白质继续增加，产量下降。

小结

本章介绍了热带作物产量和产品品质的类型、形成、影响因素和提高产量、品质的措施。

思考题

1. 简述经济产量与生物产量、经济系数的关系。
2. 简述四大作物产量形成理论及其关系。

3. 提高作物产量的栽培措施有哪些？
4. 作物产品品质包含哪些方面？形成过程如何？
5. 作物产品品质的影响因素有哪些？如何提高作物产品品质？

推荐阅读书目

1. 高级作物生理学．王建林，关法春．中国农业大学出版社，2012.
2. 作物栽培学原理．祖伟，张智猛．中国农业科学技术出版社，1997
3. 热带作物高产理论与实践．唐树梅．中国农业大学出版社，2007
4. 作物栽培学总论．刘子凡，黄洁．中国农业科学技术出版社，2007

参考文献

白蓓蓓，王佳，叶秀旭，等，2020. 杧果成熟过程中果肉可溶性糖组分分析[J]. 分子植物育种，18(3)：1-15.

毕和平，2010. 椰子肉挥发油的化学成分研究[C]. 中国植物学会药用植物及植物药专业委员会．第九届全国药用植物及植物药学术研讨会论文集．中国植物学会药用植物及植物药专业委员会：中国植物学会：142-143.

曹卫星，2011. 作物栽培学总论[M]. 2 版．北京：科学出版社．

陈会鲜，曹升，严华兵，等，2019. 增施生物有机肥对食用木薯产量及品质的影响[J]. 热带作物学报，40(3)：417-424.

陈年来，2019. 作物库源关系研究进展[J]. 甘肃农业大学学报，54(1)：1-10.

陈亚婷，韩祥稳，周游，等，2020. 乙烯利复合包装材料对香蕉后熟品质的影响[J]. 食品科学(15)：262-268.

程敏，塔巍，刘睿杰，等，2018. 精炼工艺对椰子油品质的影响[J]. 中国油脂，43(7)：1-5.

程世敏，樊小林，2014. 定植苗龄对香蕉收获期与产量及品质的影响[J]. 果树学报，31(5)：879-884.

崔学明，2006. 农业气象学[M]. 北京：高等教育出版社．

崔毅，2005. 农业节水灌溉技术及应用实例[M]. 北京：化学工业出版杜．

董钻，王术，2018. 作物栽培学总论[M]. 3 版．北京：中国农业出版社．

高传昌，吴平，2005. 灌溉工程——节水理论与技术[M]. 郑州：黄河水利出版社．

耿圣雅，周庆新，曲静然，2018. 有机食品与普通食品在营养与安全上的差异[J]. 农产品加工(1)：46-50，54.

耿友玲，徐强，陈银根，等，2008. 作物品质性状的分子遗传改良[J]. 分子植物育种(4)：749-759.

郝琨，2018. 干热区小粒咖啡采用香蕉荫蔽栽培下的水光调控效应研究[D]. 昆明：昆明理工大学．

何闻静，韩霜，曹亚娟，等，2018. 作物产量形成理论与玉米高产栽培研究进展[J]. 湖南生态科学学报，5(2)：36-45.

华南热带作物学院，1991. 橡胶栽培学[M]. 2 版．北京：农业出版社．

华南热带作物学院，华南热带作物科学研究院，1980. 热带作物栽培学[M]. 北京：农业出版社．

雷根珠，2018. 国内外浓缩胶乳品质差异性分析[D]. 海口：海南大学．

李鸣晓，2019. 环境和遗传因素对水稻 RILs 群体淀粉特性的影响[D]. 沈阳：沈阳农业大学．

李仁杰，2015. 杧果可溶酸性蔗糖转化酶的结构表征及超高压对酶的影响[D]. 北京：中国农业大学.

李式军，2002. 设施园艺学[M]. 北京：中国农业出版社.

李跃森，何炎森，鞠玉栋，等，2019. 香蕉优异种质红头粉在漳州地区适应性研究[J]. 福建农业科技(9)：61-63.

刘凤霞，2014. 基于超高压技术杧果汁加工工艺与品质研究[D]. 北京：中国农业大学.

刘林，张江周，王斌，等，2017. 香蕉果指喷施叶面肥对其外观品质和产量的影响[J]. 南方农业学报，48(12)：2204-2209.

刘通，李普旺，李思东，等，2016. 天然乳胶制品性能的影响因素研究进展[J]. 材料导报，30(S2)：353-356.

刘子凡，黄洁，2007. 作物栽培学总论[M]. 北京：中国农业科学技术出版社.

陆涛，李燕，傅正伟，等，2019. 农药对根际微生物群落的影响及潜在风险[J]. 农药学学报，21(5-6)：865-870.

罗春芳，魏云霞，欧珍贵，等，2017. 种茎行向及芽向对间作木薯和花生产量及品质的影响[J]. 湖南农业大学学报（自然科学版），43(5)：480-484，550.

莫惠栋，1993. 我国稻米品质的改良[J]. 中国农业科学(4)：8-14.

潘世明，张树河，李和平，2018. 专用型红糖甘蔗品种的筛选[J]. 甘蔗糖业(4)：10-13.

漆智平，2006. 热带作物优质种苗繁殖技术[M]. 北京：中国农业出版社.

任惠，陈香玲，苏伟强，等，2013. 反光膜对杧果红皮品种果实品质的影响研究[J]. 农业研究与应用(2)：15-18.

沈晓君，李瑞，邓福明，等，2019. 初榨椰子油在烘焙食品中的应用[J]. 中国油脂，44(8)：147-149.

沈晓君，宋菲，王挥，等，2019. 初榨椰子油制烘焙面包在存储过程中挥发成分的变化[J]. 食品工业，40(11)：211-215.

唐树梅，2007. 热带作物高产理论与实践[M]. 北京：中国农业大学出版社.

陶士博，李鸣晓，徐铨，2020. 环境因素对水稻淀粉特性的影响[J]. 北方水稻，50(1)：1-7.

王兵，等，2019. 广东橡胶风害等级标准及风险区划研究[J]. 自然灾害学报，28(5)：189-197.

王秉忠，1997. 热带作物栽培学总论[M]. 北京：中国农业出版社.

王建林，关法春，2012. 高级作物生理学[M]. 北京：中国农业大学出版社.

王利溥，1989. 橡胶树气象[M]. 北京：气象出版社.

王松标，武红霞，马蔚红，等，2010. 国外16个杧果品种的引进观察[J]. 热带作物学报，31(10)：1655-1660.

魏长宾，武红霞，马蔚红，等，2008. 杧果成熟阶段蔗糖代谢及其相关酶类研究[J]. 西南农业学报(4)：972-974.

魏云霞，苏必孟，黄洁，等，2017. 施钾对木薯产量和品质及大中微量元素吸收的影响[J]. 西北农林科技大学学报(自然科学版)，45(9)：46-54.

肖步金，李坤泰，林贵发，等，1995. 木薯品种筛选及收获期与出粉率的关系[J]. 福建稻麦科技(2)：58-60，64.

肖金香，穆彪，胡飞，2009. 农业气象学[M]. 2版. 北京：高等教育出版社.

徐学华，2011. 作物光能利用率的影响因素及提高途径[J]. 现代农业科技(19)：127，130.

薛亮，2000. 中国节水农业理论与实践[M]. 北京：中国农业出版社.

严程明，张江周，石伟琦，等，2014. 滴灌施肥对菠萝产量、品质及经济效益的影响[J]. 植物营养与肥料学报，20(2)：496-502.

杨继武，1989. 农业气象学[M]. 北京：中国广播电视大学出版社.

杨伟丽，张放，于震，等，2019. 椰子油的生理功能及其在仔猪生产中的应用[J]. 中国饲料(13)：118-122.

张宾，赵明，董志强，等，2007. 作物产量“三合结构”定量表达及高产分析[J]. 作物学报，33(10)：1674-1681.

张福墁，2001. 设施园艺学[M]. 北京：中国农业大学出版社.

张国栋，邹丹丹，单贞，等，2020. 远缘杂交在水稻遗传育种中的应用[J]. 中国稻米，26(1)：28-33.

张鑫真，吴嘉连，1992. 香草兰及其在海南垦区发展几个问题的思考[J]. 海南农垦科技(4)：4-9.

赵勇，赵丽萍，昝逢刚，等，2019. 引进美国甘蔗种质工艺品质演进分析及发掘[J]. 热带作物学报，40(11)：2127-2134.

郑传举，李松，2017. 开花期水分胁迫对水稻生长及稻米品质的影响[J]. 中国稻米，23(1)：43-45.

中国农业科学院茶叶研究所，1986. 中国茶树栽培学[M]. 上海：上海科学技术出版社.

中国热带农业科学院，华南热带农业大学，1998. 中国热带作物栽培学[M]. 北京：中国农业出版社.

钟永恒，陆柏益，李开绵，2019. 木薯质量安全、营养品质与加工利用新进展[J]. 中国食品学报，19(6)：284-292.

周静，2008. 红壤水分条件对柑橘生理生态要素影响及其作用机理研究[D]. 南京：南京农业大学.

周丽霞，雷新涛，曹红星，2019. GC-MS 分析不同品种油棕果肉中的脂肪酸组分[J]. 南方农业学报，50(5)：1072-1077.

周先艳，朱春华，李进学，等，2018. 云南冰糖橙果实矿质营养与品质及产量的关系[J]. 湖南农业大学学报(自然科学版)，44(4)：382-387.

周兴炳，2019. 不同种植模式对佛坪县魔芋产量、品质及其综合效益的影响[D]. 杨凌：西北农林科技大学.

周艳飞，2014. 热带作物栽培基础[M]. 昆明：云南大学出版社.

祖伟，张智猛，1997. 作物栽培学原理[M]. 北京：中国农业科学技术出版社.

Clarke R J，1988. Coffee [M]. London：Elsevier Science Publishers Ltd.

Paulo de T. Arim，*et al.*，1984. 热带作物生态生理学[M]. 中国热带作物学会，译. 北京：农业出版社.

Singh P，Solomon S，2011. 环境温度对收获甘蔗贮藏品质的影响(英文)[J]. 南方农业学报，42(4)：375-379.

第4章 热带地区的自然环境与利用

热区是热带作物的主要生产地，区域性强，环境资源丰富。了解热区自然生长环境，因地制宜，才能实现热区热带作物可持续发展。

4.1 世界主要热区和主要热带作物分布

4.1.1 关于热区的界定

热带，意味着热量资源丰富，全年气温较高，没有冬季。热带地区指热带、南亚热带地区，简称“热区”。气候学上通常将日平均气温≥10 ℃、活动积温≥8000 ℃和最冷月平均气温≥18 ℃，作为划分热带的基本标准。结合我国冬季季风强盛，降温明显及海南、云南西双版纳植被和土壤具有热带特色的实际，我国学者将最冷月平均气温高于16 ℃或15 ℃的地区作为热带地区，简称“热区”。

4.1.2 世界热区分布和主要热带作物分布

世界热区面积达 53×10^8 hm^2，能够进行热带作物种植的土地面积约 5×10^8 hm^2，多分布在亚洲、南美洲、非洲和大洋洲，南北回归线之间的地区。主要种植的热带作物有橡胶树、油棕、椰子、木薯、胡椒、槟榔、香荚兰、咖啡、可可、香蕉、杧果、菠萝、番木瓜、油梨、腰果等。其中，99%以上的热带作物分布在亚洲的东南亚及南亚，中、南美洲和非洲等发展中国家。不同类别的热带作物其分布区域不同，热带经济类作物、热带水果、热带香辛作物(胡椒、香草兰)等主要热带作物的主产区多分布在亚洲，咖啡、可可等热带饮料作物以中、南美洲和非洲为主。

4.1.3 世界热区的主要气候类型

世界热区地域辽阔，气候复杂多变。根据热量和水分时空分布等特点，把热带气候分为5种类型。

(1)赤道多雨气候

赤道多雨气候，全年长夏，无温度季节变化、全年多雨，无明显干季；风力微弱，无台风发生和入侵。如巴西亚马孙河流域、东南亚的印度尼西亚和马来西亚、非洲的刚果河流域均属于这种气候。从自然植被来讲，属赤道雨林，森林高大茂盛，物种繁多，是世界上生物生产率最高的地方。

(2)热带海洋性气候

热带海洋性气候，全年高温多雨，但数值上比赤道多雨气候稍低；夏秋多台风，常风较大；主要分布在加勒比海诸岛，非洲马达加斯加岛东部，南美巴西高原东侧沿海狭长地带，澳大利亚东北部沿海和夏威夷群岛。植被为热带雨林。

(3)热带干湿季气候

热带干湿季气候，一年中干、湿季分明，雨季高温多雨，类似赤道多雨气候。植物生长茂盛。干季雨量较少，甚至滴雨不下，高温干旱，土壤干裂，植物凋萎，一片枯黄；这种气候主要分布在非洲热带大陆、南美巴西高原等广大地区。自然植被以高草为主，散生着耐旱的乔木，称为热带稀树草原。

(4)热带季风气候

热带季风气候，长夏无冬，春秋极短，雨水较多，集中夏秋，冬春季有短暂干旱；季风发达，有明显的季节交替，常风较大，台风入侵频繁。这类气候主要分布在我国的台湾南部、海南省、雷州半岛、云南的西双版纳；印度半岛、中南半岛、菲律宾群岛和澳大利亚北部沿海。植被为热带季雨林。

(5)热带干旱与半干旱气候

热带干旱与半干旱气候，气温高而温差大，降水量少而变率大，日照强烈，是典型的高温干旱地区。这类气候主要分布在非洲北部的撒哈拉沙漠和南部的卡拉哈里沙漠，南亚的阿拉伯沙漠、澳大利亚中、西部沙漠，以及热带大陆西海岸沿海地带。

4.2 中国主要热带作物种植区的自然环境与利用

4.2.1 中国热区的划分

中国热区，指我国热带和南亚热带地区(北纬18°~24°)。因数据资料和认识的限制，中国热区范围的划分尚存在争议。我国学者早在20世纪二三十年代已开始区划的研究工作，是世界上较早开展现代区划研究的国家之一。20世纪50年代开始，为了满足国家对全国自然条件和自然资源了解的需要，林超、罗开富、黄秉维、任美锷、赵松乔、侯学煜等先后提出了全国综合自然区划的不同方案，探讨了综合自然区划的方法论问题，此阶段的区划研究主要服务于农业生产。20世纪80年代以来，为改善生态环境，实现可持续发展，生态系统观点、生态学原理和方法被逐渐引入自然地域系统研究，生态区划发展迅速。同时，我国部门的区划研究也全面展开，部门地理学家在各自的研究中，有的提出了新的方案，分别对区划的目的、原则、指标、界线及其他问题或提出不同意见，或进行补充和完善，如气候区划、水文区划、植被区划、农业区划等。在一批影响较大的全国性区划方案被推出的同时，区域性区划也有了较大发展，此阶段的区划研究兼顾为农业生产与经济发展服务。20世纪90年代起，区划的目的则转向为可持续发展服务。众多区划方案的提出都有其深刻的历史背景，既是科学的总结，又与我国当时经济发展水平和需求密切相关。

农业生产领域目前常以北回归线以南的热带、南亚热带地区为中国热区，主要包括海南全省，广东、广西、云南大部分地区，以及台湾、福建、四川和贵州的部分地区，面积约45.216×10^4 km^2，占全国国土面积的4.71%。这些区域农业自然资源十分丰富，适宜发展多种热带、南亚热带经济作物。其中，热带土地约占全国土地总面积的0.91%，包括台湾南部、广东的雷州半岛、海南岛、云南南部的西双版纳、红河等地，本区热量居全国之冠，生长季节长达全年，≥10℃年积温8500 ℃以上，绝大部分地区极端最低气温0~5 ℃，年降水量1000~2400 mm，植物生长发育迅速，故适宜种植多种热带作物。南亚热带土地约占全国土地总面积的3.8%，气候温暖湿润，土壤酸性，肥力中等，作物生长发育迅速，生长季长，粮食作物一年可三熟，蔬菜、茶叶、蚕茧一年可收多次，玉米和番薯可以冬种，除可种植某些热带作物外，水果、南药、林木也可发展。

中国热带作物种植区的划分常参照农牧渔业部热带作物区划办公室所编《中国热带作物种植业区划》以及其他有关资料进行划分。划分原则为：①热带作物种植业的自然条件和社会经济条件的相对一致性；②热带作物生产结构和布局，以及种植制度的相对一致性；③热带作物种植业发展方向和关键措施的相对一致性；④保持县级行政区界的完整性。

依据上述原则，中国热带、南亚热带可区划为23个热带作物种植区，种植区命名法采用地点—地形—作物的命名法，在作物中以适宜程度强弱按先后次序排列。

23个热带作物、种植区名称分别为：①滇西低中山宽谷盆地咖啡、大叶茶、砂仁、橡胶树、甘蔗区；②滇西南中山宽谷咖啡、大叶茶、胡椒、橡胶树、杧果，紫胶区；③滇南低中山宽谷盆地橡胶树、砂仁、大叶茶、依兰香区；④滇中中山峡谷热带水果、甘蔗区；⑤滇东南低谷丘陵橡胶树、八角、热带水果区；⑥滇北中山峡谷咖啡、柑橘、甘蔗区；⑦桂西南丘陵台地龙舌兰麻、咖啡、大叶茶、水果区；⑧桂东南丘陵台地龙舌兰麻、水果、八角区；⑨桂南丘陵台地龙舌兰麻、水果、咖啡、八角、橡胶树区；⑩桂西右江河谷丘陵龙舌兰麻、大叶茶、水果、咖啡区；⑪琼北丘陵台地橡胶树、椰子、咖啡、胡椒、菠萝、南药区；⑫琼中山地丘陵咖啡、大叶茶、橡胶树、胡椒、南药区；⑬琼南丘陵台地橡胶树、腰果、椰子、可可、咖啡、油棕、南药区；⑭湛南台地低丘龙舌兰麻、水果、咖啡、南药、橡胶树区；⑮湛东北丘陵台地大叶茶、水果、龙舌兰麻、胡椒区；⑯湛北丘陵大叶茶、咖啡、橡胶树、胡椒区；⑰汕头丘陵台地龙舌兰麻、大叶茶、咖啡、水果、橡胶树区；⑱闽南沿海丘陵龙舌兰麻、水果、橡胶树区；⑲闽东南沿海低丘台地龙舌兰麻、水果、南药区；⑳闽东南内陆丘陵南亚热带经济作物区；㉑滇东南亚热带作物区；㉒粤中南亚热带作物区；㉓台湾南部丘陵热带作物区。

近年来，随经济发展需求，我国热区所属各省份又依据本省资源划分出不同热带作物种植规划区及优势发展区。

4.2.2 中国热区自然资源的特征

(1)南热带

位于南沙群岛，约占国土总面积的0.01%以下，为赤道多雨气候类型 。

(2)中热带

约占国土总面积的0.1%，范围在海南省南部的陵水、保亭、乐东和三亚市以及西沙、中沙、东沙群岛，是我国最优良的热带作物种植地区，≥10 ℃年积温达9000 ℃ 以上，最冷月平均气温19 ℃ 以上，热带作物可全年生长，基本没有寒害，但东部沿海常遭台风侵袭。植被为热带季雨林和热带雨林，有老茎生花、板根、气根等热带景观。土壤为砖红壤、赤红壤。

(3) 北热带

约占国土总面积的 0.8%，范围包括台湾南部、海南北部、广东雷州半岛三县一市(湛江市、徐闻县、雷州市、遂溪县)和吴川市、电白区、茂名市、廉江市、高州市、化州市以及阳江市、阳春市的南部，云南省南部西双版纳的景洪、勐腊两市(县)，勐海的打洛、河口、勐拉、勐阿、勐定等地区。从世界范围来讲，我国的北热带地区处于热带的北缘。“热带性”不强，主要表现在冬半年受寒潮的影响，常有低温出现，橡胶树等热带作物遭受不同程度的寒害，热量相应减少，光照也减弱，昼夜长短的变化较大，东部沿海常受台风侵袭等。但另一方面，也存在一些有利的因素，如积温和降水的有效性大，干冷同季，湿热同期，温差大，热带作物能正常生长，冬季低温能抑制病虫害滋生，上述有利气候因素在一定程度上弥补了不足。

(4) 南亚热带

约占国土总面积的 3.8%。我国的南亚热带包括台湾北部、福建南部、广东、广西和云南南部大片地区，还有贵州省南部和川南、滇北的金沙江干热河谷地区，共跨 7 个省(自治区)。南亚热带的北界，东起福建的福清，经莆田、仙游、永春、华安、永定，西接广东的梅州、龙川、新丰、英德、怀集，然后到广西的梧州以北、象州、忻城、东兰、凌云、田林，再接云南的广南、砚山、弥勒、玉溪、双柏、云县、凤庆至保山、腾冲一线。此外，滇北的华坪、永仁、元谋、巧家，川南的盐边、渡口、会理、会东等县(市)的金沙江干热河谷及其支流低热地区，贵州南部的望谟、册亨、罗甸，温度指标基本符合南亚热带标准，也具有南亚热带的气候特征。

(5) 热区自然条件利弊分析

①有利的自然条件　热带区终年温暖，有利于植物生长，终年可进行光合作用，加上充沛的雨水，使热带雨林成为地球上生物量增长最快的，每公顷每年增长的生物量(干物质)达 146 t，而温带森林每年只增长 50 t。其次，热带生长着较多的 C_4 植物，如玉米、甘蔗、高粱及大多数牧草，温带的作物大多为 C_3 植物，如小麦、大豆及大多数块根作物。C_4 植物的对光能利用效率比 C_3 植物的效率要高，一般高 2~3 倍。因此，热带某些作物可以达到很高的产量。由此表明，提高热带地区的农业水平，还具有很大的潜力。

②不利的自然条件　a. 降水不均、有效性差。除赤道雨林外，很多热带地区，雨水不是终年都有保证，都会出现一段或两段时间的旱季；热带多暴雨，加上热带土壤的吸水性和保水性较差，致使土壤来不及吸收雨水，造成大量径流，并引起冲刷；高温导致强烈的蒸发，会使表层土壤很快变干，如无灌溉条件，常致作物损伤或幼苗死亡。b. 多热带风暴。台风和干热风是经常发生的。它们对作物都具有机械或生理的破坏作用。c. 高温烈日。一天之内总有一段时间是高温烈日，这不仅对作物是不利的，人的劳动效率也会受到影响。d. 高温高湿。高温高湿不仅使病虫害容易滋生蔓延，就是对收获后的农产品，也会造成霉变和虫蛀，不利于贮存。e. 热带土壤中的有机质含量低，更由于腐殖质中，以相对分子质量较小、芳构化程度较差的富里酸占优势，致使有机质的结构简单，土壤结构不良，易受侵蚀；热带土壤的自然潜在肥力低，一般均缺氮和磷。f. 野草、害虫、真菌、寄生生物、鼠、鸟、兽害等危及作物的生产，而其中尤以热带杂草控制较难，往往是

降低产量的主要因子。此外，病虫害，特别是病害危害不浅。

4.2.3 云南主要热带作物种植区的自然环境与利用

云南热区系指云南具有北热带和南亚热带气候类型的地区。从气候学指标看，≥10 ℃的年活动积温>6000 ℃，≥10 ℃的日均温天数≥310 d；最冷月均温≥10 ℃；多年平均极端低温≥0.0 ℃的地区都属于热区。从海拔高度范围讲，大致为哀牢山以东地区海拔在 1100 m 以下地带，哀牢山以西地区在 1400 m 以下地带。整个热区包括热区主部和热区飞地两部分。热区主部约于北纬 21°09′~25°10′、东经 97°32′~106°12′，其北界东起富宁剥溢，经麻栗坡、马关、蒙自、开远、石屏、新平、景东、凤庆、昌宁、施甸、龙陵、梁河，西至盈江那邦一线。热区飞地则指上线以北，呈零散分布于怒江、金沙江、澜沧江、元江及南盘江河谷海拔在 1100~1300 m 以下的地带。整个热区涉及全省 16 个州(市)、85 个县(市、区)，总面积达 8.11×10^4 km^2，占全省国土面积的 21.9%、全国热区总面积的 16.9%，主要分布在西双版纳、红河、普洱、临沧、德宏、文山、保山等州(市)。

4.2.3.1 云南热区气候特点、区域分布及适宜作物

卞福久、王瑞元在(1991)以日照、温度、水分为指标，将云南热区的农业气候资源分为 14 种类型并阐明其分布区域，其中，北热带和南亚热带又分别划分为：湿润少照、湿润日照适中、半湿润少照、半湿润日照适中、半湿润多照、半干燥日照适中、半干燥多照气候类型。

(1)澜沧江流域气候

这一区域地势比较平缓，成为云南热区较为连续成片的主要部分。其土地面积占全省热区总面积的 42.1%，含较大比重的北热带。农业气候类型以湿润、半湿润日照适中为主。年平均气温可达 22 ℃，年日照时数在 1900~2300 h，年降水量 1100~1800 mm。西双版纳是云南热区代表地，适宜于橡胶树、油棕、可可、依兰香、香蕉、菠萝等多种热带作物生长，是云南省的主要橡胶树生产基地。

(2)红河流域气候

这一区域包括红河主干(元江)及其支流李仙江、藤条江、把边江、南溪河、盘龙江等，面积位居第二，少部分地区属北热带。气候以南亚热带湿润、半湿润类型为主。红河河谷中、北部气候干热，年平均气温高达 24.9 ℃，≥10 ℃年积温达 9000 ℃，年日照时数 2300 h 左右，年降水量 800~1000 mm。东部的南溪河、盘龙江、八布河一带，冬季受冷空气回流影响，多阴雨天气，日照少，为 1600~1800 h，热带作物易受寒害。西部的把边江、李仙江一带为半湿润日照适中类型，年日照时数 1800~2000 h，少受冷空气影响，适宜橡胶树等热带作物生长。

(3)怒江流域气候

这一区域包括部分主干及其支流南汀河、南卡江等。热区面积位居第三，但北热带面积居第二位。这一区域多高山峡谷，气候垂直差异明显，冬季偶有北方冷空气影响，日照充足。其中的潞江南坝属于半干燥类型，年平均气温 21.5 ℃，年日照时数 2300 h，年降水量 750 mm，宜种植咖啡、可可、甘蔗及热带水果等。南汀河一带(主要是孟定坝)，年平均气温 21.6 ℃，年日照时数 2160 h，年降水量 1500 mm，属半湿润日照充足类型，适

宜种植橡胶树等热带作物。

(4) 伊洛瓦底江流域气候

在中国境内主要是其支流大盈江、龙川江、南碗河、独龙江。这里是热区主部偏北的区域，除大盈江下游海拔 700 m 以下地方为北热带外，均属南亚热带半湿润气候。年平均气温可达 20 ℃，年日照时数 2300 h 左右，年降水量 1500 mm 左右。冬季偶有北方冷空气影响。咖啡、杧果、香蕉等南亚热带作物最适宜生长，在低热向阳地段可种植橡胶树。

(5) 南盘江流域气候

该区在气候上分为截然不同的两种类型：西面的开远、蒙自、建水坝区及一部分南盘江谷地属于南亚热带半干燥类型，年平均气温 19 ℃左右，年日照时数 2200~2300 h，年降水量 800~900 mm；东面包括师宗县五龙、高梁乡以东的南盘江谷地及清水江和右江上游一带，属于南亚热带湿润类型，年平均气温可达 19 ℃，年降水量 1200~1300 mm，可发展柑橘、杉木等经济林。

(6) 金沙江流域气候

该区东起永善县黄华，西至鹤庆县的金沙江主河道谷地，及东川市新村坝、楚雄州元谋坝、大理州宾川坝，均属于南亚热带半干燥气候。年平均气温 21.8 ℃，年日照时数 2200~2800 h，年降水量 600~800 mm，干旱和燥热为其主要气候特征。

4.2.3.2 热带作物种植优势区

云南热区幅员广阔、地形复杂、气候各异，地区间发展热带作物的自然、社会经济条件及生产基础也有所不同。为了合理利用农业自然资源，充分发挥各地优势，恰当建立热带作物生产基地，以便因地制宜指导和规划各地区的热带作物生产，可依据《云南热带作物种植区区划》(1987)规划热带作物种植优势区，包括：西部、西南部、南部、中部、东南部和北部 6 个一级区。

(1) 西部区

该区包括德宏州所属的潞西、瑞丽、陇川、盈江、梁河、畹町等地。气候以南亚热带半湿润气候为主，地貌为低、中山宽谷盆地，植被以热带半常绿季雨林和南亚热带季风常绿阔叶林为代表，土壤以赤红壤为主，有少部分褐色砖红壤。该区已形成以瑞丽为主的橡胶树、咖啡、柠檬生产基地。

(2) 西南部区

该区包括临沧市所属的双江、耿马、云县、永德、镇康、沧源、临沧、凤庆，普洱市所属的普洱、思茅、墨江、景谷、景东、江城、孟连、澜沧、西盟、镇源，保山市所属的昌宁、龙陵、施甸，红河州所属的绿春等地。气候以南亚热带半湿润气候为主，有部分北热带半湿润气候，地貌中山宽谷与中山峡谷兼有，植被以热带半常绿季雨林、南亚热带季风常绿阔叶林及思茅松林为代表，土壤以赤红壤为主，有部分褐色砖红壤。该区已形成以勐定为主的橡胶树生产基地，以景谷为主的杧果生产基地，以凤庆为主的大叶茶生产基地，咖啡已有一定规模。

(3) 南部区

该区包括西双版纳州所属的景洪、勐海、勐腊 2 县 1 市。气候以北热带半湿润气候为主，地貌为低、中山宽谷盆地，植被以热带季节雨林、南亚热带季风常绿阔叶林及牡竹林为代表，土壤以红色砖红壤为主。该区已形成以景洪、勐腊为主的橡胶树生产基地，以勐海为主的大叶茶、普洱为主的咖啡基地。

(4)中部区

该区包括玉溪市所属的元江、新平，江河州所属的个旧、石屏、建水、蒙自、开远、红河、元阳、弥勒。气候以北热带干燥气候为主，地貌为中山峡谷，植被以稀树草地及肉质灌丛为代表，土壤以燥红土为主。该区已形成以元阳、元江、新平为主的杧果和柑橘生产基地。

(5)东南部区

该区包括文山州所属的富宁、麻栗坡、马关，红河州所属的河口、金平、屏边等地。气候以北热带湿润气候为主，地貌低谷丘陵与中山峡谷兼有。植被以热带湿润雨林、南亚热带季风常绿阔叶林及山地苔藓林为代表，土壤以黄色砖红壤为主，该区已形成以河口、勐拉为主的橡胶树生产基地，以富宁为主的八角生产基地，以金平为主的香蕉生产基地。

(6)北部区

该区包括大理州所属的宾川、鹤庆，丽江市所属的华坪、永胜，楚雄州所属的大姚、永仁、元谋、武定，昭通市所属的巧家，曲靖市所属的会泽、东川，昆明市所属的禄劝，保山市所属的保山，怒江州所属的泸水、碧江，大理州所属的云龙(澜沧江河谷部分、怒江河谷部分)、永平、漾濞、巍山、南涧、弥渡，楚雄州所属的双柏、楚雄、南华，玉溪市所属的峨山。气候以南亚热带干燥气候为主，地貌为中山峡谷，植被以稀树草坡为代表，土壤以红褐土及燥红土为主。该区已初步形成以元谋、宾川为主的柑橘冬季蔬菜生产基地，局部地区咖啡有一定生产基础。

4.2.3.3 热带作物气象灾害

低温寒害是云南热区发展热带作物及南方药用植物种植业的主要矛盾。冷空气入侵该区有偏东、西北和东北3条路径。偏东路径一般降温不剧烈，降至2~4 ℃，主要侵袭文山、红河和普洱东部。西北路径沿怒江、澜沧江南下，直灌保山、德宏和临沧等热区，常常造成大片霜冻，霜日较多，热带作物寒害较重。东北路径经四川或贵州入侵，冷空气频率高，强度大，影响范围广。滇南和滇西南地区冬季多辐射雾，西双版纳雾日100 d以上。午夜起雾，凌晨为浓雾笼罩，上午10:00左右雾消。这种雾可缓和并减轻旱情，又可阻止地面长坡辐射冷却，犹如温室效应，在一定程度上可减轻寒害。但在重寒年份，夜间气温降至有害温度以下，此时再浓雾覆盖，日出后又遮蔽阳光，气温不能回升，反而会延长有害低温的持续时间，加重阴湿辐射型的寒害。冬季，辐射冷空气沿山坡下沉，在坝子形成“冷湖效应”，暖空气上抬，山坡上出现地形逆温，这种逆温有利于热带作物的越冬，对于避寒小气候环境的选择具有指导意义。每年12月至翌年的3~4月为云南少雨干旱季节，尤其3~4月气温回升，热带作物遭受严重旱害、干热风害。

4.2.4 海南主要热带作物种植区的自然环境与利用

海南省位于北回归线以南，全岛东西宽约180 km，南北长约300 km。土地总面积 344.2×10^4 hm^2，占全国热带土地面积的42.5%。可用于农、林、牧、渔的土地人均约0.48 hm^2。全岛土地构成以台地和平原为主，山地丘陵次之，四面环绕着广阔的海域。北部多台地平原，南部以山地丘陵为主。五指山主峰海拔1867 m，海拔超过千米的山峰有67座。其中，海拔500 m以上的山地占25.4%，100~500 m的丘陵占13.4%，100 m以下的台地占32.6%，阶地和平原占28.2%，陆地水域占0.4%。山地有利于发展热带森林，丘陵有利于发展橡胶树等热带作物，台地平原有利于发展热带农业和热带作物。

4.2.4.1　气候特点、区划及热带作物分布

车秀芬等采用气候区划三级指标体系将海南省分为8个气候区。

(1)北部边缘热带湿润区

本区包括海口、文昌、琼海、定安、澄迈和临高6市(县)的全部区域，儋州北部、万宁东北部边缘部分及屯昌大部分区。该区年平均气温为24~24.8 ℃；最冷月平均气温17.6~18.8 ℃；极端最低气温约6.6 ℃；年降水量1500~2000 mm，年日照时数1800~2000 h；年平均风速1.6~2.2 m/s。主要地貌为台地和平原，土壤多为玄武岩砖红壤和花岗岩砖红壤。植被类型主要为草地、灌木林及经济园林，该区内的儋州、文昌等地有大面积的橡胶树种植。本区东北部地势平坦，多阶地平原，有一定低丘台地，植被类型为热带季风雨林区，椰子的种植面积和产量均占全岛的43%以上。该区的琼海、文昌沿海一带为热带气旋登陆较多地区，主要集中在6~10月，大风和降水影响较严重。

(2)中部山地边缘热带湿润区

该区主要包括琼中、五指山和白沙3个市(县)及儋州一部分地区，昌江、保亭北部和乐东的边缘部分。对农作物来说，本区热量和越冬条件是全岛最差的地区，但降水条件又是全岛最好的地区。本年平均气温23 ℃左右，最冷月平均气温17.4~18.4 ℃，极端最低气温平均5.8 ℃，最热月平均气温26~27 ℃，年降水量1900~2400 mm，年日照时数1900~2000 h，不受寒潮侵袭，不受台风影响。该区土壤类型多样，大部分地区为山地赤红壤和黄壤。这里集中了全岛主要山脉，有五指山、黎母山、鹦哥岭、吊罗山、白马岭等，主要植被类型为山地常绿阔叶林，典型的有荔枝、蝴蝶树、青皮群落；其他主要珍贵木材有母生、胭脂、花梨、坡垒、鸡毛松、陆均松、竹柏、子荆等。

(3)东南部沿海中热带湿润区

该区主要包括万宁和陵水2个市县的大部分地区。该区年平均气温25~25.4 ℃，最冷月平均气温19.5~20.5 ℃，最热月平均气温28. 5 ℃，年降水1700~2100 mm，年日照时数平均在2000 h以上。地形主要由山地、丘陵和平原组成。此区有丰富的热带作物和反季节瓜菜，且是冬季育种的主要基地之。该区台风影响频繁且严重。

(4)南部内陆中热带湿润区

该区主要包括保亭南半部大部分地区，三亚北缘及陵水西部边缘地区。该区年平均气温24.8 ℃，最冷月平均气温约20 ℃，最热月平均气温约27 ℃，年积温9000 ℃，年降水量2000 mm以上，年平均风速1.2 m/s。该区地形以丘陵山区为主，植被以热带雨林和经济作物主，空气质量好，是中国最重要的南药种植基地。

(5)西部内陆中热带半湿润区

该区主要包括昌江大部分地区，东方中部地区，以及儋州、白沙和乐东的小部分地区。虽然该区属于半湿润地区，但干旱时有发生，特别是冬旱和春旱较为明显。该区年降水量1000~1500 mm，冬季降水仅30 mm左右，7月平均气温29 ℃左右。相对其他地区，此区是比较干旱的地区，程度比东方沿海稍轻，区内的大广坝水库主要灌溉提供用水。大部分地区土壤为山地赤红壤和黄壤区，植被主要为刺灌丛和沙生植被，主要种植一些耐旱的腰果、杧果等。

(6)西南部中热带半湿润区

该区主要包括乐东大部分地区，三亚西半部及东方东南部小部分地区。地形主要有山地、丘陵平原，土壤类型为丘陵、台地褐色砖红土壤。乐东靠海部分为莺歌海，年平均风速高达3.8 m/s，风速大，蒸发快；年蒸发量高达1600 mm，超过降水量的1倍以上。干旱和风害是限制农业生产的主要因素。乐东靠内陆一侧为尖峰岭，主峰海拔1412 m，最低处海拔仅200 m，相对高差千米以上，地形十分复杂。尖峰岭保护区保存了中国整片面积最大的热带原始森林。

(7)南部沿海中热带半湿润区

该区主要包括三亚市东半部地区。年平均气温26.3 ℃，最冷月平均气温12.8 ℃，最热月平均气温28.8 ℃，年积温9600 ℃以上，年降水量1500 mm左右，年日照时数2300 h。该区干旱与西部地区相当，冬旱和春旱比较明显，冬季降水量50 mm左右，春季降水230 mm左右。该区植被以热带果树、作物和灌木林为主，是重要的南繁育种基地。

(8)西部沿海中热带半干旱区

该区主要为东方市的西半部地区及昌江西部小部分沿海地区。该区干旱特点显著。年平均气温25.2 ℃，1月平均气温19.3 ℃，7月平均气温29.5 ℃，年日照时数2500 h。年降水量约940 mm，年平均风速4.3 m/s，蒸发量远大于降水量，是全岛最干旱的地区。一般11月至翌年4月均处于干旱状态。地形主要为平原，植被为灌木林及桉树林，土地沙化严重。

4.2.4.2 热带作物优势区

①橡胶优势区　橡胶在各个市(县)的规模优势都是比较明显的，尤其是在农垦系统、白沙、儋州、五指山。但农垦系统、儋州市在橡胶树方面的单位产量劣于白沙和五指山。

②椰子优势区　椰子最具规模优势的产区为文昌、陵水、琼海、三亚、万宁和海口市，但陵水、三亚这两个市(县)更具有效率比较优势，五指山、屯昌、临高、东方、乐东和白沙等市(县)次之。

③槟榔优势区　槟榔最具规模优势的市(县)为屯昌、陵水、保亭、安定、琼中、万宁、琼海、三亚、乐东。但在这9个市(县)中，三亚、乐东、琼中和保亭4个市(县)更具优势。

④胡椒优势区　胡椒的种植优势比较明显的区域依次为文昌、琼海、万宁、海口、安定，有种植但缺乏规模比较优势的为五指山、屯昌、澄迈、儋州、琼中和农星系统。

⑤菠萝优势区　菠萝的规模优势产区依次为万宁、琼海、海口、定安、昌江、屯昌、文昌，适宜种植但不具备规模比较优势的市(县)为澄迈、东方和陵水。

⑥荔枝优势区　荔枝具有规模比较优势的市(县)较多，依次为海口、陵水、临高、安定、澄迈、屯昌、儋州、文昌、保亭。但在这9个市(县)中，更具优势的为陵水、儋州、文昌、保亭。不具备规模比较优势的市(县)为三亚、五指山、琼海、万宁、乐东和白沙。

⑦香蕉优势区　香蕉优势产区依次为东方、临高、乐东、昌江、澄迈、海口、五指山，不具备规模比较优势的市(县)为儋州、保亭和农垦系统。

⑧柑橘种植区　柑橘在海南的种植并不普遍，但在一些市(县)，也是相当具有规模的，特别是琼中县的绿橙颇有名气。其他规模优势产区依次为海口、安定、屯昌，不具备

规模比较优势的市(县)为文昌、琼海、澄迈、儋州、白沙和农垦系统。

4.2.4.3　热带作物气象灾害

海南省气象灾害有热带气旋、暴雨、干旱、寒露风、清明风、低温阴雨、冰雹、龙卷风等。热带气旋是影响海南岛的主要自然灾害，年平均影响7.4个，一年四季均可能发生，主要集中在5~11月。暴雨一年四季在任何天气系统控制下都可能出现，分为台风类和非台风类，暴雨日总降水量一般占当地年降水量的20%，10月暴雨日总降水量占月降水量48%~68%，为各月最多，暴雨范围以局部暴雨为主，占84%，大范围暴雨基本上是台风暴雨。海南省一年中干季时间长达5~6个月(一般从上年的11月至当年4月)，而期间的降水量仅占年降水量的11%~27%。冬春连旱较频繁，尤其西南部沿海是突出的历史性干旱区，夏、秋季由于降水变率大且空间分布不均，在降水较少的年份和地区也会发生干旱，因此干旱在海南省四季均可发生的、影响范围最广的灾害性天气。寒露风是出现于寒露(9月下旬至10月中旬)的低温冷害，主要发生于中部山区及西北部。清明风也是海南岛部分农作物可能遇到的低温冷害。低温阴雨(包括干冷)，出现于12月至翌年2~3月，影响橡胶树等热带作物安全越冬或早春正常萌发。

4.2.5　广西主要热带作物种植区的自然环境与利用

广西地处低纬度地区，北回归线横贯中部，南濒热带海洋，北为南岭山地，西延云贵高原，地理环境比较复杂，西北高、东南低，呈西北向东南倾斜状，四周多被山地、高原环绕，中部和南部多丘陵平地。气候资源与广东、云南、福建相当，属亚热带季风气候区和热带季风气候。全区土地面积23.76×10^4 km^2，山地约占广西土地总面积的39.7%；丘陵占10.3%；谷地、河谷平原、山前平原、三角洲及低平台地占26.9%。适于种植热带农作物的土地面积有11.4×10^4 km^2，占全国热带作物种植区总面积的38.5%，列全国第一，比云南省多3.6×10^4 km^2，比广东、海南、福建三省热带作物区面积之和多0.94×10^4 km^2。热带作物种植在全国处于优势地位。

4.2.5.1　热区气候特点、区划及热带作物分布

况雪源、苏志、涂方旭等以稳定通过10 ℃期间的积温6900 ℃和8000 ℃等积温线作为划分气候带的指标，以2~4月降水量300 mm、200 mm等雨量线和1月平均气温9 ℃等温线作为划分气候区的指标，将广西气候划分为3个气候带、9个气候区。3个气候带自北向南分为中亚热带、南亚热带和北热带。各气候区命名为：中亚热带东北部气候区、中亚热带北部气候区、中亚热带东南部气候区、中亚热带桂中气候区、中亚热带西南部气候区、南亚热带东部气候区、南亚热带中部气候区、南亚热带西部气候区、沿海北热带气候区。热带作物主要分布于南亚热带东部气候区、南亚热带中部气候区、南亚热带西部气候区和沿海北热带气候区。

(1)南亚热带东部气候区

该区位于广西东南部地区。包括玉林市，梧州市区、苍梧、藤县、岑溪、平南、桂平等县(市)。气候暖热、夏长冬短，雨量充沛、夏湿冬干，光照丰富、夏秋多冬春少。年平均气温21.0~22.1 ℃，最热7月平均气温28.0~28.8 ℃，最冷1月平均气温11.8~13.7 ℃；极端最高气温37.5~39.9 ℃、高温天气日数平均为7~28 d，极端最低气温-4.1~0.5 ℃，北部偶有霜冻灾害。各地稳定通过10 ℃期间的积温6900~8000 ℃，持续期

308~334 d，无霜期 337~364 d。常年降水量 1450~1906 mm，最多年可达 1905~3037 mm，常年降水日数 156~173 d，是广西雨量较丰富的地区之一；汛期(4~9 月)降水量占全年的 75%~81%，暴雨洪涝灾害较多较重，10 月至翌年 3 月降水量较少。年蒸发量 1367~1861 mm。日照时数 1652~1789 h，太阳总辐射 4511~4768 MJ/m²。年平均风速 1.1~2.9 m/s。光、温、水气候资源十分丰富。作物一年三熟，大部地区可种晚熟或中晚熟双季稻，是甘蔗最适宜或适宜气候区，适宜种植龙眼、荔枝、果、香蕉、菠萝、木菠萝等热带和南亚热带水果及八角、肉桂等经济林；南部局部地区可种植橡胶树和胡椒；也是甜橙、夏橙类的最适宜或者适宜气候区。

(2)南亚热带中部气候区

该区位于广西南部的中部地区。包括钦州市，防城、防城港、贵港市各区、马山、上林、宾阳、武鸣、横县、大化等县(区、自治县)及合浦大部、都安南部、武宣南部。气候暖热、夏长冬短，雨量丰沛、时空不均，光照丰富、夏秋多冬春少。年平均气温 20.8~22.6 ℃，最热 7 月平均气温 27.9~ 28.8 ℃，最冷 1 月平均气温 11.5~14.3 ℃；极端最高气温 37.5~40.1 ℃，高温天气日数南部 1~8 d、北部 11~23 d；极端最低气温- 1.9~1.4 ℃。各地稳定通过 10 ℃期间的积温 6900~8000 ℃，持续期 300~340 d，无霜期 339~365 d。常年降水量南部及都安、上林一带较多，为 1618~2616 mm（防城 2616 mm），是广西降水量较多的地区之一，武鸣、武宣 1249~1251 mm，其余 1429~1535 mm；常年降水日数 144~175 d；汛期(4~9 月)降水量占全年的 75%~84%，南部 5~9 月降水量占全年的 71%~78%，南部及沿江地区洪涝灾害较多较重，南部受热带气旋影响也较多；10 月至翌年 3 月降水量较少，武宣和武鸣秋旱频率较高。年蒸发量大部 1522~1762 mm，武宣达到 1918 mm。日照时数 1409~1904 h，太阳总辐射 3952~4967 MJ/m²。年平均风速 1.5~2.6 m/s，沿海大风较多。光、温、水气候资源丰富。

(3)南亚热带西部气候区

该区位于广西的西南部地区。包括崇左市，南宁市区、百色市区，隆安、平果、田东、田阳、田林、德保、靖西、那坡、上思等县及巴马南部等地。大部分地区气候暖热、夏长冬短，降水较充沛、夏湿冬春干，光照丰富、夏多冬少。德保、靖西、那坡等山区属南亚热带山地气候。年平均气温大部 20.6~22.4 ℃，西部山区 18.8~19.5 ℃；最热 7 月均温大部 27.0~28.7 ℃，西部山区 24.6~25.7 ℃；最冷 1 月均温 11.0~13.9 ℃；极端最高气温大部 37.3~42.2 ℃，西部山区 35.5~37.2 ℃，1958 年 4 月 23 日百色达 42.5 ℃，为广西最高，左江、右江河谷是广西高温天气最多的地区，年高温日数为 19~47 d；极端最低气温- 4.4~- 0.4 ℃；稳定通过 10 ℃期间的积温大部 6900~8000 ℃，西部山区 6115~6430 ℃，持续期大部地区 316~351 d，西部山区 295~303 d；无霜期 336~358 d。除山区外，各地夏热冬暖，“四时皆是夏，一雨便成秋”。常年降水量大部 1087~1366 mm，降水日数 124~161 d；西部山区及天等、巴马降水量 1406~1644 mm，降水日数 156~180 d；左右江河谷一带是广西的少雨区；5~9 月降水量占全年的 72%~79%，易发生洪涝、台风灾害；10 月至翌年 4 月降水量较少，春旱频率 60%~90%，大部分地区冬季降水量只占全年的 4%~8%，随着经济发展冬旱将凸显。年蒸发量 1266~1852 mm。常年日照时数 1381~1908 h，太阳总辐射 4020~4979 MJ/m²。年平均风速 0.9~2.6 m/s，右江河谷风能密度较大。大部分地区光、温资源十分丰富，水资源比较丰富。大部分地区作物一年三熟，可种晚熟或中晚熟双季稻，是甘蔗最适宜气候区；适宜龙眼、荔枝、果、香蕉、菠萝、木菠萝等热带和南亚热带水果及八角、肉桂等经济林生产；南部局部地区可种植橡胶树等。山区适宜发展农林牧果业。

(4)北热带

该气候区包括东兴市、北海市各区，合浦县山口镇等地，属北热带海洋性季风气候。气候温暖，长夏无冬，降水充沛，夏湿冬干，夏半年受热带气旋(台风)等热带天气系统影响，冬季无雪、(基本)无霜。年平均气温22.6～23.1 ℃，最冷1月平均气温14.4～15.4 ℃；极端最高气温大部35.8～38.4℃，极端最低气温2.0～2.9 ℃；稳定通过10 ℃期间的积温8000～8328 ℃，持续期347～363 d，无霜期364～365 d，热量资源最丰富。常年日照时数东兴1544 h、北海2051 h、涠洲岛2219 h，太阳总辐射东兴4437 MJ/m^2、北海5039 MJ/m^2、涠洲岛5304 MJ/m^2，北海市南部是广西日照和太阳辐射最多的区域。常年降水量东兴2755 mm、北海1731 mm、涠洲岛1386 mm，降水日数东兴178 d、北海134 d、涠洲岛120 d，东兴是广西降水量最多的地方；5～9月是雨季，降水量占全年的75%～79%；东兴、北海是广西的暴雨中心，东兴常年暴雨日数15 d，北海最大日降水量509.2 mm，均为广西之最，暴雨洪涝灾害较多较重；也是广西受热带气旋(台风)影响最多的地区；东部冬春雨少，春旱频率60%以上。平均风速北海3.2 m/s、涠洲岛4.6 m/s，是广西风能资源最丰富的地区；涠洲岛是广西大风最多的地方、平均大风日数30.9 d，2003年8月25日受台风影响，涠洲岛最大风速42.0 m/s、极大风速53.1 m/s。本区气候资源极其丰富，农作物一年三熟，热带作物可安全越冬，最适宜晚熟双季稻和甘蔗生产；适宜香蕉、菠萝、木菠萝果等热带水果及八角、肉桂等经济林生产，也适宜种植橡胶树、胡椒、椰子等热带作物。

4.2.5.2 热带作物优势区

①木薯优势区　木薯主产区为东兰、天等、隆安、昭平、乐业、大化、龙州等地。

②甘蔗优势区　甘蔗主产区为广西中部、南部和西南部，以柳州、来宾、南宁、崇左、钦州、上思县等为主产区；田东、右江、贵港地区种植逐渐减少。

③荔枝优势区　荔枝主产区为广西东南部，以北流、灵山、钦州、玉林、浦北、桂平为主产区。

④龙眼优势区　龙眼主产区为广西东南部，以贵港、平南、南宁武鸣、大新、从左、玉林、浦北为主产区。

⑤柑橘优势区　柑橘主产区为广西北部和东北部，以恭城、平乐、荔浦、富川、容县、阳朔、柳城、鹿寨、扶绥为主产区，南宁郊区武鸣、浦北、灵山、河池、融水、东兴等地也有少量种植；桂林区域面积在减少，南宁、百色扩种面积在增加。

⑥香蕉优势区　香蕉主产区为广西南部，以南宁郊区、隆安县坛洛镇、浦北、灵山为主产区，田东、玉林、横县、武鸣也有少量种植。

⑦杧果优势区　杧果主产区为广西西南部，以田阳、田东、百色为主产区，灵山、南宁郊区也有少量种植。

⑧中药材优势区　中药材的主产区分别是：金银花重点在南宁、河池、柳州等市的石山地区；八角、玉桂重点在防城港、百色、南宁、崇左、梧州；罗汉果重点在桂林南部、柳州北部；桂郁金重点在钦州；葛根重点在贵港、梧州。

4.2.5.3 热带作物气象灾害

广西受西南暖湿气流和北方变性冷气团的交替影响，干旱、暴雨、热带气旋、大风、雷暴、冰雹、低温冷(冻)害气象灾害较为常见。旱、涝灾害和“两寒”(倒春寒和寒露风)及台风、冰雹等灾害性天气出现频率大。桂西地区多春旱，出现频率达60%~90%，桂东地区多秋旱，出现频率为50%~70%；雨季大、暴雨过于集中，年年发生洪涝灾害，尤其以桂南沿海和融江流域出现频率大。而春、秋雨季内受北方校强冷空气南下的影响，几乎每年春季出现倒春寒和秋季出现寒露风天气，危害农业生产。每年4~7月，出现大风天气，且影响范围和程度均较大。此外，桂西地区年年降雹，不利于冬季农作物和果木生产。

4.2.6 广东主要热带作物种植区的自然环境与利用

广东省位于北纬20°13′~25°31′、东经109°39′~117°19′，东邻福建，北接江西、湖南，西连广西，南邻南海，珠江口东西两侧分别与香港特别行政区和澳门特别行政区接壤，西部雷州半岛隔琼州海峡与海南省相望。全省陆地东西长，南北窄，北高南低东西跨度约1000 km，南北跨度约800 km。全省陆地面积17.85×10^4 km^2，占全国陆地总面积的1.85%。广东省热区包括17个市超过64个县(市、区)，主要包括：广州市(白云区、番禺区、花都区、增城区、从化区)、深圳市(宝安区、龙岗区)、珠海市(香州区、斗门区、金湾区)、汕头市(龙湖区、金平区、濠江区、潮阳区、潮南区、澄海区、南澳县)、佛山市(南海区、顺德区、三水区、高明区)、湛江市(赤坎区、霞山区、坡头区、麻章区、遂溪县、徐闻县、廉江市、雷州市、吴川市)、茂名市(茂南区、电白县、高州市、化州市、信宜市)、肇庆市(鼎湖区、德庆县、高要市、四会市)、惠州市(惠城区、惠阳区、博罗县)、汕尾市(城区、海丰县、陆河县、陆丰市)、阳江市(江城区、阳西县、阳东县、阳春市)、清远市(清城区、佛冈县、阳山县)、潮州市(潮安区、饶平县)、揭阳市(榕城区、揭东县、揭西县、惠来县、普宁市)、云浮市(云城区、新兴县、郁南县、云安县、罗定市)、东莞、中山。

4.2.6.1 热区气候特点、区划及热带作物分布

涂悦贤、杨桂萍在1996年根据农业气候指标、植物的地理分布将广东划分为中亚热带农业气候带、南亚热带北缘农业气候带、南亚热带农业气候带、热带北缘农业气候带4个农业气候带。热带作物主要分布在热带北缘农业气候带、南亚热带农业气候带、亚热带北缘农业气候带。

(1)南亚热带北缘农业气候带

该地带北起中亚热带农业气候带南界，南至阴那山、铜鼓嶂、莲花山脉北坡(即从大埔北部穿过梅县、五华)至紫金、河源、龙门、佛阿、清远、从化、德庆北部山地及广宁、封开南部以北的所有地带。本地带≥10 ℃年积温6700~7400 ℃，最冷月平均气温11~13 ℃，平均最低气温7~9 ℃。该地带既有中亚热带特征，又有南亚热带特色。该地带东北部和西部盆谷地年降水量仅1300~1500 mm，冬冷夏热，年气温较差大，兴梅盆地平均霜日10 d以上，梅县极端最低气温-7.3 ℃，为全省最低值，而夏季极端最高气温≥35 ℃日数达33 d，比南部地区多。该地带既有南亚热带果树和作物，又有中亚热带果树和作物分布，为中亚热带向南亚热带过渡的地带，分布有柑橘、沙田柚、沙梨、大蕉、柿树、橄

榄、金橘、油茶、竹类、茶、油桐等。

(2)南亚热带农业气候带

该地带北起南亚热带北缘农业气候带南界，南至阳江海陵岛、电白的大榜、电城、树仔，穿过茂名至高州根子、化州城，廉江良同至广西一线以北的所有地带。该地带≥10 ℃年积温高于7500 ℃，最冷月平均气温高于12 ℃，平均最低气温高于9 ℃。降水量地区差异大，莲花山、南岭、云雾山的南坡为广东的3个暴雨中心，年降水量2000 mm以上，为多雨易涝区，东南沿海和西部罗定一带谷、盆地年降水量仅1300~1500 mm，为干旱少雨区。东部沿海日照多，气温变化小；中部、西部日照少，气温变化大；年最高气温自内陆向沿海递降，年最低气温自东向西递降。该地带分布有荔枝、龙眼、香蕉、木瓜、菠萝、橄榄、枇杷、甘蔗、木菠萝等热带、南亚热带果树。

(3)热带北缘农业气候带

该地带北起南亚热带农业气候带南界，南至琼州海峡以北所有地带。本地带年≥10 ℃的积温均高于8000 ℃，最冷月平均气温高于15 ℃，平均最低气温高于11 ℃，夏季极端最高气温≥35 ℃日数比广东北部的韶关、梅州少20 d以上。南部光能资源明显高于内陆，春旱较重，雷州半岛一带更为突出。该地带常风较大，受台风、大风影响大。由于冬季温暖，热带植物可终年正常生长。该地带处于热带与亚热带的过渡带，主要分布有椰子、胡椒、橡胶树等热带作物。

4.2.6.2　热带作物优势区

①橡胶优势区　广东是我国第三大天然橡胶树生产基地，徐闻、雷州、遂溪、廉江、电白、化州、高州、信宜、阳江、阳东、阳春等县(市)和粤东地区均有橡胶树分布，但集中布局在茂名农垦、阳江农垦和湛江农垦南部的部分农场。

②木薯优势区　广东省木薯生产面积居全国第2位，主要分布在云浮、肇庆、湛江、清远、梅州、茂名、江门、汕尾、阳江、河源、揭阳和韶关12市。

③柑橘优势区　柑橘、橙属于广东省种植面积较大的热带水果，主要分布在肇庆、清远、云浮、惠州和阳江等地。

④香蕉优势区　香蕉主要分布在珠三角的广州、珠海、惠州、东莞、中山、江门；粤东的汕头、汕尾、揭阳、潮州、梅州。

⑤荔枝优势区　荔枝主要分布在惠州、东莞、广州、深圳、珠海、江门、肇庆、中山等地。

⑥龙眼优势区　主要分布在江门市、佛山市、中山市、东莞市、珠海市、深圳市、广州市、肇庆市、云浮市、汕头市、潮州市、揭阳市、汕尾市等及其所辖的市(县)。

⑦菠萝优势区　主要分布在湛江，揭阳市的惠来、普宁两县(市)，汕尾市的陆丰、海丰两县(市)，汕头市的潮阳、澄海两区，潮州市的潮安、饶平两县(区)。

4.2.6.3　热带作物气象灾害

广东因独特的季风气候特点和地理环境因素的影响成为饱受季节性旱灾的地区之一，四季均可能有旱灾发生，其中春旱、秋旱和冬春连旱发生最频繁，影响范围广，清远、韶关、梅州、河源、湛江、茂名等地旱灾发生均较严重。广东出现洪涝灾害的几率也较大，特别是广东东南部地区。广东热带气旋登陆次数居全国沿海省份之首，据统计，影响到广东的台风年平均4次，最多达7次，源自太平洋的最多，主要集中在6~10月，其中7~9

月最多。广东的主要冷害有寒露风、低温阴雨及低温霜冻和冰冻，各地年平均寒害次数大致呈由北向南递减，南部沿海及雷州半岛较少。

4.2.7 福建主要热带作物种植区的自然环境与利用

福建热带、南亚热带地区主要位于福建中南部，南与广东毗邻，东临台湾海峡，背山面海。含福州市郊区、平潭县、福清市、长乐区和莆田市、厦门市、漳州市、泉州市(德化县除外)，计47个县(市、区)、430个乡镇。土地总面积3.74×10^4 km^2，耕地总面积约53.97×10^4 hm^2，分别占全省的30.8%和45.4%，其中可供继续开发利用的山地面积约8×10^4 hm^2。热区人均土地面积0.22 hm^2。

4.2.7.1 热区气候特点、区划及热带作物分布

福建省热带、南亚热带地区地貌以低山丘陵平原、内陆谷地为主，平均海拔在100 m以下，常年降水量充沛，日照充足，年平均气温19 ℃，极端最低气温-4 ℃，全年≥10 ℃积温达6000~7500 ℃，年降水量1500~1750 mm，无霜期307~365 d，适宜发展各种热带、南亚热带作物，盛产龙眼、荔枝、香蕉、菠萝、芦柑、柏子、枇杷、橄榄，以及乌龙茶、热带花卉、蔬菜、橡胶树、剑麻等作物。

福建省热带、南亚热带作物种植区具体划分为5个区。

(1)闽南沿海丘陵果、茶、胶、麻区

该区位于福建省最南端，包括诏安、云霄、东山3县的30个乡镇。全区土地面积69.1×10^{4}亩，年平均气温20.8~21.3 ℃，≥10 ℃年积温7632~7860 ℃，最冷月平均气温13.0 ℃，极端最低气温-0.2 ℃，霜日0~3 d，年降水量1605~1714 mm。区内适宜种植橡胶树、剑麻、胡椒等热带作物，盛产菠萝、香蕉、荔枝、龙眼、早熟枇杷、青梅等水果。近年从台湾引进种植洋蒲桃、甜杨桃、番石榴、番荔枝、青枣、杧果等水果，还出产八仙茶、芦笋等。该区发展热带作物生产的主要问题是冬季会受寒潮影响，近海地区常风大，且平均每年约有1次较强台风登陆侵袭，使热带作物生产遭受损失。

(2)闽东南沿海平原、低丘台地果、茶、菜、花、麻、蔗区

该区位于福建省东南沿海，包括漳州市、厦门市、泉州市和莆田市、福州市沿海26县(市、区)的257个乡镇，土地总面积129.76×10^4 hm^2。按地域又划分为闽东南沿海平原果、花、菜、麻区和闽东南沿海低丘台地果、茶、花、蔗区。本区属南亚热带气候，年平均气温19.5 ~21.1 ℃，≥10 ℃年积温6533~7594.4 ℃，最冷月平均气温10.5~12.8 ℃。极端最低气温-3.5~0.1 ℃，年日照时数1958.7~2276.2 h，年降水量1037~1553 mm，年雨日12~144 d，4~9月降水量占全年的77%~83% 。本区位于沿海平原区，地势开阔，土壤为赤红壤，是水果、蔬菜、热带花卉、甘蔗、剑麻集中产区。闽南芦柑、乌叶荔枝、兴化桂圆、天宝香蕉、长泰坪山柚、华安文旦柚、平潭、龙海水仙花、莆田解放钟枇杷等在国内外久负盛名。该区热带作物生产上的主要问题是土地贫瘠，有机质含量低，耕作较粗放，作物产量偏低。

(3)闽东南内陆丘陵果、茶、花、药、蔗区

该区包括平和、南靖、华安3县的全部和永春、安溪、仙游的部分乡镇，共6个县67个乡(镇)，土地总面积约90.99×10^4 hm^2。本区以山地丘陵为主，耕地较少。土壤属赤红壤，肥力较高。年平均气温20.2~21.2 ℃，≥10 ℃年积温6750~7600 ℃，最冷月平均

气温 12.0~12.7 ℃，极端最低气温-3.8~0.9 ℃。年降水量 150~170 mm，4~9 月降水量占全年降水量的 7%~79%。本区分布有芦柑、乌龙茶、馆溪蜜抽、杧果、番石榴以及南药(巴戟、砂仁等)、热带兰花等。

(4)闽东、闽中滨海低丘平原果、茶、花区

该区主要包括闽东滨海低丘平原区的罗源、宁德、福安、霞浦 4 个县(市)的 27 个乡镇，土地面积 $14.502×10^4$ hm^2；闽中丘陵平原区的仓山区、晋安区、马尾区、闽侯、罗源县、连江县 6 个县(区)的 31 个镇，土地面积 $3.76×10^4$ hm^2。闽东滨海低丘平原地区福建省东北部沿海的内海湾，平均气温 13.6~19.3 ℃，月平均气温 25~29 ℃，最冷月平均气温 6~10 ℃，极端最低气温为-3.4 ℃。无霜日为 230~290 d，年降水量为 1300~2200 mm。沿海低海拔地区分布有晚熟龙眼、荔枝。闽中丘陵平原区地处闽江下游，东部临海，位于南亚热带与中亚热带交汇处，热量资源丰富，年平均气温 19.6 ℃，≥10 ℃年积温 6505 ℃。最热月平均气温为 28.8 ℃，最冷月平均气温 10.5 ℃，无霜期 324 d，年均降水量 1150~1750 mm。该区适宜种植脐橙、橄榄、茉莉花等。

(5)闽西南低山盆地果、药、花区

该区地处福建西南部，南与广东省大埔、梅州接壤。包括永定、新罗、漳平 3 个县(区)的 18 个乡镇。区内土地面积约 $15.8×10^4$ hm^2。年平均气温 15.8~20 ℃，最冷月平均气温 7.3~11.2 ℃，极端最低气温-4.8 ℃，无霜期 291 d，年均降水量 1500~1950 mm。该区地处中亚热带南边，属于低纬度中亚热带季风气候区，区内适宜种植部分亚热带果树、花卉和南药。寒害有春寒、5 月寒和秋寒，对热带作物生产有一定危害。

4.2.7.2　热带作物优势产区

①橡胶优势区　福建省橡胶树优势产区主要分布在漳州热区“盘陀岭”以南诏安、云霄、东山和漳浦。

②木薯优势区　大田、明溪、上杭等县是木薯优势产区。

③香料优势区　诏安、云霄、漳浦等地是香茅、板兰香、创花南、细梗香草和香草根等香料生产优势区。

④热带水果优势区　漳州、宁德市、莆田、福州等闽东沿海地区越冬条件好，是晚熟龙眼、荔枝优势产区。闽西低海拔河谷盆地是柑橘优势产区，特别是早熟优质温州蜜橘与脐橙。

⑤热带花卉优势区　福州、泉州和漳州为“三大花乡”优势产区，主要发展热带鲜切花、水仙花、盆栽植物、观赏苗木等，其中福州和宁德茉莉花生产面积最大。

⑥南药优势区　闽南地区和闽西地区是巴戟天、金线莲、玫瑰茄和春砂仁主产区；厦门是铁皮石斛和金线莲主产区；闽东地区是太子参、白术和金线莲主产区。

4.2.7.3　热带作物气象灾害

热带作物生产的主要问题是冬季会受寒潮影响，寒害有春寒、5 月寒和秋寒，对热带作物生产有一定危害。近海地区常风大，且平均每年约有 1 次较强台风登陆侵袭，使热带作物生产遭受损失。

4.2.8　其他主要热带作物种植区的自然环境与利用

中国热区除海南全省、广西、广东、福建、云南大部分地区外，还包括台湾的台南地区；贵州省的罗甸、望谟、册亨等32个县(区)；四川泸州及攀枝花市仁和区、东区、西区、米易、延边等县(区)，以及湖南、江西的少部分地区。这些地区也具有南亚热带气候特点，光热资源丰富，适宜发展热带作物生产。

4.2.8.1　台湾热区的自然环境及利用

台湾地处东经119°18′03″~124°34′30″，北纬20°45′25″~25°56′30″之间，岛内多山，高山和丘陵面积占全部面积的2/3以上。北回归线穿过台湾岛中南部的嘉义、花莲等地，将台湾岛南北划为两个气候区，中部及北部属亚热带季风气候，南部属热带季风气候。台湾终年受台湾暖流的影响，常年如夏，整体气候夏季长且潮湿，冬季较短且温暖。年平均气温20~25 ℃(高山除外)，1月平均气温13~20 ℃，7月平均气温24~29 ℃，南部较高，北部较低。此外，因地势高峻，气温垂直变化大。如台南1月平均气温约17 ℃，玉山(测站海拔3850 m)不足1 ℃，极端最低气温-12 ℃。北部受东北季风影响使1~3月出现雨季，冬季中部和南部地区没有受到明显影响，5月台湾进入梅雨季节。主要经济作物有甘蔗、茶叶、烟草、蚕桑，以及纤维作物和药用作物等20多种，以糖、茶著称；热带、亚热带水果有香蕉、菠萝、柑橘、木瓜、杧果、洋蒲桃、枇杷、水葡萄等。

4.2.8.2　贵州热区的自然环境及利用

贵州热区主要位于东经103°53′~106°15′、北纬24°37′~26°49′，涉及贵州省西南部红水河及南、北盘江中下游的兴义、安龙、册亨、望谟、罗甸、贞丰、关岭、镇宁等10余县市海拔800 m以下的地区，北部地区的赤水河、官渡河下游的仁怀、习水、赤水等3县市海拔500 m以下的地区，东部及东南部的乌江、锦江、阳河、都柳江等中下游的沿河、江口、德江、从江、容江等10余县(市)海拔500 m以下的中低山河谷地区。区内土地总面积56.32 $\times 10^4$ hm^2，占贵州省土地面积的3.23%。一般年平均气温18.5~21.0 ℃，最冷月(1月)平均气温9~11 ℃，最热平均气温25~27.5 ℃，极端最低气温-3 ℃以上，≥10 ℃的年积温达5500~7000 ℃，无霜期346~352 d，年降水量1000~1400 mm，年日照时数1200~1560 h。贵州省已经引种试种200多个热带果树品种，初步形成了杧果、龙眼、荔枝、澳洲坚果、柑橘等标准化示范园。

4.2.8.3　四川热区的自然环境及利用

四川热区面积6.51$\times 10^4$ km^2，占全省总面积的13.42%，其中耕地面积96.86$\times 10^4$ hm^2，占热区总面积的14.88%。南亚热带作物总面积43.47$\times 10^4$ hm^2，占热区耕地面积的44.88%。四川热区主要分布在南部及东南边缘，热区内地形地势复杂、地貌类型多样，丘陵和山地分别占40%和60%，属于攀西南亚热带半干旱气候区和川南南(中)亚热带湿润季风气候区。年平均气温18.0~21.5 ℃，常年7月平均气温26~27.5 ℃，1月平均气温8~15 ℃；≥10 ℃年有效积温5700~8000 ℃；极端最高气温40 ℃左右，极端最低气温-3 ℃左右；年日照时数2000~2600 h；年降水量900~1200 mm。由于盆地四周环山，冬季寒潮不易侵入，夏季焚风效应显著，且无明显灾害性天气侵袭，具有冬暖、夏热、春早、无霜期长、雨量丰沛、雨热同季、四季宜耕和年较差小、日较差大等特点。主要热带作物为晚熟杧果、荔枝、龙眼、香蕉、茶叶、石榴、柑橘、早熟枇杷、热带花卉等。

小　结

本章分为 3 部分，首先简略介绍了世界热带作物种植区范围，热带气候资源，热带作物种类、分布区域及种植面积；其次主要介绍了中国热带区域划分及热带作物种植区划分，并依次介绍了云南、海南、广西、广东、福建热带作物种植区域的气候资源特点及热带作物分布情况；最后，简略介绍了我国台湾、贵州、四川 3 省的部分热区气候资源特点及热带作物分布情况。

思考题

1. 简要阐明世界热区的主要气候类型。
2. 简要阐明热带作物在世界各国的分布情况。
3. 简要阐明中国热区自然资源特征。
4. 试结合文献分别说明云南、海南、广西、广东、福建、台湾、贵州、四川的热带作物分布情况。
5. 分别说明云南、海南、广西、广东、福建存在的热带作物种植灾害情况。

推荐阅读书目

热带作物环境资源与生态适宜性研究．周兆德．中国农业出版社，2010.

参考文献

车秀芬，张京红，黄海静，等，2014. 海南岛气候区划研究[J]. 热带农业科学，34(6)：60-65，70.

戴声佩，李海亮，刘海清，等，2012. 中国热区划分研究综述[J]. 广东农业科学，39(23)：205-208，237.

方佳，杨连珍，2007. 世界主要热带作物发展概况[M]. 北京：中国农业出版社.

冯绳武，1959. 中国自然地理区划大纲草案[J]. 兰州大学学报(1)：39-43.

冯永基，罗其庆，施善畲，1986. 广东省种植制度气候分析与区划[J]. 耕作与栽培(Z1)：48-50，62，86.

傅伯杰，刘国华，陈利顶，等，2001. 中国生态区划方案[J]. 生态学报，21 (1)：1-6.

傅国华，2006. 论中国热带农业分层次发展[M]. 北京：中国经济出版社.

龚德勇，刘清国，周正邦，等，2008. 贵州南亚热区发展杧果生产的前景与对策[J]. 贵州农业科学，36(06)：141-143.

郭英民，沈南，2017. 广西农作物种植布局情况[J]. 营销界(农资与市场) (11)：32-35.

韩渊丰，1979. 对云南热带—南亚热带区域的再认识[J]. 华南师院学报 (自然科学版)，6 (2)：48-58.

侯学煜，1960. 中国的植被[M]. 北京：人民教育出版社.

侯学煜，1988. 中国自然生态区划与大农业发展战略[M]. 北京：科学出版社.

胡小婵，张慧坚，邓颂，等，2016. 2013 年广东热区社会经济及农业产业化发展研究[J]. 热带农业科学(11)：119-123.

黄秉维，1959. 中国综合自然区划草案[J]. 科学通报(18)：594-602.

黄国成，郑益智，魏飞鹏，等，2014. 福建省热带南亚热带作物发展现状及对策探讨[J]. 中国热带农业 (1)：15-21.

江爱良，1960. 论中国热带亚热带气候带的划分[J]. 地理学报，26 (2)：104-109.

况雪源，苏志，涂方旭，2007. 广西气候区划[J]. 广西科学（3）：278-283.

李世奎，1988. 中国农业气候资源和农业气候区划[M]. 北京：科学出版社.

李勇，杨晓光，王文峰，等，2010. 全球气候变暖对中国种植制度可能影响Ⅴ. 气候变暖对中国热带作物种植北界和寒害风险的影响分析[J]. 中国农业科学，43（12）：2477-2484.

李育军，房伯平，陈景益，等，2011. 广东省木薯生产现状与发展对策初探[J]. 广东农业科学（4）：46-48.

林超，1954. 中国自然区划大纲（摘要）[J]. 地理学报，20（4）：395-418.

刘光华，罗心平，2007. 云南热区现代农业发展的思考[J]. 中国农学通报(10)：340-343.

罗开富，1954. 中国自然地理分区草案[J]. 地理学报，20（4）：379-394.

戚春林，2008. 热带农业生态学[M]. 北京：中国农业出版社.

丘宝剑，卢其尧，1961. 我国热带—南亚热带的农业气候区划[J]. 地理学报，27（6）：28-37.

丘宝剑，1984. 我国亚热带划分中的一些问题[J]. 地理研究，3（1）：66-76.

丘小军，王宏志，2006. 广西地带的划分与气候资源利用[J]. 广西林业科学，35（2）：102-104.

邱小强，张慧坚，常偲偲，2011. 中国热带作物产业发展的战略思考[J]. 中国农学通报，27（6）：362-367.

任美锷，杨纫章，包浩生，1979. 中国自然区划纲要[M]. 北京：商务印书馆.

世界气象组织(WMO)，1995. 全球热带气旋预报指南 世界气象组织技术文件 WMO/TD-NO. 560 [M]. 裘国庆，等译. 北京：气象出版社.

谭瑞伟，张声粦，1986. 南亚热带北界广东中段分界的探讨[J]. 热带地理，6（3）：193-200.

涂方旭，苏志，刘任业，1997. 广西气候带的划分[J]. 广西科学，4（3）：37-42.

涂悦贤，杨桂萍，1996. 广东农业气候带划分与合理开发利用[J]. 热带地理(3)：212-219.

王霞，王青，1998. 贵州的南亚热带气候[J]. 贵州科学，16（4）：298-301.

王雨宁，等，2004. 西双版纳热带植物园 蔡希陶与世界名园[M]. 保定：河北大学出版社.

温长恩，1985. 海南岛土地资源优势及其合理利用问题[J]. 经济地理(02)：83-89.

晏路明，1988. 福建省境内中、南亚热带之间界线的数值划分[J]. 地理科学，8（2）：181-188，200.

杨勤业，郑度，吴绍洪，2006. 关于中国的亚热带[J]. 亚热带资源与环境学报，1（1）：1-10.

曾延庆，1988. 试论云南热区范围[J]. 云南热带作物科技，12（2）：7-10.

曾昭漩，刘南威，李国珍，等，1980. 我国热带界线问题的商榷[J]. 地理学报，35（1）：87-92.

张洪波，何凤，2012. 海南省主要热带农作物区域比较优势的实证分析[J]. 价值工程，31(11)：135-136.

赵松乔，1983. 中国综合自然区划的一个新方案[J]. 地理学报，38（1）：1-10.

郑度，葛全胜，张雪芹，等，2005. 中国区划工作的回顾与展望[J]. 地理研究，24（3）：330-344.

郑景云，尹云鹤，李炳元，2010. 中国气候区划新方案[J]. 地理学报，65（1）：3-12.

中国科学院自然区划工作委员会，1959. 中国水文区划（初稿）[M]. 北京：科学出版社.

周立三，1981. 中国综合农业区划[M]. 北京：农业出版社.

竺可桢，1930. 中国气候区域论[J]. 地理杂志，3（2）：22-34.

竺可桢，1958. 中国的亚热带[J]. 科学通报，9（17）：524-528.

第二篇

热带作物栽培技术

第5章　热带作物种苗繁育

种苗繁育是为大田生产提供种苗的过程。高质量的种苗是热带作物种植的重要生产资料，培育高质量种苗是栽培热带作物，实现高产、优质、高效的基础工作，是发展热带作物生产的一项基本建设。

5.1　热带作物种苗繁育的方法和要求

5.1.1　热带作物种苗繁育的方法

热带作物的种苗分为种子和苗木，通常指苗木。苗木繁育通常分为有性繁殖(种子繁殖)和无性繁殖两个大类。有性繁殖是雌雄配子经结合形成种子，再以种子播种而培育成新个体的方法。无性繁殖是指利用营养器官进行繁殖得到苗木的方法，包括嫁接繁殖、扦插繁殖、压条繁殖、分株繁殖、组培(试管)繁殖等。

5.1.2　热带作物种苗繁育的要求

种苗是栽培热带作物的源头，是特殊的、不可替代的、最基本的生产资料。热带作物多为多年生作物，品种的优劣，苗木的良莠，将对作物的生长、产量及品质造成直接、长期的影响。种苗质量的优劣直接关系到热带作物的生长寿命和经济年限，培育优良种苗是提高单位面积产量和增加经济效益的基础。随着热带作物生产的不断发展，热带作物的苗木生产发展迅速，育苗的技术也不断提高，但也面临着一些突出的问题，其中最突出的是种苗经营混乱，种苗质量令人担忧。要确保种苗在生产中发挥应有的作用，在热带作物繁育工作中，必须坚持严格的要求、先进的技术和健全的制度。

(1)有性繁殖所用的种子、无性繁殖所用的材料必须来自育种单位或相关单位，以保证种苗的质量。热带作物主要采用无性繁殖，繁殖材料来自丰产稳产、品质优良、无危险性病虫害、抗逆性较强，经选择的母株，后代可保持相应的优良性状。如果采用种子培育的实生苗，因变异性大，选择种子时就优选自优良母株，保证种苗质量。

(2)苗木培育要有专门机构或人员负责，通过制定相关制度，从种子(苗)的引种，到扩大繁殖或成为种植材料，均要按预期计划认真组织实施，以保证按时按质按量提供大田生产所需的种苗。

(3)尽可能地培育不带病虫的苗木，供生产使用。

(4)提高苗木的抗逆性，以提高定植成活率。

5.2 有性繁殖——实生苗繁育

经过由父母亲本产生的有性生殖细胞的结合，成为受精卵，再由受精卵发育成为新的具有繁殖能力的成熟个体的繁殖方式，称为有性繁殖。热带作物中的有性繁殖即种子繁殖

有性繁殖的优点：①用种子繁殖，操作简便，在有充足种源的情况，在同一时期内，即可获得为数众多的植株。②种子较其他繁殖材料有体积小、贮藏、运输都比较方便。在热带作物中，如橡胶树、可可、咖啡、油梨等属于顽拗性的种子，则是例外。③种子繁殖的后代适应性强，经济寿命期相对较长。提供无病毒的种植材料，目前大多数学者认为种子不会传播病毒。

有性繁殖的缺点：①异花授粉的热带作物用种子繁殖易发生变异，即有性杂交出现的性状分离现象，不能保持其优良性状的一致性，如橡胶树有性后代就有这种情况。②多年生的量木本热带作物，用种子培育成的植株，要经过较长时间的"童期"，才能进入性成熟时期，开花结果，即非生产相对较长，如胡椒用种子繁殖，需 6~7 年才开花结果，而用插条繁殖，2~3 年即可收获。

有性繁殖在热带作物生产上的应用是多方面的，主要体现在实生繁育，即多年生的热带作物利用种子培育苗木的繁殖方式。利用种子繁殖的苗木，通常称为"实生苗"。实生苗主根强大、根系发达、入土较深，对环境条件的适应能力、抗逆力均较强，寿命长；实生苗的阶段发育是从种胚开始，有童期(指从种子萌发到实生苗具有开花结果能力的阶段)，进入结果期较迟，具有很大的变异性及相应的适应性的总体特点，在生产上实生苗的用途有：

①培育实生苗直接作为种植材料如椰子、油棕、槟榔、藤类等棕榈科植物；小粒种咖啡、中药材的草本植物、豆科绿肥覆盖作物、防护林或经济林木各树种，大部分都是用种子繁殖。

②培育实生苗作为砧木的如橡胶树、腰果、油梨、中粒种咖啡等，在砧木上嫁接优选的无性系。

③在热带作物育种工作中，通常有目的地组合亲本，通过人工授粉培育成实生苗，利用有性繁殖所出现的性状分离，作为育种工作进行人工选择的基础，是培育新品种的重要手段，在培育优质种苗中占有重要的地位。

5.2.1 实生苗繁育过程

实生苗繁育一般经过以下程序：种子准备—种子处理—种子活力测定—播种—移栽—管理。

5.2.1.1 种子准备

种子采集应在由优良亲本组合，并能生产出量多质优的种子园内，或划定的采种区内采集。采集方法目前以人工采集为主，视不同作物而异，可以归纳为：

(1) 种子粒小，成熟后自然散落的

对这类种子，应在果实熟透前，就要设法采摘下来，晒干或风干，以免种子散失。属于这一类的作物如桉树类、木麻黄、豆科作物等。

(2) 种子粒大，又是乔木的

如橡胶树的果实成熟后爆裂，在地面及时捡拾即可；但椰子、油棕、槟榔等又必须从

树上直接采摘。

(3)肉质果实

如胡椒、咖啡等，成熟期不一，随熟随采，采后要经浸泡洗涤、晾干等工序，才能获得种子。

大多数的热带作物种子没有后熟期，都应随采随播。例如，橡胶树、咖啡、可可、槟榔等为“顽拗性”种子，这类种子的特点是：①干燥脱水易损伤。②易遭冻害和冷害。③种子粒大、含水量高。④不耐贮藏、寿命短。由于特殊需要，就得采取特殊的贮藏方法，但也不能久贮，最多 3 个月到半年。如橡胶树种子贮于<6 ℃的冰箱内，不管是密闭或通气包装时，均很快丧失发芽率；采用沙藏层积、压紧、控制水分，经贮藏 3 个月，发芽率也只有 30%~40%。

另一类含水量较低，种子比较小的如桉树类、木麻黄、豆科覆盖作物等，在自然干燥后置于通风处，或放入干净的容器内，种子发芽率可保持一年或更长的时间。

5.2.1.2 种子处理

大多数的热带作物种子如橡胶树、咖啡、可可、槟榔等没有后熟期，都应随采随播。有休眠现象的热带作物种子需要进行处理。种子休眠是指给予正常发芽条件，种子仍不能发芽的现象。引起种子休眠的原因众多，但基本上可以分为两大类。

(1)物理性休眠

这是由物理因素引起的种子休眠。在热带作物栽培中，最常见的是豆科覆盖作物中种皮特别厚的“硬实种”，以致影响种子的通气、吸水而不能发芽，如毛蔓豆、爪哇葛藤等覆盖作物，在它们果实成熟过程中，往往会形成一定数量的硬实种，种子收获后如贮藏时间越长，其硬实比例越高，生产上常以“硬实率”来表明硬实种含量的多少[硬实率% =(种子样本中硬实种重/测试种子样本总重)×100]，有时在刚收获的毛蔓豆种子中，硬实率可高达 25%以上。这类种子，只要用机械或化学处理方法，弄破种皮，即可促进发芽。常用的方法是：①用浓硫酸拌湿种子，经 20~25 min 后用水洗净，曾对贮藏时间达 4 年的爪哇葛藤种子，用浓硫酸处理 20 min，一周后发芽率高于 80%，而没有处理的种子，发芽率不足 20%。②种子混砂相互摩擦，磨破种皮。③用温水或开水倒入种子中，水量以淹没种子为度，浸泡过夜，次日即可播种。

(2)生理性休眠

这是由生理生化原因引起的种子休眠。较普遍的现象是果肉或果皮中含有化学抑制剂，如番茄果肉中由于含有化学抑制物质(*Coumarin* 香豆素的一种)，只要在洗净果肉以后，番茄种子即可发芽。咖啡、胡椒、可可等果肉或果皮中所含化学抑制剂的成分不太清楚，但它们也都要洗净以后，种子才能正常发芽。另一类由于种子胚发育不全致使种子休眠，通常存在于热带的兰科、棕榈科、木兰科等植物中。例如，油棕种子要经过较长的时间才能发芽，在这期间胚完成发育，维持高温(38~40 ℃)可以使这个阶段的时间缩短到几个月。椰子果实成熟时的胚很小，在发芽之前增大到完全充满种皮，所以发芽时间需长达 3~4 个月。

5.2.1.3 种子活力测定

为了准确了解播种量，制订生产计划，需要对种子的活力进行测定，以便达到经济合理，保证苗木的整齐度。目前最直接而有效的方法是染色法和发芽速率法等。

(1)染色法

测定的主要原理是：无色的氯化三苯基四氮唑能被植物活组织内的末端氧化酶系统还原，形成一种红色不溶于水的三苯基甲化合物，沉积在活组织中，而死细胞无此反应，保持无色，是一种用生物活性染料快速判断种子生活力的方法，即通常所称TTC法。具体做法为：数取种子100粒(大粒种子50粒)，3~5次重复。在水中浸泡后将外种皮去除，然后浸入浓度为0.1%~1%氯化三苯基四氮唑、pH 6~7溶液中，置温箱中24 h，检验其脱氢酶，活的种子可染上红色，无生命的为无色。

(2)发芽速率法

置种子于恒温箱中或播于催芽床等，观察种子的发芽率、发芽势以及测定种子活力等。

5.2.1.4　播种

(1)催芽床和播种床的准备

催芽床和播种床要选择近水源，排水良好，土壤疏松，土层深厚，至少在50 cm以上，肥力高，阳光充足，开阔，比较静风，交通方便。东南或南坡及寒潮背风坡，冬季未出现过辐射降温凝霜的地块。催芽床有沙床和土床两种，床长10 m、面宽0.8 m。砂床上铺上厚5~7 cm的细沙，沙粒大小应在0.5~2 mm，床边最好用石条或砖块等围住，沙子不会流失，可长久使用。催芽床上搭盖荫棚。播种床的大小可与催芽床一样，床的走向，平地为东西向，坡地应等高设置。播种床分高床和平床两种，可根据降雨和土壤排水情况选择。降雨多或土壤黏重地区，可用高床，床面高约15 cm，易出现干旱的砂性土可设平床，床面与地面相平，床边仅高出2~3 cm。

(2)播种

第一，确定播种季节。①播种季节的确定首先是考虑到播种后是否具有适宜于种子萌发和幼苗生长的环境条件，同时也必须兼顾苗木出圃的适宜时间。大多数的热带作物，如橡胶树、咖啡等均应随采随播，播得越快，所获种子发芽率越高。②热带作物的播种季节一般与种子盛熟期是相吻合的，因此采后即播是生产上的普遍作法。非盛熟期所收获的种子，往往是不饱满的，发芽率也低，通常不作繁殖材料用，如果需要用于播种，则应采用适当的贮藏方法，以避过不利的低温季节。

第二，播种催芽。①热带作物多数先播于催芽床上催芽，以利集约管理，提高发芽率，一般不直接将种子播于播种床上。②大粒或中粒种子一般先播于沙床上，播种深度一般以刚盖过种子或稍深为宜。③注意播种方式。在一些大粒种子并需浅播的作物中，存在明显的差异。如腰果播种时，以果蒂向上的方式发芽既快、成苗也高，而将果腹向上则是发芽率最低(表5-1)。椰子播种时，要将发芽孔向上或与地面成大于45°角的方式，覆土深不超过椰果的2/3。播种橡胶树种子也有平、侧播之分，观察表明，侧播更利于发芽成苗。④细小的种子，则需播于细致平整的土床上催芽，土壤质地以沙性壤土或壤土为宜，平整的床面上最好用筛过的细表土覆盖，然后采用撒播或条播方法，将种子均匀地播于床面，播后稍加压实，使种子紧贴土壤。最后的一道工序是在床面撒些用筛网筛过的火烧土或表土，也可盖上草或搭荫棚。细小种子在萌发初期管理要求特别小心，一是用迷雾的方式供水，二是遇雨要盖上防雨棚，避免雨水的直接冲击。晴天每天淋水1~2次，保持芽床湿润，并注意检查防护设施。

第三，管理。播种后要注意保温保湿，通风、防虫害等。

表 5-1 腰果种子不同播种方式与成苗率

处理	播种日期	播种粒数	出苗所需天数(d)	成苗百分率(%)	发芽尚未出土的百分率(%)	未萌动百分率(%)	烂果百分率(%)
果蒂向上	4月17日	100	11	91	0	0	9
果腹向下	4月17日	100	11	67	12	2	19
果蒂向下	4月17日	100	13	71	13	0	16
果腹向上	4月17日	100	14	42	43	4	11
平放	4月17日	100	12	66	12	8	14

5.2.1.5 移栽

移栽指从催芽床上将苗木移到苗床(营养袋)的过程。因此，在移栽前要准备好苗床(营养袋)。

(1)苗床准备

苗床可以是土床，也可以上摆营养袋。为便于管理，一般宽不超过 1 m，长可视地形和面积确定。床与床之间留 30 cm 过道。如果是土床，要求土壤排水良好，土壤疏松，土层深厚，至少在 50 cm 以上，肥力高。如果是摆营养袋，袋内要装混合营养土，营养土配制是表土 8 份，腐熟农家肥 2 份，并加适量复合肥。袋土要装满，营养袋放置苗床上或放在土壤排水良好的地面挖的壕沟内。袋的两侧要培土，防止苗木倒状。为防止移栽后杂草多，可用萌前除草剂(如西玛津)处理土壤。

(2)移栽

移栽时要注意现取苗现栽，取时保护苗木根系，栽时让根系舒展，不能弯根；土壤压实后要及时淋足定根水。

5.2.1.6 管理

(1)淋水

刚移栽的幼苗，根系分布浅，水分蒸发快。所以，每天要淋水，保持土壤湿润。当苗木生长稳定但未荫蔽苗床，此时根系分布尚浅，生长较旺盛，可根据天气和苗床土壤湿润情况，隔几天淋水一次。高温干旱季节覆草，保水效果好，还可抑制杂草生长。苗木荫蔽后，水分蒸发较少，作物根系也较发达，视天气情况，可不必淋水。

(2)施肥

幼苗施肥应视苗圃的土壤肥力、幼苗生长情况而定。一般磷肥、有机肥在苗圃整地时作基肥施用。冬季适当施钾肥。氮肥主要在生长旺盛季节追施。具体施肥可参考第 6 章中的相关内容。

移栽成活进入恢复期后，水肥矛盾突出，必须及时施肥。施肥宜少量多次、均匀。一般每床施沤肥 1~2 担或加水施尿素 100 g。每月施 1~2 次。要防止化肥撒到苗木上引起苗木伤害。用 0.2%的磷酸二氢钾在晴天上午 8:00~10:00 喷施叶面，半月一次，效果较好。冬前不宜施速效氮肥，宜施磷、钾肥，以增强苗木的抗性。

(3)除草、松土和盖草

除草可结合松土实施，要除早、除了。一般用人工拔除。较大的木本苗木也可在苗圃用化学除草剂除草。如 3 个月以上的橡胶树幼苗，可在除净杂草后喷萌前除草剂西玛津，亩用量 0.3 kg 左右，加水 75~100 kg，均匀喷在苗床和步道上，能保持 2~3 个月内无杂草。在土床上，用防草布覆盖可有效地防止杂草滋长，并大幅度减少除草、淋水用工，使土壤疏松，均衡土温，减少蒸发，有利于保水保肥，防止雨水冲刷，从而促进幼苗生长、发育。在除草、松土、盖草和培土时，切忌使土块、干草触及幼苗茎基部，以免引起日灼病。

(4) 预防自然灾害

①防风　在寒风或常风较大的地区要在迎风方向搭防风障保护幼苗或提前种高秆绿肥作防风障。

②防寒　有霜冻地区在冬前首先要清除苗床的死覆盖或在死覆盖上盖土，并要做好防霜准备，如搭活动霜棚和设熏烟堆。若有凝霜，则要赶在太阳出来前用水淋洗霜。

③防火　冬旱季节要开好防火带，加强专人巡逻。

(5) 防治病、虫、鼠、畜、兽害

加强苗期常见病虫害及鼠害的防治。苗圃周围应设围篱或挖防牛沟，并派专人看管保苗。关于病、虫害防治，具体可参考第 6 章相关内容。

(6) 苗木的淘汰

凡畸形苗、瘦弱苗应及时淘汰，使其他苗木获得更大的生长空间和更好的营养条件(以橡胶树种和咖啡树种子种苗质量指标来为例说明，具体见表 5-2~表 5-5)。

表 5-2　橡胶树种子分级质量要求

种子种类	级别	纯度	净度	育苗种子来源
有性系种子	1	≥99.0	≥95.0	有性系种子园
有性系种子	2	≥98.0	≥85.0	有性系种子园
有性系种子	3	≥97.0	≥60.0	有性系种子园
有性系种子	4	≥97.0	≥40.0	有性系种子园
实生砧种子	1	≥99.0	≥950	砧木种子园
实生砧种子	2	≥98.0	≥85.0	砧木种子园
实生砧种子	3	≥97.0	≥60.0	砧木种子园
实生砧种子	4	≥97.0	≥40.0	砧木种子园

注：根据橡胶树种子的纯度和净度进行种子级别的划分；以“纯度”“净度”二项中最低一项的级别定为该批种子级别。

表 5-3　橡胶树高截干苗分级质量要求

级别	主根长度(cm)	茎干			苗龄(月)	育苗种子来源	纯度(%)
		高度(cm)	围径(cm)	萌芽长度(cm)			
1	≥55	220~250	≥11.0	0~10.0	≤32	砧木种子园	≥99.0
2	≥50	220~250	9.0~10.9	0~10.0	≤32	砧木种子园	≥99.0
3	≥45	220~250	≥9.0	0~10.0	≤36	砧木种子园	≥99.0

表 5-4　咖啡树种子质量分级指标

级别	纯度(%)	发芽率(%)	含水量(%)	完整度(%)	饱满度(%)	保存期(d)
一级	≥98	100	≤13	100	100	≤20
二级	≥98	≥98	≤14	≥98	≥95	≤60
三级	≥98	≥95	≤14	≥95	≥90	≤100

注：咖啡树种子质量根据种子发芽率、含水量、完整度、纯度等指标划分为三级；各项质量指标不属于同一级时，以最低单项指标定等级。

表 5-5 小粒种咖啡种苗的质量指标

部位	项 目	级 别		
		一级	二级	三级
	品种纯度	≥98%	≥98%	≥98%
根	主根弯曲度	主根直生不卷曲，倾斜度 15°以下		
	主根长度(cm)	≥14	≥12	≥10
	侧根数量(条)	≥35	≥30	≥25
	侧根长度(cm)	≥20	≥15	≥10
茎	茎干节数(节)	≥8	≥6	≥4
	茎粗度(cm)	≥0. 5	≥0. 4	≥0. 3
	倾斜度	<15°	<15°	<15°
叶	叶片数(对)	≥7	≥5	≥4
	非正常叶(%)	0	≤20	≤40
分枝	一级分枝(对)	≥3	≥2	≥1
	苗龄(月)	11~12	10~11	8~9

5.3 无性繁殖

无性繁殖，指利用营养器官进行繁殖得到苗木的方法。块根、块茎、根茎、球茎、鳞茎、地上茎等均为无性繁殖体。无性繁殖包括嫁接、扦插、压条、分株、组织培养(试管)等繁殖方法。

无性繁殖能保持母本的优良特性；生长速度快；开花结果早，能缩短生长周期；繁殖速度快。但适应能力较差，不易得到大量的苗木。贮藏和运输不如种子方便。

无性繁殖是利用植物组织的再生能力和植物细胞的全能性。植物组织的再生能力是指植物的一部分器官脱离母体后能重新分化发育成一个完整植株的特性；植物细胞的全能性是指植物的每个细胞都包含着该物种的全部遗传信息，具备发育成完整植株的遗传性能。在适宜条件下，任何一个细胞都可以发育成一个新个体。

无性繁殖的方法有扦插、分株、嫁接、压条、组织培养等多种，要保证苗木质量，不论采用哪种方法，首先要保证用来繁殖用的营养器官必须来自良种，不能有杂有假，否则会对生产造成无法挽回的损失。

5.3.1 扦插

切取根、茎或叶的一部分插入土内或其他基质上独立长成新植株的方法。扦插分为茎插、根插和叶插。热带作物生产中通常采用茎插为主，如木薯、中粒种咖啡、胡椒、巴戟、茶树、可可及多种豆科作物等。

5.3.1.1 扦插繁殖的特点

(1)优点

第一，可以保持母树的优良持性，即没有遗传变异。可以用作繁殖优良的无性系和建立优良无性系种子园。第二，它比实生树提早开花结实，即没有“童期”。从生产上来讲，以收获果实的作物，可以缩短非生产期。第三，与嫁接繁殖方法相比，没有砧木亲和力和砧木的影响(包括有利和不利两个方面)。第四，从繁殖技术上来讲，操作比较简单，可以迅速获得很多新的植株。

(2)缺点

第一，经济寿命期相对于有性繁殖的时间要短。第二，繁殖世代多了，也会退化。第三，扦插材料易携带病毒，必须严格检疫。如胡椒的花叶病。

5.3.1.2　扦插繁殖的生物学基础

无论哪种类型的扦插繁殖，共同规律是在形成层或形成层与髓射线交界处发生根原基或不定根。第一，具有根原基的作物，在适宜的扦插条件下，根原基先端不断生长发育，并穿越韧皮部和皮层长出不定根，属上述类型的作物，生根快且成活有保证。第二，缺乏现成的根原基，而是先在插穗基部形成愈合组织之后，再由其内部分化出根原基，进一步发育形成不定根，因此，此类作物生根期一般较长，成活率也较低。

5.3.1.3　扦插成活的原理

有多种解说，较普遍的是认为植物激素的观点，即植物内源激素的累积和外源激素处理后，皮层薄壁细胞内贮藏的淀粉粒转化为水溶性糖，并降低细胞渗透势和水势，细胞水分含量增加，酶系活跃，在激素作用下，起着分生分化作用，一方面，形成大量愈伤组织有助于不定根的形成；另一方面，激素促进内部养分的分配，使切口附近变成吸收营养物质的中心，加速光合作用等。除上述观点外，还认为有存在生根物质、存在抑制生根的物质以及解剖学的观点等。

5.3.1.4　影响扦插成活的因素

包括内在和外界因素。

(1)插穗的内在因素

①作物的生物学特性　各种作物由于遗传特性不同，扦插成活的难易程度差别很大，有些作物极易成活，如胡椒、茶树、龙舌兰麻等，有的热带作物如橡胶树，插穗生根困难，棕榈科的椰子、油棕、槟榔等也不能用扦插方法繁殖。上述划分只是相对而言，随着科学技术的发展，必然会有新的理论突破。必须指出，同一作物的不同品种，甚至个体之间，其再生能力是有很大差异的。

②母树和枝条的年龄　插穗的生根能力随着母树年龄的增高而递减，这已是带有普遍性的规律。如橡胶树，只有实生苗基部三蓬叶以下，或从地面至 80 cm 高范围的茎干作插穗，易发根，成活率可达 70%以上，并可形成垂直向下的假主根。而取实生苗 80 cm 以上部位的茎干或取成龄树枝条作插穗，如无迷雾等特殊措施，则很难生根，即使能生根成活的植株，也只有侧根，不能形成假主根。目前，理论上的解释可能是阶段发育的不同。“幼态”阶段的容易发根成活，而“老态”阶段难发根成活。又如，咖啡只能用主干下部芽抽出的直生枝(又名“吸枝”)作插穗，而用主干上的分枝作插条时，不能形成直立的树型。

③插穗的部位及其营养状况　在年龄相同时，发育旺盛，养分积贮较多的枝条再生能力也强，因为插穗所含的养分，是扦插后形成新器官及初期生长的主要来源，特别是碳水化合物含量的多少与扦插能否成活及其后的生长势有密切的关系。一般是碳水化合物含量高，尤其是碳水化合物与氮素量之比值大为最宜。因此，要求：a. 减少对母株施用氮肥，

控制新梢的生长，有利于碳水化合物的积累。b. 选择插条时，宜在有阳光处采，不宜采多汁的新梢或徒长枝或荫蔽处的枝条。例如，茶树的新梢下部1/3的树皮已变褐色，剪取插穗最为适宜；胡椒在树龄1～2.5年生、蔓龄4～6个月，节节有气根者，是优良插条的标准。徒长蔓生长纤弱，植后成活率低，分枝部位高，形成树型慢，结果迟，故不宜采用。

(2)外界环境条件

①土壤(基质)　插穗从母树上切离之后，由于吸水能力降低，蒸腾仍在进行，水分供需矛盾突出。因此，插后的水分补给十分重要，要求土壤中水分能够自由流动，使切口附近经常保持水分充分补给的状态。插穗的生根一般都落后于地上部分的萌发，此时如插穗过量蒸腾，使插穗水分状况恶化，叶片光合就会停顿，失水过多就会萎蔫甚至死亡，这种现象，通常称为"假活"。另外，插穗在愈合生根过程中，既通过切口吸收水分，供应地上部分的消耗；又因在生根期间其呼吸强度是持续增加的，故要求土壤保持较好的通气条件，以保证氧气供应和二氧化碳的排出。土壤水分过多或通气不良，插穗可能被窒息或腐烂而死亡。因此，选择保湿、通气的土壤或发根介质对咖啡插条的生根率可提高二倍多(表5-6)。

表5-6　不同发根介质对咖啡插条发根的影响

处　理	发芽率(%)	死亡率(%)
二分土、五分沙	26	20
二分土、五分沙、七分木屑	86	2
二分土、五分沙、七分种壳	84	2

②温度　热带作物扦插作业都在温度较高的季节进行，适宜的温度范围是25～30 ℃。温度对插穗内部物质的分解、合成和运转，并对愈合组织形成和生根的快慢均有关。茶树的试验表明：温度过低，影响插穗的成活，但温度太高，地上部发育虽好，但地下部发育不良(表5-7)。在生产实践中已普遍证明，在地温稍高、气温较低的季节，有利于扦插成活，这样的季节，可以减少地上部的蒸腾和增加插穗切口的吸水。如云南一般在秋季进行茶苗培育。

③空气湿度　保持空气相对湿度90%以上，对于降低插穗的蒸腾和改善插穗水分状况都是必需的。为保持湿度，可采用遮阴和塑料薄膜密闭或用自动间歇喷雾装置等。

表5-7　不同温度对茶树插穗发根、成苗的影响

播后天数	项　目	处理温度(℃)				
		15	20	25	30	35
第40天	发根率(%)	13.3	66.7	78.5	90.9	72.8
	发根率(%)	18	97	93	96.5	89.8
第50天	根干重(mg)	0.0	22.3	66.5	48.8	24.3
	芽长(cm)	8.1	12.8	13.1	11.5	26.7
	地上部干重(mg)	8.3	11.0	17.3	11.0	25.3

④光照　热带作物胡椒、茶等都是用带叶的枝、蔓扦插，扦插初期需要有 70%~80%的荫蔽度，随着插穗的发根成活，可以逐步减少遮阴。遮阴的方法可用荫棚，也普遍采用芒萁作遮阴材料。不同作物的插穗对光照的要求各异，如用龙舌兰麻根茎作扦插材料时，要将走茎在无阳光直射处晾晒 7~10 d，待走茎由白转绿，然后扦插入土，插后也不需要遮阴。

5.3.1.5　扦插技术

(1)扦插季节

热带作物一般应避免在低温越冬期进行扦插繁殖，有水分供应和遮荫件下，只要温度适宜都可进行，当然最好是在地温稍高于气温的季节。另外，必须考虑到插穗成活后的安全越冬问题。

(2)插床的准备

根据作物不同有土床、沙床、容器育苗等多种方式的插床。茶树、桉树常用薄膜密闭覆盖育苗，其方法是在苗床上用粗铁丝搭圆弧形拱式架，拱高 20~30 cm，底宽与床宽一致，上盖薄膜，下垂至床底，用土或砖压紧四周，薄膜顶上还搭高棚。发根后即可揭去薄膜，并逐步减少供水。咖啡扦插时常用有棚架的恒湿床(图 5-1)，以保证有充足的水分供应。

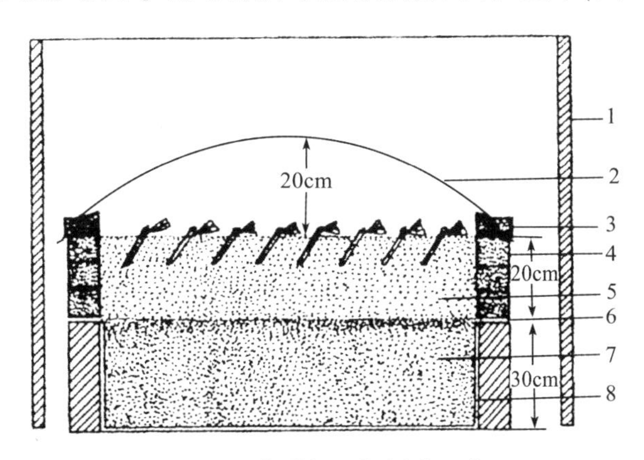

图 5-1　咖啡恒湿扦插床示意

1. 大荫棚　2. 塑料罩　3. 压塑料薄膜的石头
4. 砖块(或石头)　5. 细砂层　6. 出水小道
7. 粗砂贮水层　8. 坑内内壁塑料布

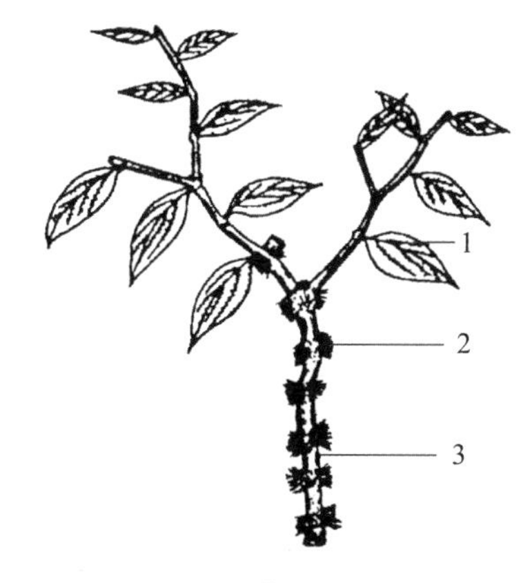

图 5-2　胡椒插穗的标准

1. 顶端两节各带一分枝及 12~15 片叶
2. 气根　3. 蔓龄 4~6 个月，粗 > 0.5 cm，长 30~40 cm，5~7 节，每节有活根

(3)插穗采集

插穗采集的具体规格，因作物而异，例如，胡椒插条的标准如图 5-2 所示。采集的插穗，尽量保持新鲜状态，如失水达 20%，会显著降低插穗的使用价值。插穗采集最好在早上进行，其次在傍晚。采下的插穗置于阴凉处并注意保湿。当天采条，力求当天插；如易地或隔天扦插，更做好保湿、防折等措施。

(4)插穗处理

通常用来处理插穗的生长素有萘乙酸(NAA)、吲哚乙酸(IAA)和吲哚丁酸(IBA)，其中吲哚丁酸有促进大部分作物生根的作用。处理方法：在低浓度时，即 20~200 mg/L 水剂浸泡 6~24 h；高浓度 1000~10 000 mg/L 时，2~10 s 速蘸；处理插穗基部，用水剂或粉剂。除用生长素类促进插穗生根外，维生素 B、高锰酸钾、蔗糖、尿素、硝酸钾等处理插穗也有效果。为防止插穗真菌感染或腐烂，有效的方法是用 500~1000 倍的多菌灵加克菌丹水溶液处理切口。

(5)插后管理

主要的管理内容是供水和遮阴，随着插条的发根成活，逐渐减少水分的供应并逐步撤除遮阴，使苗木在移床或出圃前一段时间得到锻炼，俗称炼苗。其他如移床、出圃及苗木管理等均与一般育苗类似。

5.3.2 分株

分株繁殖是利用植物的营养器官进行分离或分割，使原来母株分成若干独立生存的植株。其优缺点大致与扦插繁殖类似，但由于它是带有根系的，所以操作简便，成活容易，但繁殖数量受限制。

热带作物生产中，分株繁殖方法普遍用于姜科植的砂仁、白豆蔻、益智；龙舌兰科的各种番剑麻类及禾本科的香茅(图5-3)等。其中比较特殊的是龙舌兰，在开花结果后，位于花柄离层下方的芽点可以发育成珠芽，一株龙舌兰杂种第11648号可产生数百至2000多个珠芽，珠芽高5~10 cm时，长出气根，基部产生离层，落地后气根伸入土壤中成长为须根，随后母株即逐渐枯死。收集珠芽可作为无性繁殖材料。

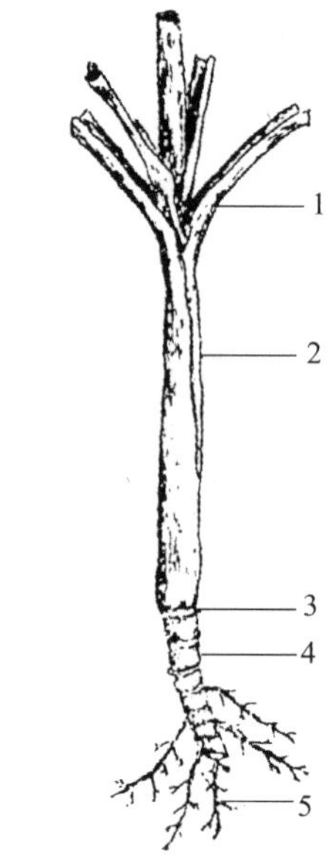

图5-3 香茅的分蘖

1. 叶片 2. 叶鞘 3. 节 4 节间 5. 须根

5.3.3 压条

在不脱离母株情况下，将枝条压入土中，使枝条与土壤接触部分生根，再将发根的枝条剪离母株，成为独立的新株。

压条主要用于插条繁殖不易成活的，而通过此法可获得自根苗。压条方法简便，但繁殖数量有限，且占地面积大。

母株低矮、枝条柔软者，可压入土，采用低压法，而高大树体，枝条直立性强，不易弯曲入土者，常用空中压条或叫空中托枝。

热带作物生产中，少见用此法繁殖者，只有在热带丛生竹类，如麻竹、绿竹、大头曲竹等，用压条埋秆作为其繁殖方法之一(图5-4)。

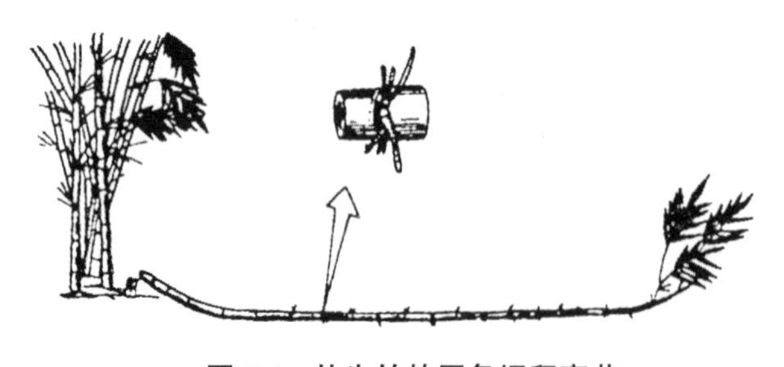

图5-4 丛生竹的压条埋秆育苗

5.3.4 嫁接

取植物体的一部分枝或芽，接到另一植物体上，培养成为一独立的新植株，这种繁殖方法称为嫁接。被接的植株称为砧木，而接在砧木上的枝或芽称为接穗。热带作物中的橡胶树、澳洲坚果用这种方法进行繁殖。

5.3.4.1　嫁接理论

(1)接合部及其形成

接合部是指砧木和接穗两者相接处，愈合并连接而成的部位。接合部的形成过程是：①刚削好具分生能力的接穗，谨慎地放到刚切开的砧木切口中，使两者形成层紧密靠在一起。②接穗和砧木形成层的外部细胞层产生薄壁细胞，两者很快融合并连接起来，形成愈伤组织。③处在砧、穗相接的形成层部位，新形成愈伤组织的一些细胞分化为新形成层细胞。④上述新形成层细胞产生新的维管组织，向内产生木质部，向外产生韧皮部。由此建立了砧穗间维管系统的连接，成功地形成所需要的接合部。据华南热带作物学院(现中国热带农业科学院)郑坚端等对橡胶树芽接愈合过程的解剖观察表明，其愈合过程中，新形成层的产生只能来自芽片组织本身，与上述论点有所不同。

(2)亲和力

亲和力是指两个植物体经嫁接愈合能生长在一起的能力。植物间，亲缘越近者，其亲和力就越高；反之则低。亲缘越近，具有相同或相似的内部形态结构，如形成层和薄壁细胞的大小、结构等，以及具有相似的生理遗传特性，如细胞的生长速率和代谢类型等。因此，同种或品种间的嫁接成活率最高，也称共砧嫁接。大面积的橡胶树生产，用芽接技术繁育良种，即属此类。

(3)同属异种间的嫁接成活也较高

橡胶树属的不同种，芽接成活率也是较高的，1983 年华南热带作物研究院用光叶橡胶树变种作为树冠材料接于橡胶树上，以矮化树冠、提高抗风力，芽接获得成功。同科异属的植物种之间的嫁接成活则差，少数例外，如果树生产常用柑橘属的金橘、南丰蜜橘等，接于枳属的枳壳上，茄科各属间的嫁接也较普遍。在热带作物生产上尚无此实例。科间植物种之间的嫁接，一般不容易成功。

5.3.4.2　嫁接的生产价值

①可以利用接穗所具有高产、优质等性状，通过嫁接的手段，扩大优良品种的种植面积，也是保存和繁育良种的重要手段之一。在栽培作物中，尤其是多年生的木本植物应用最广泛。它不仅可以提高产量，而且由于接穗处于成熟阶段，性状稳定，提早开花结果，对于以收获果实为产品的作物，可以缩短非生产期。这一点在以收获果实为产品的作物上应用广泛，但橡胶树的嫁接只能用幼态的接穗。橡胶树自 20 世纪 20 年代成功地应用芽接技术，大面积推广良种，至 80 年代，单位面积产量已递增 5 倍以上成效卓越(表 5-8)，为世人所瞩目。又如，腰果经良种嫁接后，单株平均产量由 0.3~1.2 kg 提高到 25~40 kg，不仅产值翻数十倍，而且可以提早进入盛产期。

②利用砧木或接穗的某些特性，以及两者的相互影响，以提高抗寒、抗旱、抗涝、抗碱、抗病等能力，甚至植株的矮化或乔化，以扩大栽培的地区范围或改善生产条件等。在热带作物生产中，橡胶树在我国就是依靠耐寒的品系如 GT1、93-114、IAN873、RRIM623 等，通过芽接手段培育而成的材料，种植在曾被认为是植胶禁区，北纬 17°以北的广东、云南南部等地并建立了大面积的橡胶树园。这是一项十分成功的事例。砧木对接穗生长或产量的影响也是十分明显，由表 5-9 说明用不知父本的 PB5/15 种子砧木，生长和产量均明显获益。油梨由于樟疫霉菌引起的根病，曾大面积遭受危害，药物控制也十分困难，现已成功地育成 Thomas、Duke 等抗根病品种，关成功地应用于生产。

表 5-8 巴西橡胶树良种繁育对产量的改进

项 目	每公顷年产干胶量(kg)	项 目	每公顷年产干胶量(kg)
未经选择实生树	450	次生代无性系	1500~1950
初生代无性系	1050~1200	三生代无性系	2250~2340

表 5-9 橡胶树砧木对接穗生长和产量的影响

砧 木	割胶 11 年平均产量		割胶 11 年后茎围(cm)
	单 产(g)	单位面积产量(kg/hm^2)	
PB5/51	46.2	1875	78
实生树	39.2	1640	75.1
RRIM623	44	1705	74.9
Tji	39.4	1627	72.1
RRIM501	41.9	1585	70.5
RRIM600	41.8	1489	70.6

③对扦插、分株、压条等不易繁殖者，或为保存无性系，或成本高者均可用嫁接法代替。多数木本乔木树种，阶段发育老的枝条，扦插时难以发根，或即使生根后也不能形成假主根，这在油梨、腰果、橡胶树以及多种热带木本果树上，均有类似情况。

④通过桥接、撑接等方法，修复植株的伤口。为保护果树珍贵品种，用桥接方法以弥合树身的伤口，这在荔枝栽培中，已有成功实例。

5.3.4.3 嫁接技术

(1)嫁接种类

嫁接按接穗所使用材料主要分为芽接和枝接两类。芽接又可分为“T”字形芽接和补片芽接(或叫贴皮芽接、嵌芽接)。枝接则有切接、劈接、腹接、插皮接等。按嫁接部位不同，则可分为根接、根颈接、二重接、高接等。现将热带作物生产中常用的嫁接方法芽接、枝接介绍如下。

①芽接 芽接是在热带作物中应用最广泛的一种嫁接方法，几乎所有能用嫁接技术繁殖的热带作物，均可采用芽接的方法，如橡胶树、油梨、腰果、咖啡等。芽接按砧木大小可分为大苗芽接和小苗芽接。新的趋势是采用尚未展开真叶的籽苗进行芽接，且成活率也很高，称为籽苗芽接或胚芽接或芽苗砧嫁接等。芽接的优点：a. 节约接穗；b. 对于砧木的大小适应范围广；c. 适宜芽接的季节持续时间长，这是热带地区所拥有的优越条件之一；d. 一次芽接不成活者，砧木仍可再度利用；e. 技术容易掌握，成活率高。具体操作步骤为：削芽片——芽片取自优良品种的芽条，选择正常并饱满的芽眼，用切片刀，依据芽条的粗细；用推切法或用推顶法等切取芽片(图 5-5)，芽片要求大小、厚薄均适宜；开芽接位——用芽接刀在砧木上的芽接部位，划出芽接位，并拉开腹囊皮(指砧木上被切开的韧皮部)，一般均切去腹囊皮的全部或保留其基部 1~2 cm 长，以利放置芽片；修、剥芽片——将已经切下来的芽片修整到与芽接位的宽狭长短相适宜，同时还要将芽片所带的木质部小心剥离，不能伤及韧皮部；放芽片、捆绑——将芽片放入芽接位，然后用薄膜塑

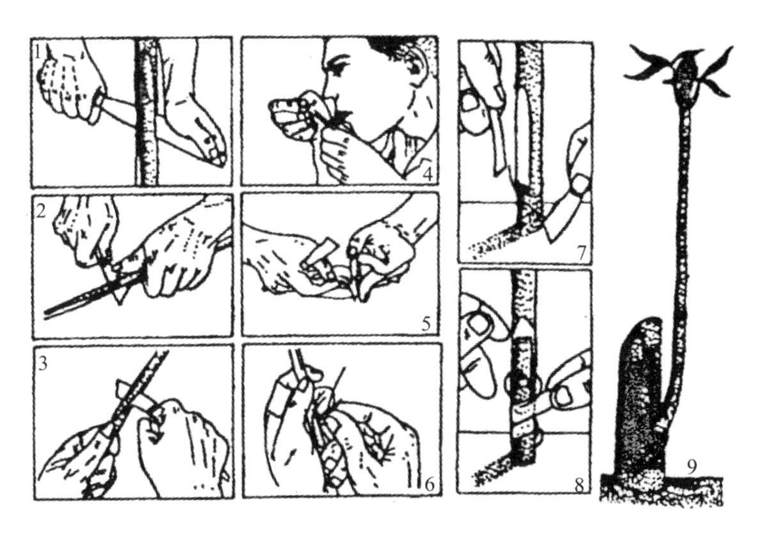

图 5-5 芽接操作

1. 推切法 2. 推顶法 3. 削蔗皮法 4. 咬剥法 5. 手剥法 6. 拔取法
7. 开芽接位(切掉腹囊皮) 8. 放芽片、捆绑
9. 芽接成活并经锯砧后抽芽的芽接桩

料带捆绑，一般由下而上，层层相扣地绑上 6~7 道，防止污染和雨水渗入；解绑——接后 1 个月左右，即可解绑。解开捆绑的塑料带，成活者在锯砧后即可成长为芽接苗；管理——方法同前。

②枝接 在咖啡生产中，曾应用过劈接、舌接等嫁接方法，但不如芽接简便，也不能在技接不成活时，很快再重复进行。

(2)影响嫁接成活的因素

①砧木和接穗必须亲和。②接穗和砧木的形成层必须密切接触。在嫁接过程中要防止接穗和砧木的损伤或污染，使两者的形成层密切接触，以利接合部的形成。③嫁接必须在砧木和接穗适宜的生理状态下进行。包括砧木和接穗的生长势、围径及物候等均应相互适宜。表 5-10 表明，澳洲坚果在接穗的物候处于稳定期时对嫁接成活尤为重要。④适宜的季节和天气状况对提高嫁接成活是重要的。适宜的嫁接季节实际上与砧木、接穗适宜生长的季节是一致的，低温和高温干旱季节都不宜进行热带作物的嫁接，图 5-6 表明，腰果芽接成活高低与温度有密切的关系。在适宜旳季节中还必须在良好的天气状况，如下雨或有时在中午前后温度太高时，也应停止嫁接作业。⑤熟练的嫁接技术。诸如操作要求轻快，保持刀具和砧木、接穗的清洁，接后捆绑要用力均匀且绑得紧等。

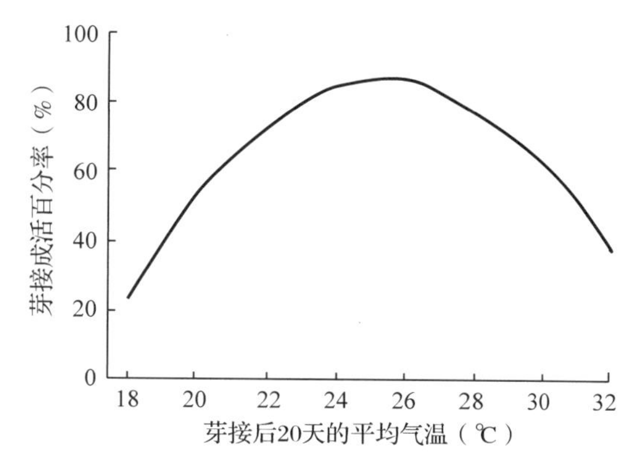

图 5-6 腰果芽接成活与气温的关系

表 5-10　物候与接穗成活的关系

砧、穗物候期	成活百分率			
	1 次重复	1 次重复	1 次重复	平均
砧木抽芽期×接穗抽芽期	55	65	55	58
砧木稳定期×接穗抽芽期	50	55	45	50
砧木稳定期×接穗稳定期	90	85	95	90
砧木抽芽期×接穗稳定期	95	70	95	86.7

5.3.5　组织培养

组织培养也称微体繁殖，是用人工培养基在无菌条件下，使很小一块植物的组织，如胚、种子、茎、梢尖 、根尖、愈伤组织、单细胞和花粉粒等，生长成一棵新植株，但没有一个完整的植物发育阶段。组织培养能在短时间内，进行大批量生产，实现工厂化，为植物繁殖提供了新的途径和方向。在热带作物中，用组织培养工厂化生产最为成功的是香蕉、兰花等，橡胶树、咖啡、蓝桉、胡椒等也可利用组织培养进行种苗的培育。

组织培养的技术主要是：确定无病植株，取得外植体，在具有防止污染的灭菌小室接种，采用适宜的培养基配方，并在温光调控的培养室中进行快速繁殖。

组织培养的过程大致分为 3 个阶段：即初次培养、芽的增殖和生根培养，一般先诱导出芽再诱导生根。在培养过程的第一、二阶段，使用激动素及 6-BA 效果良好，但在生根培养基中一般不再使用激动素。6-BA 对芽的增殖效果良好，生长素在初次培养中多用 2，4-D 或 NAA，在芽的增殖的阶段则多用 NAA 或 IAA，且浓度不宜过高，浓度过高反而不利于芽的增殖。培养基的筛选与培养效果有着密切的关系。常见的培养基有多种，木本植物组织培养中应用最多的是 MS 培养基(Murashige 和 Skoog，1962)，低无机盐浓度的培养基，如 WS、WH 培养基等，宜用做生根培养基。

生根后要移植炼苗：组培苗的管理同前，在此不做展开。

现以咖啡组织培养为案例具体说明培养阶段：

①材料的消毒及接种　授粉后 4~5 个月，从大田中摘取合适的小粒种咖啡幼果，经自来水冲洗后，用体积分数为 70%的酒精表面消毒 1 min，无菌水冲洗 1 次，接着用 20 g/L 的次氯酸钠水溶液消毒 10 min，无菌水冲 4~5 次，在无菌条件将胚乳小心挑出。

②愈伤组织的诱导　将挑出的胚乳小心接种在 MS+6−BA 1~2 mg/L+NAA 2.0 mg/L 诱导愈伤组织。

③胚状体的诱导　将愈伤组织块接种在分化培养基 MS+KT 0.5~1.0 mg/L +NAA 0.1~0.2 mg/L 上诱导胚状体。

④胚乳植株的再生与移苗　在分化培养基中形成的胚状体长根很慢。将子叶期绿色胚状体转移到含有 0.5 mg/L NAA 或 IBA 及 2 g/L 活性炭的 1/2 MS 培养基中 15~20 d 后即可长出 1.5~2.0 cm 的根系，形成完整的胚乳再生植株。当胚乳植株抽出 4~6 片真叶时，可将其移栽到由 2 份珍珠岩+ 1 份腐殖土构成的培养基上，注意保温保湿。

⑤培养条件　以上培养基 pH 值均为 5.8，胚乳愈伤组织的诱导和增殖为暗培养，其余均在光照条件下进行。光照强度 2000 Lux，每天照明 14 h，培养温度 24~26 ℃。

人工种子的研制：近年来逐渐成为异常活跃的领域，自1982年Kitto和Jsnick用聚氧乙烯包裹胡萝卜的胚状悬浮物，首次制成了人工种子，迄今为止，在苜蓿、胡萝卜、芹菜、黄连等植物上已取得初步成功。1992年，热带作物生物技术国家重点实验室陈守才等，研制香蕉人工种子获得成功，他们用5%海藻酸钠、2%甲基纤维素、复合防腐剂ST和3%海藻酸钠、2%甲基纤维素、复合防腐剂制，分别制作人工种子的种皮下壳和上壳，用营养小颗粒（由1.5%海藻酸钠、5%蔗糖、适当的无机盐和激素、保水吸附物质C、0.1%活性炭制成）和琼脂作为胚乳材料，用制模法制成香蕉人工种子。制成的人工种子在不再供给外来营养和有菌条件下放置，也可萌发成株，成苗率达100%。

小 结

本章系统介绍热带作物种苗的繁育方法、特点、原理和关键技术。重点介绍了热带作物的有性繁殖和无性繁殖的方法、原理和注意的问题。

思考题

1. 如何获得优质苗木？
2. 列表比较有性繁殖与无性繁殖的特点。
3. 列表比较实生苗、嫁接苗的异同；分别简述此类苗木的培育过程和关键技术点。
4. 如何提高扦插、嫁接成活率？

推荐阅读书目

1. 中国热带作物栽培学．潘衍庆．中国农业出版社，1998.
2. 热带作物育苗和栽培．黄乃熙．中国农业出版社，1998.
3. 热带作物优质种苗繁育技术．漆智平．中国农业出版社，2006.
4. 热带作物种子种苗质量控制．张如莲，李莉萍．中国农业出版社，2011.

参考文献

王秉忠，1997. 热带作物栽培学总论[M]. 北京：中国农业出版社.

叶一枝，陈春满，凌绪柏，2004. 咖啡小粒种六倍体和中小粒杂种四倍体胚乳的组织培养[J]. 热带作物学报，25(4)：13-16.

第 6 章 热带作物种植园的建立

热带作物多为多年生作物，生产上多集中成规模种植，形成种植园。种植园建立是实施热带作物栽培的重要环节，影响后续种植园的管理和效益。

6.1 概述

(1) 种植园的种类

种植园按用途分为生产经营型、科研型、示范型、观光农业型，此外还有教学型。生产经营型目的主要是获得产品和经济效益；科研型用于做创新试验、对比试验或验证；示范型用于推广某种品种或种植模式；观光型用于休闲旅游；教学型用于教学，允许有多种品种、多种种植模式、管理情况(管理得好与差)存在。本教材种植园指的是生产经营型的种植园。

(2) 种植园建立的要求

每种种植园各有其相应的建园要求。建立生产经营型的种植园是获得热带作物产品的前提。因为热带作物大多为多年生的作物，一经栽植要经历多年甚至几十年的生产过程，如有失误，会给生产上带来困难并造成经济损失。因此，建立生产经营型的种植园要以高产、稳产、优质、高效、早投产和生态为目标，在强调经济效益的同时，兼顾考虑社会效益和生态效益。在作物配置上，要因地制宜、多种经营、以短养长，还要考虑产品的综合利用和开发；在种植规划上，要考虑标准化、良种化、机械化的要求等。以上都应在制订园地规划设计之前做出科学的决策，在种植园建立的全过程中，都必须严格遵循以上要求。

(3) 种植园建立的程序

一般种植园的建立都按选地、规划、开垦、定植四个程序展开。

6.2 热带作物种植园选地

园地的选择常以气候、土壤、水源等生态环境条件和社会社经济、交通等社会保障条件为主，结合当地的产业发展现状与产业规划等进行综合选择。若种植的是果蔬、饮料、药材等与人类健康直接相关的热带作物还需要考虑基地的环境质量。

6.2.1　生态环境条件

热带作物对生长发育需要的温度要求较高，只能在热带和南亚热带地区正常生长发育，故选择生产基地时要考虑热带作物对温度条件的要求和基地的气候条件。对多年生的热带作物来讲，越冬期的低温及夏季热带暴风害是最主要的灾害性气候。在进行生产基地的选择时根据地理位置和具体立地条件进行选择和评估。

6.2.1.1　气候

要先了解地区性大范围的热带作物园地选择的气象指标以及选种的热带作物生态适宜区划分的指标及其范围。以此为基础，在进行具体种植园地的选择时，需要进一步调查研究以下内容括：

当地气象资料的收集和分析，特别是对灾害性天气情况的分析；通过实地调查和走访群众，如当地越冬作物的生长、受害情况；有台风危害地区调查当地树木及建筑物的风害，等等。

6.2.1.2　土壤

土壤情况因作物而异，但良好的生产基地，土壤必须深厚、基础肥力好，还要具备一定的排水性能，确保土壤通气良好，根系易发育扩展。多年生作物，尤其是木本植物根系较深，因而深层土壤对作物生长和产量的影响也是很大。例如，橡胶树栽培中，植胶地的土壤不宜为：①地下水位在1 m以上，排水困难的低洼地。②土层厚度不到1 m，且下为坚硬基岩或不利根系生长坚硬层的地段。③瘠薄、干旱的砂土地段。

根据拟栽植作物的不同需求，在建园前调查有关土壤的肥力状况、pH值、土层厚度及地下水位的状况，为园地的选择和环境类型区的划分提供依据。

要避免重茬连作；老种植园更新换栽，对一些树种存在忌地现象，前茬作物的残根落叶等分泌的有毒物质。

6.2.1.3　水源

不需要灌溉的地区，要考虑降水量及其分布是否能满足作物正常生长发育的需要；需要灌溉的地区要有能满足作物灌溉的水源；并对灌溉水源、排灌系统做好合理规划。既要防止干旱的发生，也应避免涝害。

6.2.1.4　地形选择

地形对气候、土壤有再分配作用。如果在丘陵、山区，还必须分析因地形条件对光、热、水、风、土等生态因子所起的再分配作用。此外，坡度大小也是要考虑的条件之一。坡度太大会给生产基地的建立、管理和产品收获、运输带来困难。

6.2.2　社会保障条件

从事商品性生产的种植园，要进行商品的销售和化肥、农药及农用机具等生产资料的购入，方便的交通不仅给运输带来便利，而且信息快，对提高生产水平和经营水平都非常有利。社会的保障条件还包括当地第三产业的发展现状、文化教育事业以及治安情况等。

6.2.3　产业发展现状及规划

作物的产业发展现状能说明作物在当地生产技术和水平，生产上可提供熟练的生产劳力。产业的发展规划表明作物在当地的发展前景和政策保障等，包括党和政府的政策、法规，地区经济、社会发展的方针，特别是农业种植业发展的方针，城乡发展规划。

6.2.4 基地的环境质量

生产基地的环境质量是保证产品安全生产的前提。对于果蔬、饮料、药材等热带作物产品，必须保证不含有对人体有毒有害的物质或将其控制在安全标准以下。故在种植基地选择时，必须对基地进行环境质量评估以确保基地环境质量达标。环境质量标准是为了保障人群健康、社会物质财富和维持生态平衡，对一定空间和时间范围内的环境中的有害物质或因素的允许浓度所做的规定。它是环境管理部门工作指南和监督依据，是评价环境质量的标尺和准绳。生产基地环境质量标准包括大气环境质量标准、农田灌溉水质标准和土壤环境质量标准。

6.3 热带作物种植园规划

合理的规划设计要求热带作物种植园的规划要本着“科学、合理、经济、生态”的原则，最大限度地利用每一块土地资源，合理设置道路系统、保护系统和排灌系统，最大限度地增加生产用地，在安排小区时，根据不同小区的生态环境条件合理安排种植不同的作物，根据生产需要，合理规划种植、产品加工、居民点、管理区及其他辅助设施等各个区，使各区相互联系形成一个有机整体。

规划设计的任务是要确定土地利用和各项农田基本建设的布局及其技术设计。完整内容包括：①生产用地的合理安排；②各类经济作物的布局；③防护林、林段、道路网的规划；④排灌系统和水土保持工程的规划设计；⑤其他辅助设施等。

6.3.1 生产用地规划

热带作物种植园生产用地的面积，取决于经营模式，在大型生产基地上，生产用地的面积要求占总面积的80%~90%，道路5%，生活及加工厂5%，其他为“五林”。我国热区大面积基地，地形为丘陵，土地利用率的高低，一是与地形条件有关，平地的利用率明显较丘陵、山地为高，以山地为最低，因为不可利用的碎部占的面积多；二是除地形外，与气候条件也有关，如都是平地的种植基地，在自然灾害重的所占面积要比自然灾害轻的防护林面积大，因而栽培用地比例相应降低；三是由于热带作物种类多，一般来说，一、二年生的热带作物种植园，因生产年限短对附属设施的要求低，土地利用率高；而多年生的热带作物种植园则相反。生产用地主要包括种质资源保存圃、种子种苗繁殖圃、试验种植地和生产种植地。

6.3.1.1 种质资源保存圃

种质资源保存圃，设在基地场部旁边便于管理，面积根据种植的热带作物种类多少、品种的多少来定，一般占生产用地的0.5%~1.0%，主要用来收集和保存种质资源。

6.3.1.2 种子种苗繁殖用地

种子种苗繁殖用地及苗圃地是指用来生产种植所用的种子，种植用的种苗及生产种子和苗木的设备设施，包括组织培养用的组培室，菌种培养用的菌种室，育苗用的温室、大棚等设施。面积根据种植的热带作物的种子种苗生产方式和繁殖系数不一样，各种作物也不相同，一般占生产用地的1%~5%。主要用来繁殖种子和培育种苗。组织培养用的组培室，菌种培养用的菌种室，育苗用的温室、大棚等管理要求高的设施设在基地场部旁。苗圃地、种子繁殖地可设在基地场部旁，也可根据生产方便分散设在各居民点。

6.3.1.3 试验种植地

用来引进热带作物的新种类、新品种和一些新栽管理措施、肥料、农药等的应用试验种植地，为其推广提供科学数据。面积根据基地的具体需要而定，一般占生产用地的1%~5%，根据基地环境条件的不同可设多个点，也可直接用生产用地改造。

6.3.1.4 生产种植地

生产种植地是生产性栽培用地，是生产用地的主要部分。除了特殊的需要以外的地都规划作为生产种植地利用，才能提高土地的利用率。

6.3.2 热带作物的规划与布局

6.3.2.1 品种规划

品种规划是实现种植园高产、稳产、质优的前提，是现代农业生产中良种化的要求。在实际工作中，经营者要有强烈的品种意识。由于一个种植园内的地理位置和立地条件，尤其在山区，坡向、坡位等不同构成了多种多样的环境类型小区，对这些不同类型的小区进行合理配置与之相适应的作物种类及品种是保证种植园高产、稳产、优质的关键。

(1)作物种类和品种选择

在建园前正确选择作物种类和确定一地的主栽品种，对一个企业或私人种植园的发展前景都具决定性的。选择作物种类的主要依据是要根据作物的生物学特性和种植园经营的方针。在实践中应选择当地原产，或已经试种成功、有较长的栽培历史、经济性状较佳的作物种类，是最稳妥的途径。

如果要从外地引进新的种类和品种到本地栽植，必须先了解该品种的生物学特性是否适于当地的气候、土壤条件，也必须了解产品是否有销售前景，在此基础上，再通过小面积试种，可避免盲目性而造成重大经济损失。其他要考虑的还有交通运输、市场大小、加工贮藏条件以及产品的综合利用开发等方面内容。

(2)品种配置

①立足于本地区可能出现的灾害，按林段或地块为单位，划分好环境类型小区，对口配置作物和品种。

寒害地区：在云南山区以坡向为主结合坡度、坡位及立地小环境进行“三面”即阳坡、阴坡和半阳坡，“两层”即上、下坡位“三层”即上、中、下坡位。即通常所讲的“三面两、三层”的小区划分方法。在华南丘陵山地，一般分为南、北坡“两面”。根据小区类型，结合作物品种的特性进行配置。

风害地区：风害地区，掌握当地主害风向和风路，然后划分哪些是风害严重重的地段，那些是避风的小环境。具体配置作物时可以考虑种植具有抗风力强的作物，如椰子、大叶茶等；在台风危害地区，也可配置能避过台风季的作物，如腰果果实主要在上半年成熟，进入7~9月的台风季，不致对其产品有很大的损害。

②在一个林段或山号，即生产管理的最小单元，种植的作物最好是同一品种，如果是

多种作物配置的多层栽培模式，那么每一种作物各自的品种应是相同的，其目的是便于实施一致的管理措施，一致的作物物候，有利于生产组织。若由于花期不遇或雌雄异株需要配置授粉树的作物，则另当别论。

③授粉树的选择和配置，选择授粉品种要具备以下条件：

a. 能与主栽品种同时开花，且能大量产生品质优良的花粉。

b. 能与主栽品种同时进入结果期，寿命长短相仿，且每年都开花。

c. 与主栽品种无杂交不实现象，且能产生经济价值较高的果实。

d. 最好与主栽品种能互相授粉且果实成熟期相同或先后衔接。

热带作物中的油梨开花分 A、B 型，是相互作为授粉树的，配置方式采取双品种隔行或隔株混栽，多品种隔行混栽。如果单是作为授粉品种的雄株，常用中心式栽植，即一株授粉品种周围 8 株主栽品树；或采用相隔数行主栽品种，种一行授粉品种的配置方式。

6.3.2.2 种植模式规划

种植模式影响土地的利用率和作物的生长、产量、品质，还影响生态环境的开发与保护，是规划的重点内容。种植模式分为以下几种。

①单作　指在同一块田地上种植一种作物的种植方式，也称为纯种、清种、净种。

②间作　指在同一田地上于同一生长期内，分行或分带相间种植两种或两种以上作物的种植方式。如橡胶树与咖啡、咖啡与澳洲坚果。间作因为成行或成带种植，可以实行分别管理。特别是带状间作，较便于机械化或半机械化作业，与分行间作相比能够提高劳动生产率。

间作时，不论间作的作物有几种，皆不增计复种面积。间作的作物播种期、收获期相同或不同，但作物共生期长，其中至少有一种作物的共生期超过其全生育期的一半。间作是集约利用空间的种植方式。如橡胶树分别与茶树、咖啡、胡椒、绿肥作物间作，咖啡与粮食作物、蔬菜、绿肥作物等的间作。

③混种　指在同一块田地上，同期混合种植两种或两种以上作物的种植方式，也称为混作。混种和间作都是于同一生长期内由两种或两种以上的作物在田间构成复合群体，是集约利用空间的种植方式，也不计复种面积。但混种在田间分布不规则，不便于分别管理，并且要求混种作物的生态适应性要比较一致。

④套种　指在前季作物生长后期的株行间播种或移栽后季作物的种植方式。如于在橡胶树苗期，在行间种植咖啡。它不仅能在作物共生期间充分利用空间，更重要的是能延长后作物对生长季节的利用，提高复种指数，提高年总产量。套种主要是一种集约利用时间的种植方式。

⑤轮作　是在同一田地上不同年度间按照一定的顺序轮换种植不同作物或不同的复种形式的种植方式。如一年一熟条件下的大豆→小麦→玉米三年轮作，这是在年间进行的单一作物的轮作。在同一田地上有顺序地轮换种植水稻和旱田作物的种植方式称为水旱轮作。在田地上轮换种植多年生牧草和大田作物的种植方式称为草田轮作。

⑥立体种植　是指在同一农田上，两种或两种以上的作物(包括木本)从平面、时间上多层次地利用空间的种植方式。例如，云南植物研究所建造的人工林，上层是橡胶树，第二层是中药材肉桂和罗芙木，第三层是茶树，最下层是耐阴的名贵中药砂仁。形成了一个多层次的复合“绿化器”，使能量、物质转化效率及生物产量均比单一纯林显著提高。

当前生产实践中力推这种种植模式，提高土地利用率并发展林下经济。

6.3.2.3　种植形式规划

种植形式包括种植密度和种植方式。

(1)种植密度

种植密度是指单位面积土地上的种植株数。根据种植的作物特性及栽培条件而确定适宜的株行距，能有效提高单位面积的产量。作物种植密度的趋向是密植比稀植增产。欲达到密植增产的途径，可采用矮化品种、矮化砧，生长抑制剂的使用以及人工修剪等措施。建园时关键在于合理密植。合理密植是指能充分利用太阳光能，提高单位面积产量。作物的产量，不管它的产品是果实，叶片或胶乳，都是叶片同化产物的一部分。因此，同化产物的多少与产量高低呈正相关，而同化产物的多少又与叶片的同化能力和叶面积指数密切相关。所以，合理增加单位面积上的作物株数，提高叶面积指数，对于最大限度地利用光能，从而增加产量是非常重要的。

单位面积上的产量高低并不取决于单株最高产量，而是决定于群体的最高生产量。但群体的最高生产量又不可能离开各个单株的生长发育状况。因此，要获得密植增产的效果，除正确确定适宜的栽植密度外，还应注意解决个体间产量的差别，提高群体的整齐度。确定合理密植的主要依据以下方面内容。

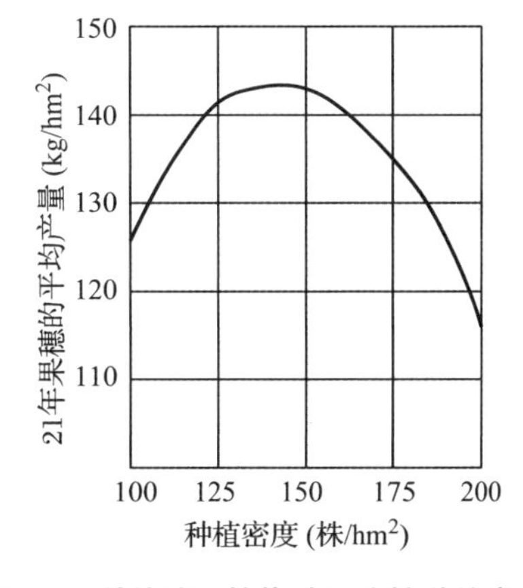

图6-1　科特迪瓦拉梅地区油棕种植密度与每公顷果穗21年平均产量的关系

①作物的种、品种及其收获产品的类别　不同作物的种和品种、甚至包括砧木在内，生长发育的特性、植株高矮、冠幅大小均差异很大，所以，在确定种植密度时应因种制宜，区别对待。一般规律，乔木类型的作物单位面积的种植密度较稀，其中以收获果实为产品的作物为最稀疏，如油棕、椰子、腰果等每公顷的种植密度只有150~200株。图6-1表明油棕单位面积最高产量在125~150株/hm^2的范围，其最适叶面积指数为5~6；同样是大乔木，而其产品为胶乳的橡胶树，热量条件优越的海南省，单位面积产量及树围增长、树皮增长量等指标综合分析的结果，均是以每公顷种植密度在600株左右为宜，叶面积指数为7~7.5。即使是同一种作物，收获的产品不同，种植密度也有极大的差异。例如，肉桂，作为采果林的种植密度是每公顷834株；采皮林时，则为每公顷6670株。八角分别以采叶、采果不同目的而种植密度也不同(表6-1)。除上述木本植物外，草本和耐阴性强的作物种植密度都较大。

②地势和土壤　在地势较高，土层较薄，肥力较低的情况下，植株生长较弱，株行距应小；在土层较厚，肥力较高，生长势旺易成大冠时，栽植距离应大。

③气候条件　在平流低温、干旱、强风的地区，对作物有抑制作用，甚至受到机械损伤以至死亡，栽植应适当密些。在辐射低温致作物受害地区或气候条件较好地区，均应适当疏植。

④栽植技术　树体管理方式和栽植方式不同，种植密度也不同。

表 6-1　主要热带作物栽植密度一览表

作物种类	株距(m)×行距(m)	每公顷种植株数
橡胶树	(2~4)×(4~10)	495~675
龙舌兰麻	(0.7~1)×(3~4)+(1~1.2) (大行距)(小行距)	4000~6000
油棕	(8~7.5)×(8~7.5)	135~180
椰子	(6~7)×(6~8)	150~180（高种） 195~210（杂交种） 225~240（矮种）
胡椒	2×(2~3)	1600~2500
咖啡	(1.8~2)×(2~2.5)（小粒种）	1995~2505
	2×(2~3)（中粒种）	1665~1995
香茅	0.7×0.9	16 000 丛，每丛 2~3 条苗
腰果	(8~9)×(8~9)	123~156
油梨	(4~5)×(6~8)	300~375
肉桂	3×4（采果）	834
	1×1.5（采皮）	6670
爪哇白豆蔻	0.7×(1.5~2)	7146~9529 丛，每丛 2~3 条苗
槟榔	2×3	1667
依兰香	7×8	179
八角	5×5（采果）	400
	1×1（采叶）	10 000

注：每公顷栽植株数 = 10 000 m^2/(株距 m×行距 m)(如株行距相等时可用栽植距离的平方)。

(2)种植方式

种植方式是指植株间的排列方式。同样的种植密度，可以组成多种不同的种植方式。形式不同，对光照、土壤养分和水分的利用，土地的经济利用，管理作业的工效都会有关。适宜的种植方式应依据作物的生物学习性和当地的自然条件等决定。常用的种植方式有：

①正方形　株距与行距相等或近似，各株相连即成正方形或近似的正方形。其优点是：通风透光，管理方便。但若用于密植，树冠易于郁闭，光照较差，且不利于间作。

②三角形　各行植株的位置互相错开，呈三角形排列，株距与行距相等或近似。其优点是：由于植株位置的错开，更有利于树冠的充分发育，更有效地利用光照。其栽植株数计算方法同上。

③长方形　是一种宽行密株的种植形式，随株行距的变更，又称为矩形和行道树式等。如果将行距扩大到 15 m 以上，株距适当缩小，这种栽植方式即称篱笆式，篱笆式的好处是能在宽行间长期实行多层栽培。此外，还有宽、窄行相间的双行行道树式或篱笆式等。

长方形种植形式，由于株距较窄，有利于株间在较短时间内相互荫蔽，增加群体抗逆能力，同时还形成一个有利于作物生长的小气候环境，如光照条件的改善，增加空气湿度和土壤水分，抑制杂草滋生等。另外，由于行间较宽，行间相互郁闭的时间，较同密度正方形相应延迟，利用行间种植豆科覆盖物或作物的时间也就更长。从开垦和管理角度来分析，尤其是山区和丘陵地，开垦梯田或环山行的工作量，较正方形的几乎可减少 1/3～1/2 的工作量，对以后管理、收获产品等用工也有同样的道理。因此，长方形栽植是目前生产上广泛采用的种植方式。每公顷的种植株数计算方法：

单行式：每公顷种植株数 = 10 000 m^2/[株距(m)×行距(m)]

双行式：每公顷种植株数 = 10 000 m^2/株距(m){[大行距(m)+小行距(m)]÷2}

④丛栽式　草本植物如香茅、爪哇白豆蔻、益智等，栽培时均以 2～3 株为一兜进行丛栽。

6.3.3　防护林、林段的规划

(1) 平地防护林和林段规划

平地林段规划设计通常采用“全面控制，局部推进”的做法。首先就本地区的风向确定主、副林带的走向，并在图面上适当的位置绘出主林带的基线和与它相垂直的副林带基线作为控制线。其次根据主、副林带的宽度以及主、副林带之间的间距，分别绘于图上，并由此引伸到整个规划范围构成林网(图 6-2)。

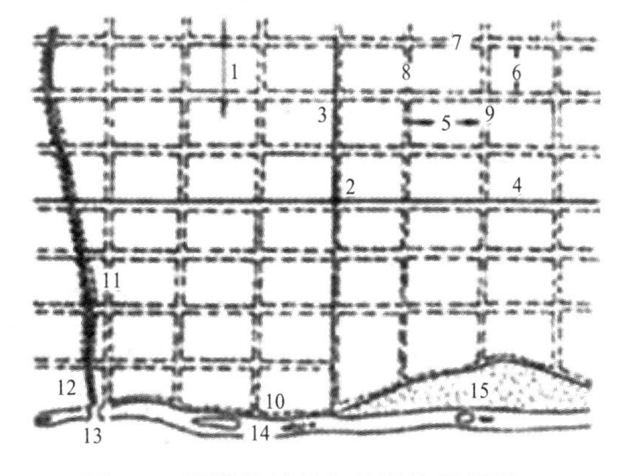

图 6-2　平地防护林和林段的规划图

1. 主风方向　2. 基点　3. 纵向基线　4. 横向基线　5. 林段长　6. 林段宽　7. 主林带宽　8. 副林带宽　9. 田边林　10. 护岸林　11. 公路林　12. 公路　13. 桥涵　14. 河流　15. 农田

在林段划分好的基础上，根据环境类型区的区划，应该按每个林段配置作物的种类或品种。对林段应统一编号、测定其实际可利用的面积以及周围防护林带的面积分别计算列明，以便汇总。

(2) 丘陵山地的林段和防护林规划设计

丘陵山地的林段和防护林设计方法是“从高到低，由大到小”按照“逢高设林，因害设防”的原则。先设计山顶块状林、山脊林带，后再设主、副林带。一个山头一个山头地连片进行，防护林要求能连结成网，网格面积大小适宜、布局合理。同时，还要规划林间道路贯穿于各林段。其他作物配置、林段面积、防护林面积计算均与平地的要求相同。

6.3.4　道路规划

热带作物植物种植园的道路由主干道路、支干道路、林(田)间道路和上山(田间)小道等四级组成道路网，以方便运输和生产作业。

6.3.4.1　主干线和支干线

线路选择要符合短而顺；对外与现有的公路相连接；对内以居民点、加工厂为目的地，并尽可能地穿经大片的种植园中心。主干道路路基宽 8 m，最大纵坡 8%；支干道路路基宽 6 m，最大纵坡 10%；也可按交通部颁发的《公路工程技术标准》3 级和 4 级公路修筑。

6.3.4.2 林(田)间道路

要能连通支线和种植地块，路面宽一般 3 m，能常年通车，以保证运输。林(田)间道路的设置应视地形及药材、肥料的运输需要而定，一般可沿林(田)缘或在林(田)内修筑。

6.3.4.3 田间小道

种植面积小或坡度在 20°以上的较陡坡地，可在几个林(田)间的适当位置设一条主要林(田)间道路，其他种植地间及上山只修人行“之”字小道或田间小道。

6.3.5 居民点、加工厂规划

居民点的规划要兼顾生活方便(靠近主支干线、有水、地势平坦)和生产管理方便(在生产地的中心)，加工厂考虑在基地的中间且交通方便，与基地生产管理场部在一起。便于收集作物产品和经营管理。建设面积根据办公、居住、贮藏仓库和加工厂房等的面积来确定。

6.3.6 水土保持工事的规划

我国热区是热带、南亚热带季风气候区，每当雨季来临，暴雨频繁，在种植生产中，都必须注意水土保持工作。水土保持工事的内容包括各种形式的梯田、蓄水沟(或称水肥沟)、截水沟(或称天沟)、泄水沟等。

6.3.6.1 梯田

梯田的坡地种植最常见的水土保持工事，坡地种植都需要开梯田种植。

(1)梯田的效应

在坡地上修筑梯里，可将大股的径流截留成分散的、小股的径流。除在梯田面上可蓄留部分降雨外，还可使由上而下的径流，改变为等高的流向，从而缓和其强度，减少对地表冲刷。此外修筑梯田后便于管理，有助于提高工效。

(2)梯田类型(图 6-3)

① 沟埂梯田　一般只适用于 3°以下的平缓地。

②水平梯田　在降雨强度较小地区，适于修筑水平梯田。

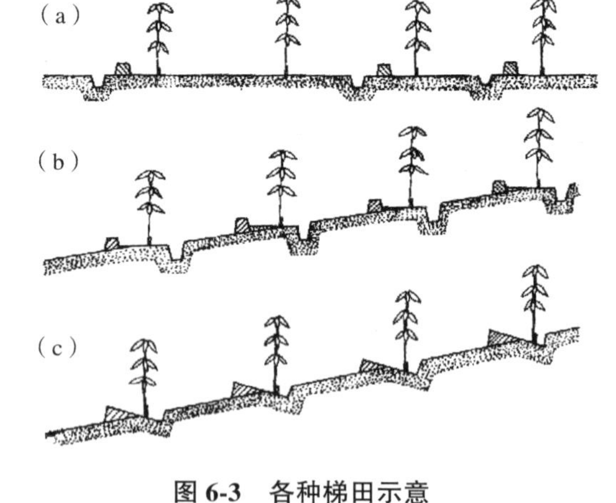

图 6-3　各种梯田示意

(a)沟埂梯田　(b)水平梯田　(c)环山行

③ 环山行(也名反倾斜梯田)　在降雨强度较大的地区，或土壤透水性较差，或坡度较大，且冬季不是以辐射降温为主的地区，均可修筑环山行。

6.3.6.2 截水沟、蓄水沟、泄水沟规划

(1)截水沟

在高丘陵地区种植时，丘陵的上部或顶部一般都已留有块状林地，以保护气候环境和防止丘陵上部水土的流失。为了防止丘陵上部的径流冲入种植园，破坏种植园土壤，还应在种植园的上方，等高环山挖掘 1~2 道深 80 cm 左右的天沟或蓄水沟，以削弱上坡的径

流。天沟也应挖排水口，便于大雨时将大量积水排出。

(2) 蓄水沟、盲沟、水肥沟

在种植园的种植行间，挖长 150~200 cm、宽 40~50 cm，深 40~60 cm 的沟，以截留地面径流和冲刷下来的土壤，并可聚集植物的枯枝落叶，起到保水、保土、保肥作用，对植物的生长有良好的作用。挖沟时，挖出的土壤可培作物的根。挖沟后在沟上盖些草，以起到遮阴保湿的作用。

(3) 泄水沟

在丘陵地区种植，其下方有水稻田的，应在农田上缘挖泄水沟，以避免种植园的水冲入农田，毁损庄稼。泄水沟应按等高设置，深、宽各 50~60 cm，并设排洪口，从沟里挖出的土堆在沟的下方，以便提高泄水的效果。

6.3.7 规划的实施

6.3.7.1 收集资料，调查研究

(1) 地形图

1∶1 万的航摄地图。

(2) 气象资料

收集有关温度、光照、降水、风等资料，特别要了解灾害性天气以及对热带作物危害的规律，可为作物的合理配置、品种选择、类型小区划分及林段面积大小的确定提供科学依据。

(3) 土壤资料

规划地区的地形、土壤类型、分布等，对适宜与不适宜种植作物的土壤条件，或不同类型土壤与作物配置等提出划分的标准。

(4) 自然资源调查

植被资源和水资源的情况。

(5) 社会经济调查

社会经济现状和交通条件、通信条件、电力供应等基础设施的状况。

6.3.7.2 实地踏勘

在现场勘察过程中，应该着重抓好：①种植园的范围，应该有明确的标志，避免可能产生的土地纠纷。②不同环境类型区的划分。③不宜种植作物的地段等均应在图上作出标志。

6.3.7.3 图面规划

首先对整个种植园全面的布局，作出合理的安排。如道路、居民点、生产管理中心、文化设施中心等。在此基础上，重要是防护林、林段以及林段内土地利用的规划设计。

6.3.7.4 现场进一步核对

设计是否符合实际、是否合理，还必须进一步到现场核对，利用登高远望，局部地段的深入踏查都是需要的，并在核实后对原规划设计作出改进。

6.3.7.5 收集设计资料，绘制规划图，撰写设计说明书

大型种植园的规划设计，要撰写设计说明书作为种植园的基本资料，长期保存。其主要内容如下：

①建园的目的和任务　要确定种植园经营方向和目标。

②规划设计的依据　当地的气候、土壤等自然条件以及交通、水利、产销预测等有关的数据。

③ 规划设计的内容　包括环境类型小区的划分；林段划分及作物配置，种植方式密度，防护林面积与树种配置及其株行距；交通水利设施；管理中心设施；文化医疗设施等。

④建园进度　大型种植园逐年应完成的进度要作出科学的安排，每年度种苗供应数量、品种规格及时间；每年度各项农田基本建设项目的施工和进度、质量标准；种植作业完成的进度和时间等，都应该用文字或图表加以说明，其他辅助设施的基建进度也应一并加以注明。

⑤附图　种植园的平面规划图、地形图，有条件时还应有土壤图、植被分布图等作为附件。

6.4 热带作物种植园的开垦

种植园的开垦是在搞好种植园地规划的基础上进行的，是种植园基本建设中极其重要的环节。开垦质量的好坏，会直接影响热带作物的生长、产量、抚育管理和采收工效，会长期影响种植园水土保持的状况，关系到劳力和投资等的投入。因此，在种植园开垦之前应作好周密的施工计划，既要坚持质量标准，又要减少耗工和投资，还应抢在定植季节之前完成。确保开垦质量可以为热带作物的高产、优质生产创造较适合的环境。

6.4.1 开垦的质量要求

①尽量保留和充分利用表土，为热带作物生长创造良好的土壤环境。

②将地面树头、树根、石块等障碍物以及一些易诱发作物病虫害源的杂草、杂木等清除干净，为今后的种植园管理、耕作准备条件。

③坡地的水土保持工程，梯田或环山行等要等高水平、宽度、内倾斜角度必须符合标准，以保证水土保持工程的质量。

④按规划设计要求，布置林(田)间小道，排水系统及防牛设施等，严格控制作物的株行距和密度，充分利用土地，并按规定大小挖好植穴(沟)，施足基肥，为幼苗的生长创造良好条件。

⑤保留有利用价值的杂树、杂木，并加以处理利用。

⑥全部开垦作业应在苗木定植前 1~2 个月完成。

6.4.2 开垦的程序和方法

6.4.2.1 放线做标志

按规划设计的要求，对林段的周界作出明显的标志。无论是在需要设置防护林或不设防护林的地区，对林段在砍芭清理之前，必须对周边作出明显标志，尤其是林段面积或防护林位置有所变动时，更应如此。

6.4.2.2 砍芭、清芭

(1) 砍芭

把地面的杂草灌丛或大树砍倒，俗称砍芭。砍芭分为人工砍芭和机械砍芭，人工砍芭时，平地由林段的一端开始或两头对向进行，坡地则由坡下向坡上逐步砍伐。砍伐大树要倒向一致，尽量低砍，同时砍断枝条，有用的木材按规格截锯。这样会有利于下一步的清岜作业。如准备烧岜的，还要开好防火道，防火道应开在下风处。

机械砍岜常用机具有推树机、挖根机、清山机，对于机械难以推倒或拔起的大树和树头，或丘陵山地无法实行机械倒树时，常采用炸药爆破法清除。爆破时要做好安全警戒，选好避险道。

(2) 清岜

清岜时先清出有用的木材，集中堆积在临时贮木场地，以便外运。用推土机把枝、根、石块等推到林段边缘或沟谷中去。对林段内大块岩石露头，作出标记，便于机械操作人员识别，以免损坏机械。清岜之后，即可沿等高方向进行土地的犁耕。

6.4.2.3　定标

在林段内，按照种植形式和密度的设计，具体在地面上确定植穴的位置，此项作业称为定标。做好定标工作，一方面保证充分利用土地，另一方面合理安排每株作物的空间和土壤的面积。在坡地上尤其要强调等高水平，既利于保持水土，也有利于管理。定标方法依据地形坡度分为平地的十字线定标法和坡地的等高定标法。

(1) 平地十字线定标法

适用 3°以下的平地，其做法是先在靠林段的一边按离林带的边行跑，定出第一条基线，然后离基线一定距离，约林段宽度的一半位置，定出与第一条基线相平行的第二条基线，以这两条基线为准，在相同位置上的行标或株标拉线，即可定出植穴位置。林段形状不规则时，可先从规则的边行定起，再向不规则的地段延伸(图 6-4)。

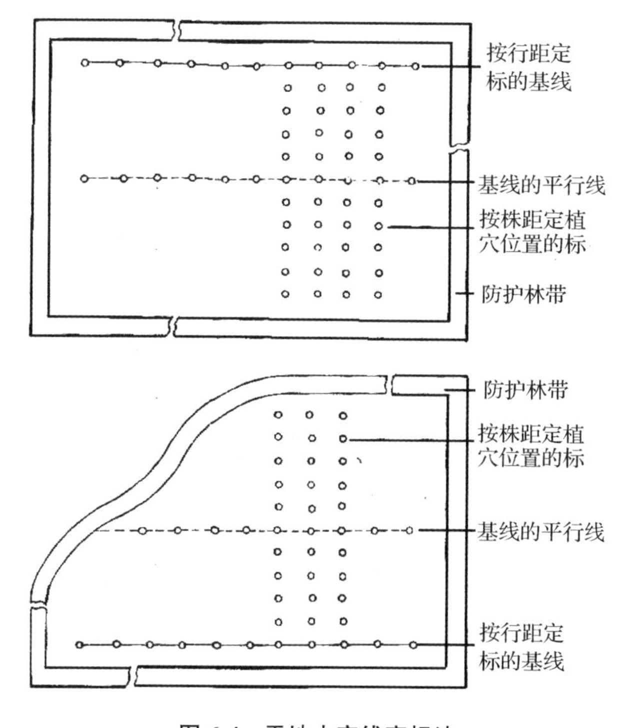

图 6-4　平地十字线定标法

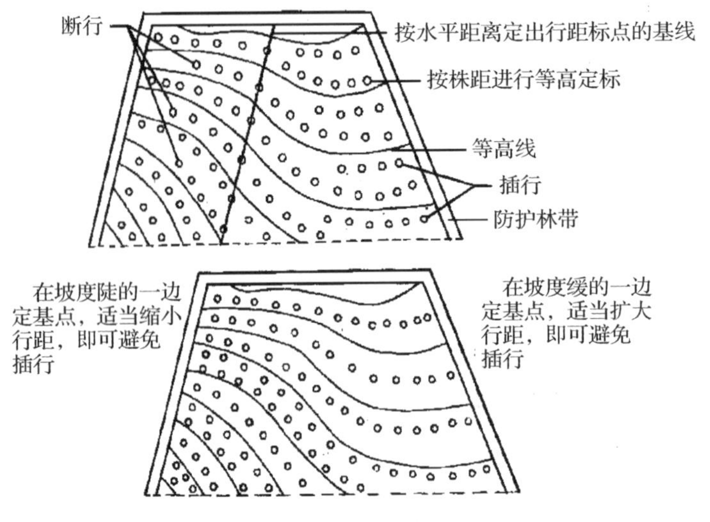

图 6-5　坡地等高定标法

(2) 坡地等高定标法

3°以上的坡地，都应用等高定标法(图 6-5)。常用做法有：

①基线定标法　在一个地形不复杂的坡面上，在具有代表性的地段选定一条由上而下的基线，在基线上按水平距离定出行距的标位，然后由坡上部逐行向下，在这些标位上向左右两侧进行等高定标。

②基点定标法　即不设基线，采取逐行灵活选择代表性基点的做法。在坡面上部逐行向下定标时，要顾及下一行坡度的变化情况，以便决定下一行基点的位置，图 6-4 表示左侧坡度较陡，右侧坡面较平缓的一个林段。在第一行标定完后，准备定第二行标时，如在山坡右侧，仍按规划的行距设基点，则定到林段的左侧时，必然会因行间过窄而不得不出现断行，在这样的情况下，只要把右侧基点的行距适当放宽即可避免断行。反之，如在林段的左侧定基点，就应比规定的行距适当缩小，否则在定到坡度较缓的右边时，就会出现行距太宽而需增加插行。

③基线加基点定标法　是在选好基线的前提下，在基线上定行距标位时，则视两侧坡面变化的情况，灵活地放宽或缩小行距，尽量减少断、插行。这样做法实际上是把基线和基点的两种定标方法结合在一起。根据实际经验，在基线上行距调节范围以不超过规划行距的 1/5，如规划设计的行距为 7.5 m，则最宽不超过 9 m、最窄不小于 6 m。

④在不可避免地要出现断、插行时的弥补方法　在坡度差异过于悬殊或地形太破碎的坡面，断、插的出现往往是不可避免的，其弥补的方法：一是改变原设计的株行距；二是在局部地段改变株距，以保证单位面积的种植株数；三是宁要插行而不要断行，因为插行处坡度相对较缓，利于上下环山行之间的衔接和通行。

(3) 定标的用具及其操作要点

①常用定标的仪器和工具有水准仪、测坡仪、手持水准仪、人字水平架、望筒、测绳、标扦等。

②不论使用哪种定标用具，在使用前一定要进行校对、调整，以免产生误差。

③定标时，尽量减少定标仪器的移位，每次移位时要求观测得更准确些。

④在出现断、插行的地方，要作出易识别的标志。

(4)筑梯田、挖穴、施基肥、回表土

平地用机械修筑梯田时常用一铧犁等高犁耕，再由人工平整田面。也有用挖穴机或铣抛机，在机械修筑梯田或挖穴时，可提高工效，但操作时表土易散失。

人工作业通常用筑田面、留表土、挖植穴三结合进行。其作业要点是先在穴位的一侧筑好田面，然后留足回满一个植穴的表土，然后挖穴，把从穴中挖出的土填在梯田面的外侧，由此循序渐进。为保证修筑梯田的等高水平，施工时应以定标位作为填挖方的分界。在坡面坎坷不平多变时，定标位置也曲折多变，但在修筑梯田时，必需掌握“大弯随弯，小弯拉直”的原则加以修正，使梯田修得比较顺。

梯田类型有沟埂梯田、水平梯田、环山行 3 种。各类梯田的示意，如图 6-3 所示。

植穴在梯田面上的位置，多数人主张植穴位要靠近梯田内壁，坡度越大越向内靠，理由是在梯田外缘经日积月累的冲刷，田面不得不向内纵深扩展，也就是植穴位置逐渐向外推移过程。

表土回穴是一项不容忽视的措施，回入肥沃的表土，相当于一个面宽 70 cm，深 60 cm，底宽 40 cm 见方的植穴，施入了约 40 kg 青材料和 1.8 kg 硫酸铵肥。回土时间宜在植穴挖好后 1 个月左右，以利植穴内深层的土壤熟化。回土时还应施适量的磷肥、有机肥作为基肥。

6.5 热带作物的定植

热带作物的种子有些直播于大田，有些种子极小，幼苗较柔弱，需要特殊管理，只能播种育苗后移栽到大田。有的苗期很长，或者在生长期较短的地区引种需要延长其生育期的种类，应先在苗床育苗，培育成健壮苗株，然后定植大田。

6.5.1 大田直播

整好地后，可将种子直接播在大田里，不需要育苗过程，直接播种建园。播种时期、播种方法、播种量和播种深度等，详见热带作物种苗繁殖。

6.5.2 移栽

一些草本热带作物虽然需要育苗，但苗木根系较小，移苗成活率高，操作要求简单。先按一定行株距挖穴或沟，然后栽苗。一般多直立或倾斜栽苗，深度以不露出原入土部分，或稍微超过为好；根系要自然伸展，不要卷曲；覆土要细，并且要压实，使根系与土壤紧密结合，仅有地下茎或根部的幼苗，覆土应将其全部掩盖，但必须保持顶芽向上。移栽后应立即浇定根水，以消除根际空隙，增加土壤毛细管的供水作用。

6.5.3 定植

定植是将种苗从苗圃移栽到大田的一项作业，直接关系到热带植物成活、生长及林相整齐度的关键性工作。定植工作涉及定植季节、定植技术和植后初期管理。

6.5.3.1 定植时间

适宜的定植时间，既能达到最高定植成活率，又可使苗木冬季到来之前有较大的生长量，为安全越冬和速生打下基础。因此，应该利用有利的气候条件或积极创造条件，争取及早定植。裸根种植材料，例如，云南南药栽培地区常因春旱干旱，一般在5~7月雨季来临才定植，此时阴雨天气多，定植后成活率高。宜早不定迟，最迟不得超过7月上旬结束，当年最大生长量。如果有条件可在3~4月抗旱定植，春季抗旱定植，生长期长，当年生长量大，更有利于安全越冬。实践证明定植晚的苗木生势差，抗逆力弱，成活率低；春季定植，可提高成活率及有利于苗木生长(表6-2)。具体原因如下：

①苗木在越冬期间贮藏有较多的养分，有利苗木生根、发芽，成活率高。

②春季气温适宜，既具备苗木成活和生长的温度，又不会因温度太高而不利于保持苗木水分和土壤水分。

③生长期长，当年生长量大，同化叶面积大，促进苗木生长，木栓化程度高，更利于当年安全越冬。

定植除掌握有利季节外，还要密切注意定植时的天气，最好是在阴天或毛雨天，土壤湿润时定植，如晴天定植宜在早晨和傍晚进行，并淋足定根水。烈日条件下、大风天气都不宜定植。

表6-2 橡胶树不同月份定植与成活的关系

类型	项目	定植月份					
		2月	3月	4月	5月	6月	7月
高切干芽接苗	种植株数(株)	4111	9368	4210	1871	2992	2528
	定植成活率(%)	98.3	98.4	94.9	95.9	86.9	71.6
芽接桩	种植株数(株)	2438	13 128	6958	5070	5674	3619
	定植成活率(%)	91.7	92.9	94.7	85.1	81.4	80.1

6.5.3.2 定植前的准备

定植材料定植前的准备工作，包括定植材料的准备和定植地的准备。定植材料的培育制备及种植地的开垦前已述及，这里主要叙述定植前的苗木处理。苗木处理中心环节是对定植材料采取有效的保水、保芽、保皮、保根措施，以便苗木定植成活和健壮生长。生产上常用的定植材料主要有裸根苗和袋苗。

(1)裸根苗

挖苗时要进行修根、修枝修叶、浆根，主根、侧根太长的要剪去一部分，最长保留主根30~40 cm，侧根15~20 cm，主枝太长或侧枝太多的也剪去部分，叶只保留1/3，挖苗时要保护好芽和根系，用1∶2∶7的新鲜牛粪、黄土和水拌为黄泥浆。并做到随挖苗、随浆根、随运苗、随定植、随淋水、随盖草，这样苗木种植后成活率高，生长快。

(2)袋苗

定植前一周停止淋水，以免在定植时袋土松散；如在雨水较少季节定植，应在植前一天对植穴淋水，使土壤充分湿润。

6.5.3.3　定植操作

(1)定植深度

定植过浅，侧根容易外露，影响成活；过深则泥土淤埋芽，影响幼苗生长。裸根苗深度到根茎处为宜，袋苗的定植深度宜维持原来的位置。

(2)多次回土，分层压实

①定植裸根苗，一般分3~4次回土压实，使根系与土壤紧密接触，以利根系吸收水分，定植时保持主根垂直，侧根舒展。切忌将侧根从基部踩断。

②定植袋苗，先用刀切掉袋底2~3 cm以防弯根，将袋苗放置穴中，从下往上把塑料袋拉至一半高度，在土柱四周回土，用力均匀地踩实，然后再将余下的塑料袋拉出，并继续回土压实。

(3)盖草、淋水

回土完毕后，在穴面盖一层2 cm厚的松土，并平整成锅底形，然后盖草。高温干旱天气还需用带叶树枝遮阴，定植时淋定根水，如植后无雨，每隔5~7 d要淋一次水。

6.5.3.4　定植后的初期管理

(1)遮阴、淋水

植后如遇天气持续干旱，应对接芽遮阴、淋水抗旱，防止苗木旱死。

(2)补换植

定植当年，要对林段的缺株和弱株用同龄同品种的苗木进行补植，做到当年林段全苗，苗木整齐。

(3)保苗

植后要除净植穴周围杂草，用毒饵诱杀害虫及筑土围，挖沟或种臭草、露兜等作樊篱，以防畜兽危害。

(4)培土

植后如遇大雨天气，植穴内有积水时要及时排除，露根的要及时培土。

(5)防止日烧伤

在易发生日烧病的地区，可在植穴内种植花生、黄豆等。

6.6　热带作物种植园的档案建立

热带作物种植园建立后，要经营管理好种植园，需要对种植园各项生产活动项目及其经营结果进行逐项记载，并整理成档案材料。在此基础上分析、总结，才能提高种植园经营管理水平，以保证种植园有较理想的经济效益。档案应综合考虑。有种植的记载、种植园管理情况记载和作物生长发育、物候期及产量情况记载。

6.6.1　建园档案

对种植园地块(大、中型种植园可按小区)或作物种类、品种记载，其内容包括：

①原始规划设计　种植园建园原始技术材料及规划设计要点，变更情况记录。

②种植园的基地情况与信息　种植园面积、小区规划、品种配置、定植株数、水源、渠系配套等情况，最好绘制种植园规划和作物配置平面示意图。

③建园成本　建园人力、物力投入情况，成本核算记载。

④品种信息　作物种类、品种，砧木品种、来源。

⑤苗木信息　品种苗木来源、苗龄、质量，接穗品种、来源，嫁接方法。

⑥定植信息　品种定植时间，定植方式，密度，授粉树种的配置方式及数量，栽植穴(沟)的大小(长、宽、深)及挖穴(沟)整地时间，底肥种类、数量，土质情况(有条件要进行土壤调查并附土壤调查资料)。

⑦定植后管理与成活率　定植后采取的管理措施及实施时间，各时期成活率情况。

⑧每年作物越冬情况　有无抽梢、冻伤等。

⑨气候观测　有条件的，应在种植园内建小气候观测点，包括对气温、地温、光照、降水等的记载。

6.6.2 种植园管理过程

按实际作业的地块或作物种类、品种进行记载。

①管理过程记录　技术措施名称、内容，如施肥时间、种类、数量或浓度、施肥方式、实施效果(特殊情况记载要祥细)。

②生长量记录　作物物候期生长情况与生长量记录。

③管理成本记录　人力、物力投入情况，单项技术实施情况及成本核算。

④分析管理效果记录　实施技术改进，同上一年比较不同地块、不同作物、不同品种的变化情况。

6.6.3 作物生长发育、物候期及产量记录

按作业小区或作物记载，不同作物、品种及不同管理措施或不同试验处理应翔实和准确地记载。

①主要物候期记录　热带作物进入各主要物候期的具体时间及时间长短。

②不同栽培条件下各作物、品种、砧木、栽培技术对物候期产生的影响。

③主要病虫害记录　主要病虫害和其他自然灾害的发生与对作物生长发育的影响，发生始末期、程度，防治措施、防治效果。

④生长状况记录　长势状况，包括新梢、结果枝状况，各类枝比例，花芽数量估测，来年产量预测。

⑤采收记录　作物产量、质量、采收方法、采收日期及成熟度的记载。

⑥销售、贮藏情况(价格、销路、贮藏方式)记录　档案记载和生产记录可以是日记式，随日期而记载，以后再分类抄写、整理在规范性记录册上；也可以是事先有计划地准备好分门别类的表格、本册，按具体时间、项目逐项填好，一定时期加以总结，每年装订成册，编号保存。

档案记载工作应该从种植园建园开始。坚持记载的完整性，有利于积累先进生产经验，总结失败教训，达到提高种植园管理水平的目的。

所有原始记录、生产计划及执行情况、合同及协议书等均应存档，至少保存5年。档案资料应由专人保管。

小 结

本章以生产型种植园为例，从种植园定位、选地、规划、开垦、栽植、植后初期管理和档案建立几方面，全面介绍热带作物的栽种过程和技术要点。

思考题

1. 简述建立高产、稳产、优质、高效、生态热带作物种植园的程序和注意事项。
2. 简述热带作物种植园选地应注意的问题。
3. 简述热带作物种植园规划的内容和步骤。
4. 简述热带作物种植园的开垦步骤、方法和应注意的事项。
5. 简述热带作物苗木定植技术要点。
6. 简述热带作物种植园档案管理的重要性和内容。

推荐阅读书目

中国热带作物栽培学．潘衍庆．中国农业出版社，1998.

参考文献

王秉忠，1997. 热带作物栽培学总论[M]. 北京：中国农业出版社.

第7章　热带作物种植园的管理

种植园管理是热带作物种植园建立后的重要且长期的工作，事关热带作物的产量、品质、效益和可持续发展。

7.1　概述

7.1.1　种植园管理的目标任务

热带作物种植园的管理是指种植园建立到更新的全过程所进行的各种管理措施的总称，即为作物的生长发育创造良好条件的劳动过程。目的在于充分地利用土地以及外界环境中对作物生长发育有利的因素，避免不利因素，协调植株营养生长和生殖生长的关系，保证合理的群体密度等，以促进植株正常生长发育和适期成熟，提高产量，改进品质，降低成本，延长经济寿命。

7.1.2　种植园管理的原则和要求

为实现热带作物种植园管理的目标，在管理上首先要争取达到苗全、苗齐、生长快、生长壮、早投产。要实现热带作物高产、优质、高效、稳产，还需根据作物生育对环境的要求，努力改善条件。热带作物种植园的管理应坚持以下基本原则和要求：

(1)准时生产原则

即要做到不违农时和不误农时。不违农时就是在有效的农时期限内完成作业。不误农时就是不要错过作业的最有利的时机，这就要求组织生产时要“早”字当头，作业前充分做好准备，争取主动。

(2)标准化原则

当前，农业标准化对种植园提出了相应的要求。有标准的应按标准进行。每项管理工作也要制定作业操作标准，按作业标准进行操作，才有利于保证作业质量，并提高工效。

(3)安全生产原则

安全包括农产品安全，尤其是食品原料的生产，要按照农产品质量要求和质量追溯体系要求开展管理。随着农业现代化的发展，由于采用大量的化学农药和农业机械，经常会出现农药中毒和机电伤亡事故，因此，生产时一定要强调安全生产第一，杜绝伤亡事故的发生，包括苗木安全。

7.1.3 种植园管理的内容

要实现热带作物种植园管理的目标，种植园的管理内容要结合作物生长发育对环境的要求，围绕管理目标和要求展开，涉及作物所需的热量、水分、光照、养分、土壤、空气、生物等作物生活环境要素和作物自身的管理等要素。日常田间作业包括灌溉排水、补苗、间苗、整型、修剪、抹芽、施肥、中耕除草、防寒、改土、培土、花果管理，以及防治病、虫、草害，抵御各种自然灾害和种植园水土保持工作等，以果实为收获对象的还涉及授粉、控果、采收等方面。

①热量管理指作物生长发育所需热量的管理。在选定种植地、建立种植园后，作物所需热量的调节只能靠农业措施，如施农家肥、灌溉、松土、覆盖和防寒。

②水分管理指作物所需水分的供给和多余水分的排除。因作物可以通过根、茎、叶吸收水分，但主要是通过根部吸收，所以水分管理可结合土壤管理(土壤水分管理)实施。在设施条件下可采用相应的条件补水，如喷灌。

③光照管理指作物生长发育所需光照的管理。大田状态下，作物所需光照主要来自太阳辐射，但通过合理修剪、种植荫蔽树等方式也可以调节。

④养分管理指作物所需养分的供给与平衡。因作物所需养分可以通过根和茎叶吸收，但主要通过根部吸收，所以养分管理可结合土壤管理实施，辅以根外施肥。但在养分管理中不能忽视作物自身养分的管理，也就是要注意修剪、落叶的还田以及过度修剪给作物造成的伤害。

⑤土壤管理指培肥土壤方面的措施。

⑥空气管理包括林间和土壤，主要靠合理的种植密度、种植形式、整型修枝、杂草控制和松土、改土得以实现。

⑦生物管理指对种植园有害、有益生物的管理。

⑧自身管理指对作物体自身的管理，生产上主要指护苗、补换植、抹芽、整形修枝、病虫害防治和自然灾害的防处等方面。

作物生长的不同阶段，管理的重点不一样，内容和方式也不同。例如，栽植后初期主要做好水分管理和苗木管理，保证苗全、苗齐、苗壮；苗期管理目标是促进苗木生长；进入收获期后既要保证产量，又要养树求稳产。各项管理措施之间是相互联系的。例如，热量管理与水分管理有关，水分和养分管理与土壤管理有关，光照管理与整形修剪、杂草防除有关。

围绕实现高产、优质、高效和可持续的目标，还可采取有突出目标导向的管理措施。如要实现高产，管理就应突出这一主题，所有措施要紧紧围绕产量展开，如施肥量的确定要突出产量优先。

7.1.4 种植园管理的组织与实施

热带作物生长期长，生产季节性强，田间管理内容多。不同阶段的管理内容都不相同，所需要的劳动力和生产资料也不一样，并且要求在规定时间内完成。所以，为实现目标，提高劳动效率，取得速生、高产、稳产、优质，就要合理组织种植园的各个管理过程。合理组织管理过程，就是要按照农业的技术要求，在严格的农时期限内，保质、保量地完成各项作业，并力争做到高产、优质、低耗，以取得较好的技术经济效果。具体操作同前。

7.2 热带作物的生长环境管理

生长环境方面主要包括水气、养分、光热、土壤、生物等多方面，每一方面又有不同的具体作业，各项作业的技术要求都不同，必须严格按照农业生产的规律和各项农艺操作规程进行，尽量使用现代科学技术和机械设备完成各项管理，提高管理成效。

7.2.1 水气管理

7.2.1.1 水分管理

水分管理是种植园的日常工作。一方面是作物自身的水分管理，另一方面是土壤水分和种植园空气湿度的管理，在某些阶段，作物对林间空气湿度有要求，要进行相应的调节。对于大田来说，主要是土壤水分管理，通过对土壤水分管理来实现作物水分管理。作物生长的不同阶段、年生长周期中的不同季节，对水分的要求都不同，应针对具体情况采取相应管理措施。在设施栽培条件下，通过喷灌等措施可达到双重效果。

7.2.1.2 空气管理

空气包括林间空气和土壤空气。林间通气性在进行种植密度和种植方式规划设计时已有考虑。栽植后主要通过合理整型修剪和间套种，及时控萌和防除杂草加以实现。土壤空气在土壤管理中涉及，可参见相关内容。

7.2.2 光热管理

光照和热量是作物生长的必需条件。一般作物所需的光照和热量在种植地选择和规划设计时就给予了考虑，还通过种植方式和密度进行安排。但后期管理中还要注意利用，如通过整型修剪来调节光照，通过耕作、灌溉、施肥来调节温度。对于光照的方面，生产上有通过补光的方式来促进作物生长。补光集约栽培是我国未来火龙果栽培的主要方向。云南省热带作物科学研究所和西双版纳望旺生物科技有限公司进行科技合作于2017—2018年在西双版纳傣族自治州景洪市普文镇开展了21 hm^2 补光集约栽培技术应用，实现了根据市场需要出果的产期调控目标和高产量、高产值的效益目标，为该地区火龙果产业的升级换代提供了参考思路。

7.2.3 养分和土壤管理

7.2.3.1 养分管理

养分管理是以种植园作物养分特性为基础，确定适于各个阶段的肥料种类、养分比例及用量，建立适合于作物整个生育期的养分管理体系。

因养分供给主要通过土壤施肥，这部分将在土壤管理中提及。此外，根外营养、叶面施肥也是养分管理的重要措施。

7.2.3.2 土壤管理

作物生长所需的水分、养分主要来自土壤，所以土壤管理是管理的重点。土壤由固相

(包括土粒、生物、有机质)、液相(指土壤水分)、气相(指土壤空气)三相物质和土壤热量组成，影响作物生长所需水分、养分、土壤氧气和热量的供给与平衡，是热带作物生长的基础，它还起着支持、固定树木作用。因此，种植园土壤管理的任务是：通过多种综合措施来提高土壤肥力，改善土壤结构和理化性质，保证园区作物健康生长所需养分、水分、空气的不断有效供给。因此，土壤的质量直接关系着园区作物的生长好坏。

(1)土壤水分管理

土壤水分状况不仅影响作物所需水分的供给，还影响土壤的通气状况、生物状况和养分状况，是土壤管理的重要部分，尤其是在定植初期。鉴于热带作物多数是种植于山地，土壤水分主要靠降水，所以，土壤水分的管理要在保水、节水的前提下实施。

①保水、节水措施　保水措施包括工程措施、农艺措施和化学措施等方面。工程措施主要指水土保持工程，这方面在种植园建立时就要做好基础工作。种植后需要及时修缮；农艺措施主要指覆盖、松土保墒；化学措施包括使用保水剂、土壤改良剂等。节水措施主要是指灌溉节水方面。

②种植园灌溉

地面灌水：可分为淋水、漫灌与滴灌两种形式。淋水是定植初期常用的灌溉方式。漫灌是一种大面积的表面灌水方式，因用水极不经济，生产上很少采用；滴灌是当前种植园广泛使用的自动化程度较高的先进灌溉技术，通过将灌溉用水以水滴或细小水流形式，缓慢地施于作物根域的灌水方法。这种灌溉方式有利于水肥一体化的实施。

地下灌水：地下灌水是借助于地下的管道系统，使灌溉水在土壤毛细管作用下，向周围扩散浸润植物根区土壤的灌溉方法。地下灌水具有地表蒸发小，节省灌溉用水，不破坏土壤结构等优点。地下灌水分为沟灌与渗灌两种。沟灌是用高畦低沟方法，引水沿沟底流动来浸润周围土壤。渗灌是目前应用较普遍的一种地下灌水方式，其主要组成部分是地下管道系统。

此外，在水电条件好，种植面积小而集中的种植园，喷灌(利用喷灌设施实施灌溉的方式)也是土壤水分的补充方式。这种方式还能调节空气湿度。

当前，水肥一体化技术已相对成熟。在条件好的种植园，这是比较好的方式。水肥一体化是将灌溉与施肥融为一体的农业新技术。水肥一体化是借助压力系统(或地形自然落差)，将可溶性固体或液体肥料，按土壤养分含量和作物种类的需肥规律和特点，配兑成的肥液与灌溉水一起，通过可控管道系统供水、供肥，使水肥相融后，通过管道、喷枪或喷头形成喷灌、均匀、定时、定量，喷洒在作物发育生长区域，使主要发育生长区域土壤始终保持疏松和适宜的含水量，同时根据不同的作物的需肥特点，土壤环境和养分含量状况，需肥规律情况进行不同生育期的需求设计，把水分、养分定时定量，按比例直接提供给作物。

③种植园排水　排水是种植园雨季管理工作的重点，相关工作应在开垦时做好基础工作。在坡地上，一般利用山箐沟作为排水沟。但在山坡中、上部要开挖与山箐沟相连的横沟，形成网状排水系统。平地种植园的排水系统，一般分明沟排水与暗沟排水两种。明沟排水是在地面挖成的沟渠，广泛地应用于地面和地下排水。暗沟排水多用于汇集地排出地下水。在特殊情况下，也可用暗沟排泄雨水或过多的地面灌溉贮水。采用暗沟排水的方法，不占用土地，也不影响机械耕作，但地下管道容易堵塞，疏通成本也较高，一般国外

表 7-1 不同土壤类型常用的排水管道间距与埋深

土 壤 类 型	导水率(cm/d)	排水管间距(m)	排水管的埋深(m)
黏土	0.15	10~20	1~1.5
黏壤土	0.15~0.5	15~25	1~1.5
壤土	0.5~2.0	20~35	1~1.5
细砂质壤土	2.0~6.5	30~40	1~1.5
砂质壤土	6.5~12.5	30~70	1~2.0
泥炭土	12.5~2.5	30~100	1~2.0

多采用明沟排涝，暗沟排除土壤过多水分，调节区域地下水位。不同土壤类型排水管道埋设深度和排水管之间的距离可参照表 7-1。种植后如遇大雨天气，植穴内有积水时要及时排除。

(2)土壤养分管理

养分是热带作物生长发育的物质基础。作物的养分管理实际上就是要对种植园作物进行合理施肥。由于作物主要从土壤中吸取养分，所以土壤施肥是改善作物营养状况，提高土壤肥力的积极措施。俗话说，“地凭肥养，苗凭肥长”“有收无收在于水，收多收少在于肥”。热带作物和所有的绿色植物一样，在生长过程中需要多种营养元素，要不断地从周围环境中，特别是土壤中摄取各种营养元素。热带作物多为根深、体大的木本植物，生长期和寿命长，生长发育需要的养分数量较大；作物长期生长于一地，根系不断从土壤中选择性吸收某些元素，造成土壤某些营养元素贫乏；另外，热带地区土壤易遭雨水侵蚀和养分淋失，如若土壤持水量甚低，在植物生长期的短期干旱也会引起水分胁迫或导致养分胁迫。因此，施肥是热带作物土壤养分管理的重要环节。

由于土壤本身含有作物所需的养分，所以土壤养分管理要在保土、保肥的基础上实施。

(3)土壤空气管理

土壤空气存在于大土壤孔隙中。空气中的氧气是作物根系呼吸作用不可缺少的元素。通过合理的土壤耕作和增施有机肥料，可以改善土壤的通气条件，为作物根系呼吸作用提供充足的氧气，并及时排除根系呼吸作用产生的二氧化碳气，还能促进微生物的活动，加快土壤的熟化进程，使难溶性营养物质转化为可溶性养分，改善土壤水分状况，从而提高土壤肥力。

①深翻熟化　深翻就是对作物根区或全园范围内的土壤进行深度翻垦。深翻的主要目的是，加快土壤的熟化，使“死土”变“活土”，“活土”变“细土”，“细土”变肥土，从而改善土壤水、肥、气、热等条件。深翻熟化要注意以下几个方面：

一是深翻时期。总体上讲，深翻时期包括作物种植前的深翻与种植后的深翻。前者是在作物定植前，配合园地改造和开垦、杂物清除等工作，对园地进行全面或局部的深翻，并暴晒土壤，打碎土块，增施有机肥，为作物后期生长奠定基础；后者是在作物生长过程中的土壤深翻。实践证明，热带作物种植园土壤一年四季均可深翻，但应根据各地的气候、土壤条件以及作物的类型适时深翻，才能收到良好效果。就一般情况而言，深翻主要在以下两个时期：

a. 秋末。此时，作物地上部分基本停止生长，养分开始回流，转入积累，同化产物的消耗减少，如结合施基肥，更有利于损伤根系的恢复生长，甚至还有可能刺激长出部分新根，对作物来年的生长十分有益；同时，秋耕可松土保墒，一般秋耕的土壤含水量要高3%~7%。

b. 早春。此时，作物地上部分尚处于休眠状态，根系刚开始活动，生长较为缓慢，伤根后容易愈合和再生。同时土质疏松，操作省工，但土壤蒸发量大，易导致干旱缺水，因此，春季翻耕后需及时灌水，或采取措施覆盖根系，耕后耙平、镇压，春翻深度也较秋耕为浅。

二是深翻次数与深度。

a. 深翻次数。土壤深翻的效果能保持多年，因此，没有必要每年都进行深翻。但深翻作用持续时间的长短与土壤特性有关。一般情况下，黏土、涝洼地深翻后容易恢复紧实，因而保持年限较短，可每1~2年深翻耕一次；而地下水位低，排水良好，疏松透气的砂壤土，保持时间较长，则可每3~4年深翻耕一次。

b. 深翻深度。理论上讲，深翻深度以稍深于作物主要根系垂直分布层为度，这样有利于引导根系向下生长，但具体的深翻深度与土壤结构、土质状况以及作物特性等有关。如山地土层薄，下部为半风化岩石，或土质黏重，浅层有砾石层和黏土夹层，地下水位较低的土壤以及深根性树种，深翻深度较深，可达50~70 cm；相反，则可适当浅些。

c. 深翻方式。土壤深翻方式主要有树盘深翻与行间深翻两种。树盘深翻是在作物树冠边缘，于地面的垂直投影线附近挖取环状深翻沟，有利于作物根系向外扩展，适用于株间距大的作物；行间深翻则是在两排作物的行中间，沿列方向挖取长条形深翻沟，用一条深翻沟，达到了对两行作物同时深翻的目的，这种方式多适用于呈宽行密植的作物。

此外，还有全面深翻、隔行深翻等形式，应根据具体情况灵活运用。各种深翻均应结合进行施肥和灌溉。深翻后，最好将上层肥沃土壤与腐熟有机肥拌和，填入深翻沟的底部，以改良根层附近的土壤结构，为根系生长创造有利条件，而将心土放在上面，促使心土迅速熟化。

②中耕通气　中耕不但可以切断土壤表层的毛细管，减少土壤水分蒸发，防止土壤泛碱，改良土壤通气状况，促进土壤微生物活动，有利于难溶性养分的分解，提高土壤肥力。通过中耕恢复土壤的疏松度，改进通气和水分状态，使土壤水、气关系趋于协调，因而生产上有“地湿锄干，地干锄湿”之说。此外，早春季进行中耕，还能明显提高土壤温度。中耕也是清除杂草的有效办法，同时还阻止病虫害的滋生蔓延。

与深翻不同，中耕是一项经常性工作。中耕次数应根据当地的气候条件、作物特性以及杂草生长状况而定。一般每年中耕次数要达到2~3次。中耕大多在生长季节进行，如以消除杂草为主要目的的中耕，中耕宜在天气晴朗，或初晴之后进行，可以获得最大的保墒效果。

中耕深度一般为6~10 cm，大苗6~9 cm，小苗2~3 cm，过深伤根，过浅起不到中耕的作用。

③土壤改良　土壤的改良以施有机肥为主。一方面，有机肥所含营养元素全面；另一方面，有机肥还能增加土壤的腐殖质，其有机胶体又可改良砂土，增加土壤的孔隙度，提高土壤保水保肥能力，缓冲土壤的酸碱度，从而改善土壤的水、肥、气、热物理状况。

a. 施肥改良。常与土壤的深翻工作结合进行。一般在土壤深翻时，将有机肥和土壤以分层的方式填入深翻沟。生产上常用的有机肥有厩肥、堆肥、禽肥、鱼肥、饼肥、人粪尿、土杂肥、绿肥以及城市中的垃圾等，这些有机肥均需经过腐熟发酵才可使用。

b. 客土改良。采用掺砂土或掺黏土等措施改良过黏或过沙质地的土壤，改善土壤通气性。

c. 其他改良。还有使用土壤疏松剂、昆虫、原生动物、线虫、环虫、软体动物、节肢动物、细菌、真菌、放线菌等来改良土壤结构的。

(4) 土壤热量管理

土壤热量的具体表现是土壤温度，土壤温度是影响作物生命活动的重要因子之一。作物种子及其他繁殖材料的发芽和出苗，根系生长和对水分、养分的吸收，土壤微生物的活动都与土壤温度有关。土壤温度的变化除受大气温度变化影响外，还取决于它自身的热学特性。应努力创造一个适宜的土壤热量环境，是确保热带作物获得高产、稳产、优质的保障。

土壤热量管理主要指土壤温度的调节，包括保温、降温和升温。具体包括以下措施：

①合理耕作与施用有机肥　合理耕作如中耕、深翻、镇压、培土等措施，由于改变了太阳的入射角、土壤空隙度、土壤水分状况等，均可起到调节土壤热量的作用。“锄头底下有火”，早春气温低时，可采用深锄，松表土，散表熵，提高土壤热量。在苗期，宜早中耕，提高土壤温度。

施用有机肥料不仅可以肥田，而且可以调节土壤热量。各种有机肥在其分解过程中，可以放出不同的热量，按其发热量的大小，有热性肥、温性肥、凉性肥。热性肥如马粪、羊粪、菜子饼；温性肥如猪粪、人粪肥、秸秆肥等；凉性肥如牛粪、塘泥、阴沟泥等。“冷土上热肥，热土上冷肥”，这种合理施肥方法，能充分发挥肥料的热特性，对作物生长有很大的好处。此外，施用草木灰和有机肥料，能使土色变深，增加土壤的吸热能力，也起到提高土壤温度的作用。

②合理排灌　水分具有大的热容量、导热率和蒸发潜热，土壤水分含量又与土壤的反射率有关，调节土壤水分含量对土壤热状况有较大影响。因此，调节土壤水分，有增温、降温、保温的作用。如夏天灌水，可以通过土壤水分蒸发降温；在冬天，保持土壤湿润，有利于土壤传导深处的热量，起到升温的效果。

③覆盖与遮阴　覆盖和遮阴是调节土壤热量最常用的手段之一。当气温高时，可以阻挡太阳的直接辐射而缓解土壤热量的增多；当气温低时，可以减少地面的有效辐射而使土壤热量得以保存。覆盖和遮阴可分为死覆盖和活覆盖两类。前者主要有塑料薄膜、玻璃、植物秸秆、草帘、芦苇等材料，后者主要是种植荫蔽树和地面覆盖植物。但在云南冷空气容易沉积的地段，地面覆盖反而会因冷空气的沉积而降低土壤，加重寒害。

此外，一些地区还使用土壤增温剂以提高苗床温度。土壤温度剂的效果与土壤水分、天气、季节等条件密切相关。喷施后，一般有效期为 15~20 d。

(5) 土壤生物管理

土壤生物是土壤指土壤动物、植物和微生物。土壤生物参与岩石的风化和原始土壤的生成，对土壤的生长发育、土壤肥力的形成和演变，以及植物营养供应状况有重要作用。土壤物理性质、化学性质和农业技术措施，对土壤生物的生命活动有很大影响。土壤生物的生命活动在很大程度上取决于土壤的物理性质和化学性质，其中主要的有土壤温度、湿度、通气状况和气体组成、pH 值以及有机质和无机质的数量和组成等。农业技术措施，包括耕作、栽培、施肥、灌溉、排水和施用农药等，也影响土壤生物的生命活动。

(6)梯田维修

在坡地上的种植园，由于雨季雨水的冲刷，修筑的梯田常会受到破坏。因此，必须每年在雨季末或冬季进行梯田维修，以加固田埂，拓宽带面，填平冲刷沟，对外露的树根培土，做好“三保一护(保水、保土、保肥、护根)。

7.3　植被管理

植被管理指土壤表面植物的管理。生态种植园建设后，种植园物种丰富多样，应加强对植物的管理。土壤表面植物有自然植被和人工植被。自然植被是指种植园开垦定植作物后，在作物行间自然生长起来的杂草、灌木等；人工植被指在作物行间人工种植的多年生蔓生豆科覆盖植物或其他覆盖植物。植被管理即指对这两类植物的管理。

7.3.1　植被的效能

(1)保持水土

茂密的地面覆盖层可以防止暴雨对土壤的直接冲击，使雨水逐渐渗入土壤，减少雨水在地面的流动，从而减轻土壤冲刷。此外，地面覆盖层可减少土壤水分蒸发，保持土壤表层湿润。据测定，良好的人工覆盖能大大减少水土流失量，泥土冲刷量仅为裸地的 9.7%~16.7%。

(2)增加土壤有机质和氮素养分

作为地被作物的蔓生豆科植物生长快，能产生大量绿色茎叶和枯枝落叶，这些材料腐烂后形成大量有机质，可增加原有土壤有机质含量，提高土壤肥力。据测定，蔓生豆科植物种后 12~15 月亩产鲜茎叶 1600~2000 kg，足够作为种植园压青(将绿肥、杂草等翻埋入土中或水肥沟中)所用。此外，豆科覆盖植物与其他覆盖植物不同，它的根部有根瘤菌。根瘤菌能固定空气中的氮素，将不能为植物利用的氮素转化为可利用的氮素，从而增加土壤中的总氮量。据测定，1 hm^2 豆科植物(爪哇葛藤)1 年可增加土壤氮素 150 kg，相当于尿素 370 kg。所以，对豆科植物生长旺盛的林段，2~3 年后，可以减少氮肥施用量。

(3)改善土壤物理性状

在豆科覆盖植物荫蔽下，土壤温度的日变化和年变化都比较小，这可降低有机质分解速率，有利于土壤有机质的积累，因而能改善土壤的结构，使土壤疏松，并提高土壤吸收和保持水分的能力。

(4)抑制杂草的生长

覆盖作物生长迅速，覆盖层茂密，可有效防止杂草的生长。

(5)提高林管效益

由于人工覆盖能有效防止杂草的生长，提高了林管效益。

(6)增加经济收入

人工种植短期作物，如花生、黄豆等；种植蜜源植物、饲料植物；发展林下养殖，可增加经济收入。

若管理不到位时，植被会与作物争地争水肥，还会成为病虫的寄主，引发病虫害。

7.3.2 植被管理方法

7.3.2.1 杂草防除

除草是热带作物种植园管理中一项重要的、经常性的作业，一方面减少杂草与作物争夺养分，另一方面调节种植园通气状况。在防除方法上，有人力、畜力和机械防除、化学防除、生物防除等。由于除草剂的迅速发展，加之水土保持提倡免耕、少耕，化学防除越来越普遍，已成为除草的主要手段，但带来的副作用也不小。人工除草往往结合中耕进行，具有灵活易行的特点，除草原则是“除早、除小、除了”，把杂草控除在幼苗阶段。种植时结合实际铺盖防草布是有效方法。随着林下经济的发展，林下养殖已成为生物除草的有效方法。

7.3.2.2 地面覆盖

热带作物种植园地面覆盖分为死覆盖(盖草、地膜)和活覆盖两种类型。

(1)死覆盖

死覆盖就是用盖草、地膜(防草布)的方式进行的覆盖。适于在作物种植初期采用。

盖草可减少土壤水分蒸发，抑制杂草，均衡土壤表层温度，减少土壤直接被雨水冲刷，增强水土保持能力，改善土壤水肥状况。若先浅松土，后盖草，效果更好。据测定：根围盖草，在干旱季节表层土壤 10 cm 以内的含水量比不盖草的要高 4.75%~8.86%，影响土层深度可达 30~50 cm。盖草材料在雨季中腐烂后，土壤有机质和氮含量均有所增加。梯田面常年盖草，年周期均有保水效果，干季效果更为显著，在 60 cm 土层中可提高土壤含水量 3.3%~4.6%，每立方米土体可多蓄水 39~55 kg，保水效果良好。

地膜(防草布)覆盖也有保水保温的效果，但与盖草结合，效果更好。

(2)活覆盖

活覆盖是指在作物行间种植覆盖作物，以达到覆盖地面、保持水土、培肥土壤、促进作物生长、提高产量和节约管理用工的目的。活覆盖包括天然覆盖和人工覆盖两类。

①天然覆盖　是指种植园开垦定植作物后，在作物行间自然生长起来的杂草、灌木等。这种覆盖，有荫蔽土壤、均衡土壤温度、减少水土流失、保持土壤肥力以及提供盖草材料等作用；对天然覆盖应加强管理，如控制得当，可促进作物正常生长，如管理不善，会使种植园荒芜，造成杂草、杂木与作物争夺养分、水分和阳光，影响作物的正常生长。

②人工覆盖　指在作物行间人工种植的多年生蔓生豆科覆盖植物或其他覆盖植物。主要的覆盖作物有爪哇葛藤、毛蔓豆、蝴蝶豆、无刺含羞草等。采用人工覆盖方法管理热带作物种植园植被是一项多、快、好、省的管理措施，同天然覆盖相比，有很多优点。但人工覆盖也要管理，要防止地被作物影响到主作物的生长，适时压青(作为绿肥翻埋入土)、处理(指另作他用)。

建立人工覆盖的方法：

a. 整地。先在作物行间(萌生带)整地。平缓地，可用犁、耙，平整土地。坡地宜等高垄作或等高小平台穴垦点种。可以纯种也可混种。

b. 种子播种和种苗培育。有两种方法：一是直播，二是插条。对种子来源丰富的覆盖作物，如毛蔓豆、爪哇葛藤、蝴蝶豆、无刺含羞草等可采集种子直播。但这些种子都是硬实体种子，播前应将种子在70~80 ℃热水中处理6~8 h，然后直播于大田。也可以在营养袋中育苗。营养土一般按表土60%，牛粪或优质土杂肥20%、木屑10%、火烧土9%、过磷酸钙1%比例混合配制。营养袋规格为10 cm×10 cm×10 cm，每个袋播种3粒，待苗长到15 cm高时移栽到大田。在大田种植株行距为50 cm×80 cm。爪哇葛藤、蓝花毛蔓豆、蝴蝶豆等可用蔓条扦插繁殖或种植。在雨季时，选择生长旺盛、较老化的藤蔓，将藤蔓切成50 cm左右，平埋在地里，埋土深3 cm左右，藤蔓节上要压实。如不下雨，头两周要经常淋水。每隔半个月至1个月除草一次，直至覆盖作物生长封行为止。

③间作、套种　一些木本热带作物，尤其是多年生高大乔木，种植密度疏，非生产期长，在相当长的时间内，种植园地上和地下都有很大的利用空间，有的种植园在规划初期就考虑到间作、套种的种植模式，做好间作、套种对种植园的管理，对提高经济效益是非常重要的。

a. 种植园间作、套种的意义。合理的间作、套种改变了种植园的物种和时空结构，充分利用光、热、水和土地等自然资源，提高土地生产率，发挥土地的潜力，以短养长，长短结合，提高经济效益，增加经营者的经济收入或满足种植者的直接需要；有利于种植园生态平衡；促进作物的生长，增加经济产量。但不合理的间作、套种也会给种植园带来不良影响。如造成水土流失和土壤肥力下降、加重自然灾害等。

b. 间作、套种应注意的问题。一是间作、套种必须坚持从实际出发，在合理安排热带作物种植方式和密度情况下，因地制宜地安排间作、套种。二是选择平地或缓坡地的地段间作、套种。坡地间作、套种要等高种植，要等高起垄，不能顺坡起垄，以减少水土流失。三是要选择保水保土保肥能力较强、对热带作物生长影响不大的作物。四是套种要轮作，不要连作，以调节土壤肥力，减少病虫害。五是间作、套种作物必须根据热带作物种类和树龄保持一定的距离，以减少间作、套种作物对热带作物因竞争而造成的影响。六是注意间作、套种作物的施肥管理。不能只种不管，否则既不能使间作作物丰收，又不利于热带作物的生长。

c. 主要的间作、套种模式。

热带作物与豆科绿肥及饲料作物间作。例如，间作毛蔓豆、蝴蝶豆、爪哇葛藤、紫云英、苕子、苜蓿等。

热带作物与粮食、油料作物间作。例如，玉米、荞麦、花生、大豆等。

热带作物与其他经济作物、果木间作。例如，橡胶树、咖啡、茶树、胡椒、菠萝等。

热带作物与药用植物。例如，橡胶树行间间作性喜阴、能在荫蔽度大的橡胶树林下正常生长发育的南药——益智、砂仁、巴戟和绞股蓝等。

7.4　植株(树体)管理

植株是获得产量的基础，只有足够多和健壮的植株才能实现高产。植株管理实际是泛指对树体的管理，就是要保证植株整齐健壮，包括护苗、补换植、修枝整形、生长物质的使用、授粉、控花及树体保护等。树体保护的含义是广泛的，它包括病虫害的防治、自然灾害的灾后抢救处理、人或牲畜引起的机械损伤、清除寄生物等。其中以病虫害的防治和自然灾害的灾后处理为重点。本书仅对补换植、修枝整形、病虫害防治和自然灾害及灾后处理重点介绍。

7.4.1 护苗

植后要注意淋水，除净植穴周围杂草，用毒饵诱杀害虫及筑护好防牛工程如沟、壁、铁丝网、刺篱，以防畜兽危害。植后如遇大雨天气，植穴内有积水时要及时排除，露根的要及时培土

7.4.2 补换植

定植当年，要做到当年全苗，苗木整齐。对死苗、弱苗和自然灾害、病虫草害造成的不正常苗要及时补换植。对多年生作物补换植原则上使用定植时备用的苗，以保持林相整齐。

7.4.3 抹芽

对多年生热带作物，在生长初期，为了培养良好的树型，需要经常修芽，减少水分、养分不必要的消耗。

7.4.4 整形修剪

7.4.4.1 整形修剪作用

整形与修剪是两个不同的概念。整形是运用修剪技术使树冠的骨干枝形成一定的排列形式，并使树冠形成一定的形状或样式，各级分枝布局合理，通风透光好、减少病虫害、高产优质。修剪是在整形的基础上，根据树体生长和结果的需要，结合栽培管理条件，调节枝条的生长与结果、衰老与更新的矛盾，以及个体与群体、作物与环境的矛盾，从而保证树体健壮、长寿，取得丰产、质优、经济效益高。

在热带作物生产中，整形修剪的目的有两类：一类以收获果实为产品的作物，其目的如上述；另一类非以果实为收获产品的热带作物，如橡胶树，在重风害地区，通过修剪技术使植株矮化、疏透树冠以减轻风的危害。

7.4.4.2 整形修剪的原理

整形修剪可以调节作物与环境的关系，合理利用光能，与环境条件相适应；调节树体各部位的均衡关系及营养生长和生殖生长的矛盾；调节树体的生理活动。

(1) 调节作物与环境的关系

通过整形修剪可以调节个体、群体结构、改善通风透光，充分合理地利用空间和光能，调节作物与温度、土壤、水分等环境因素之间的关系，使作物适应环境，环境更有利作物的生长发育。

(2) 调节树体各部位之间的关系

作物植株是一个整体，树体各部分和器官之间常保持相对平衡。修剪可以打破原有的平衡，建立新的动态平衡，向着有利人们需要的方向发展。例如，地上、地下的关系，营养生长与生殖生长之间的关系，同类器官间的均衡等。

(3) 调节生理活动

修剪有多方面的调节作用，但最根本的是调节作物的生理活动，使作物内在的营养、

水分、酶和植物激素等的发生变化，朝着有利作物的生长和经济产量的形成方向发展。

7.4.5　实例

现以咖啡、胡椒、橡胶树和茶树为例简述主要热带作物的修枝整形技术。

7.4.5.1　咖啡

在云南高海拔地区栽培的小粒种咖啡，由于气候冷凉，云量大，光照短，植株生长缓慢，但枝干发育粗壮，一分枝结果后发育成健壮的骨干枝，二、三分枝抽生能力强，生长旺盛，结果密集，为主要结果枝，故宜采用单干整型。二、三分枝结果 2~3 年后便枯死，以后又从骨干枝上萌生二、三分枝结果。

①单干整型技术　即每株培养一条主干，分二或三次去顶，将植株控制在 200 cm 左右高度，使养分集中，形成强壮的骨架。以后每年不断从骨干枝上抽生二、三分枝，以代替一分枝结果。

②二次去顶法　一般适于管理水平较高的采用。其第一次的去顶高度在株高 120~140 cm，第二次去顶高度为 180~200 cm。

③三次去顶法　适于管理较差的咖啡园，其第一次的去顶高度是在株高 80~100 cm，第二次在株高 120~1400 cm，第三次在株高 180~200 cm 时。

去顶时间最好在 5 月前，去顶时保留当年所长出的 3~4 对一分枝，在节上 2 cm 处截去顶芽。由于 5 月前植株以营养生长为主，去顶后当年使可形成抽生有二分枝的密致树型。如果在 6 月以后去顶，一分枝上的腋芽大部分形成花芽，翌年开花结果后才抽生二分枝，且数量少，生长势纤弱，影响骨干枝及树冠的形成。

修枝的内容包括：去顶后，主干上由下芽抽生的直生枝须及时抹芽；剪除第一分 枝离主干 15 cm 以内的二分枝；剪除生长方位不正的枝条，衰老、下垂、纤弱、过密的枝条，病虫枝和徒长枝。

咖啡采收多年后，树体下部结果少，产量降低，此时要及时采用更换主干的方式进行复壮。

7.4.5.2　胡椒

(1)整形

通过整形培养高产树形。根据我国的经验，高产树形的标准是：主蔓 4~5 或 6~8 条，枝序 100~120 个以上，每个枝序有 25 条以上的结果枝，圆筒形树冠，冠幅 130~180 cm。“枝序”就是一条一分枝及其着生的各级分枝和各级结果枝组合成一个完整的枝条体系。

根据留蔓数和剪蔓次数的不同，整形方法主要有 4 种(表 7-2)。

表 7-2　胡椒主要的整形方法

整形方法	留蔓条数	剪蔓次数	采用的国家
少蔓多剪	3	6~8	中国
	4~5	4~5	马来西亚
多蔓多剪	6~8	4~5	中国
少蔓少剪	4	1~2	柬埔寨
多蔓少剪	6~8	1~2	印度尼西亚

(2)修枝

修枝的目的：一是剪除没有经济价值的枝蔓，以集中养分，促进植株健壮生长，加速树冠形成；二是使植株通风透光，利于开花结果，减少病虫害发生。

修剪的主要对象是：①修芽及剪除"徒长蔓"；②剪除"送嫁枝"及近地面的分枝；③封顶以后的"打顶"，以免影响植株上层开花结果。

7.4.5.3 橡胶树

橡胶树是乔木树种。修枝整形是通过改造树冠的形态，矮化植株，从而达到减少风害的一项措施。

(1)整形

通过整形技术，定向培养抗风的树型。其具体步骤：

①选留主枝 在植株已经分枝，且这些分枝已具一蓬叶时，就应着手选留。在离地2 m以上高处的两个叶蓬的范围内，挑选着生方位匀称、互生、分散、分枝角度较大的健壮枝5条左右培养为主枝，多余的枝条从基部剪除。一般应保留中央主干，同时又要控制它的生长。选留主枝的工作宜在早春进行。植株在越冬后，一般都会萌发侧芽，形成分枝，因此，只要这些分枝的高度和部位适宜，即可选留。

②诱导分枝 有部分植株已达留枝高度而尚未分枝，或分枝过高时，即应进行人工诱导分枝，常用诱导分枝方法有以下几种。

茎梢包叶法：当植株高达2.5 m左右时，在顶蓬叶处于变色至稳定期间，把顶部6~8片复叶折回，将顶芽包住不使透光，并用绳或橡皮筋捆绑。约20 d后，被包篷叶的侧芽萌发，待芽长1 cm左右，及时解绑顶芽，使顶芽恢复正常生长，它可起到抑制侧枝生长的过旺势头。

药剂脱叶法：此法适用于已达适宜分枝高度而在早春时仍未分枝的植株，用800 mg/L的乙烯利水剂喷洒顶部叶片，经10~12 d叶片脱落，30~40 d后侧芽萌发，长出侧枝。

环剥倒贴皮法：此法适用于分枝部位过高的植株。在高约2.3 m处环刻两圈，两圈刻口的间距为2~3 cm，待排胶停止后，将环刻的树皮取出，倒转方向，再套回原处绑紧。经处理后，在环剥口下方即可长出侧枝，从中选留适宜的分枝。

截干法：此法只限于越冬后侧芽萌发较盛的早春季节采用。截干后萌发侧枝较多，可挑选合适的分枝作为主枝；但也会出现一些不良的分技，要及时修除；同时尽量选留处于顶部的一条侧枝，培养成新的中央主干，使树冠骨架分布比较合理。截干法不宜在生长旺盛季节采用，更不能用摘顶的方法来诱导分枝，以免形成分枝角度小的"V"字形或分枝密集的三叉形不良分枝，那样只会加剧风害。

③培养副主枝 副主枝是在主枝形成后，从中央主干和侧生主枝上长出并成为骨架枝的分枝，也称二级分枝，时间是在留主枝的当年夏季或翌年早春，在主枝上方约0.8~1 m处短截中央主干或个别粗壮的侧生主枝，以诱导分枝，从中挑选6~7条生长健壮的枝条作为副主枝。部分枝条在生长竞争中会被淘汰，但最后能保留7~8条主枝和副主枝构成的树冠骨架，以维持多主枝形的树冠。

(2)修枝

不良分枝要及时进行矫正性修剪，对"V"字形分枝和三叉形分枝，宜选留其中直立健壮的一个分枝以重新培养为中央主干，其余枝条或从基部锯掉，或强度短截以抑制其生长。锯大分枝时，应先从下方锯深达1/3后，再由上面往下锯，可避免截锯时引起枝条的劈裂。

幼龄期树冠发展迅速，枝条之间的竞争也十分剧烈，个别强枝可发展成为树干，向上延伸部分或引起偏冠，而抑制了其他枝条，导致原有树冠的解体。因此，及时控制强枝的生长，促进各主枝的平衡生长，是幼龄期经常性的修剪工作。修剪方法有短截、疏除侧枝、减少叶量，以削弱营养物质的供应。

此外，过于密集树冠也应进行疏剪，使树冠疏朗透风。

修剪强度控制在1/3以内，对当年树围生长量的影响不超过10%。

整形修剪既费工而又影响橡胶树的生长和产量，也不是所有的品系能按照人们的意愿可以培养成理想的树冠。目前，只在多主枝形树冠的无性系RRIM600获得成功的，且也只限于幼、中龄期，树龄过大，也难控制。

在海南省的重风害区橡胶树整形修剪还是必须付诸实施。橡胶树植后第二年始即培养矮、疏、匀、轻多主枝的抗风树型，从而达到保树、保干、保有效割株，力求把风害降至最低限度。

7.4.5.4　茶树

(1)定型修剪

定型修剪目的在于促进分枝，控制高度，便单轴分枝尽早转变为合轴分枝，加速横向扩张，培养粗壮骨架，为建造广阔密集的高产优质树型奠定基础。

定型修剪需经过3次。第一次定型修剪在茶苗达到1或2足龄时，即离地表5 cm高处茎粗超过0.4 cm，苗高25~30 cm，有1~2分枝，在一块茶园内达到上述标准的茶苗占75%时，便可进行。

修剪方法：在离地面12~15 cm高处剪去主枝、侧枝不修，剪时注意选留1~2个较强分枝。凡不符合第一次定型修剪标准的茶苗留待翌年春茶后，高度达25 cm以上再剪。第二次定型修剪是在次年，此时树高应达35~40 cm，剪口高度为25~30 cm。第三次定型修剪是在第二次定型修剪后一年进行的。修剪高度是在第二次剪口的基础上再提高10 cm左右，同时要剪除细弱的分枝和病虫枝。

(2)轻修剪

3次定型修剪后，茶苗高达40~50 cm，幅度为70~80 cm时开始轻采。此时仍以培养树冠为主，增加分枝级数和密度，扩大树冠覆盖度，而且每年树高可以提高8~10 cm，待树高达70 cm时，按轻修剪要求修剪。

轻修剪方法包括将冠面上突出的枝条剪平，以整平冠面。同时，还要剪去生长年度内的部分枝叶，即在上次剪口基础上，提高3~5 cm进行轻度修剪，大叶种壮年茶树，生势强者，轻剪宜重，反之宜浅。轻修剪的周期，有每年或隔年进行的。

(3)深修剪

深修剪也称回头剪，是一种改造树冠、恢复树势的措施。深修剪的深度，以剪除结节枝为原则。结合清除细弱枝和回枯枝等，一般剪除冠面上10~15 cm的枝条。深修剪周期一般控制在5年左右。深修剪后需停采留养一季。

(4)重修剪

重修剪适用于衰老茶树或未老先衰的树。修剪高度一般掌握在树高的1/2处。重修剪后需经 1~2 季停采留养，然后实行打顶轻采，待树冠养成后可正式投产。

(5)台刈

台刈是一种彻底改造树冠的措施。凡是树冠衰老，枝干灰白，寄生地衣、苔藓多，芽叶稀少，对夹叶比例高，产量低下，采用重修剪已不能恢复树势的，均宜采用台刈办法。台刈高度，灌木型茶树离地面 5 cm 处砍去其上的全部枝叶；乔木型离地面 20 cm 左右。经过 3 次台刈或重修茶树，复壮能力已经很弱，此时应更新重种，还可通过嫁接方式复壮。

7.4.6 病虫害防治

病虫害防治是种植园植株管理的重点，是经常性、长期性工作。

热带作物病虫害防治必须认真贯彻“预防为主，综合防治”的植保方针。“预防为主”就是在病虫害发生之前采取有效措施，将其控制或消灭在未发生之前或初发阶段。“综合防治”又称有害生物的综合治理(Integrated pest management，IPM)，就是从生物与环境的整体观点出发，本着预防为主的指导思想和安全、有效、经济、简便的原则，因地制宜，合理运用农业、生物、化学、物理的方法及其他有效的生态手段，把病虫害危害控制在经济阈值以下，以达到提高经济效益、生态效益和社会效益的目的。

病虫害综合防治主要应围绕以下几个方面进行：①消灭病虫害的来源；②切断病虫的传播途径；③利用和提作物的抗病、抗虫性，保护作物不受侵害；④控制田间环境条件，使它有利于作物的生长发育，而不利于病虫的发生发展；⑤直接消灭病原和害虫，或直接对作物进行治疗。

根据热带作物病虫害防治的作用原理和应用技术，可分为农业防治、物理及机械防治、生物防治、化学防治 5 大类。生产上使用的是后 4 类。

7.4.6.1 农业防治

农业防治即是在农田生态系统中，利用和改进耕作栽培技术，调节病原物、害虫和寄主及环境之间的关系，创造有利于作物生长、不利于病虫害发生的环境条件，控制病虫害发生发展的方法。因此，农业防治是综合防治的基础。农业防治不需增加防治费用，不污染环境，不伤害天敌和其他有益微生物，既经济又安全，是防治病虫害夺取农业丰产丰收的根本措施，更是健康栽培的重要环节。农业防治要在选种抗病虫品种、苗木的基础上采取措施。

(1)合理轮作

轮作是防治土传病虫害最有效的手段。一种热带作物在同一块地上连作，就会使其病虫源在土中积累加重。对寄主范围狭窄、食性单一的有害生物，轮作可恶化其营养条件和生存环境，或切断其生命活动过程的某一环节。如大豆食心虫仅危害大豆，采用大豆与禾谷类作物轮作，就能防治其危害。对一些土传病害和专性寄主或腐生性不强的病原物，轮作也是有效的防治方法之一。此外，轮作还能促进有拮抗作用的微生物活动，抑制病原物的生长、繁殖。轮作还可以改良土壤结构，增进土壤肥力，从而提高作物抗病虫能力。水旱轮作对防治旱地作物的土传病虫害，如甘薯瘟、花生青枯病、黄麻根结线虫病等效果最好。

采用轮作时，要了解病原物的寄主范围和它在土壤中的存活期限，以决定轮作作物的种类和轮作期限。轮作是农业生产中的重要问题，必须在实事求是，因地制宜的前提下加以全面考虑，做到既有利于生产，又有利于防治病虫害。

(2)合理的肥、水管理

合理的肥、水管理可以调节作物的营养状况，提高抗病虫能力。

作物往往因缺肥，生长势衰弱而易感病，如水稻缺肥易发生胡麻叶斑病；柑橘缺肥易发虫炭疽病和膏药病。但是，多种病虫害的发生或流行通常是由于氮肥偏施或使用不当而引起的。水稻若在营养生长后期偏施氮肥就会使秆叶徒长、组织柔软、细胞中可溶性氮积聚增加，易招致稻瘟病、纹枯病的发生或流行。因此，肥料的种类、数量、施肥时间，氮、磷、钾三要素和其他微量元素的配合是否恰当，都直接影响作物的抗病力和病原物的侵染力。使用厩肥或堆肥，一定要腐熟，否则肥中的残存病菌以及地下害虫蛴螬等虫卵未被杀灭，易使地下害虫和某些病害加重。合理施肥是防病虫的重要措施。

排水灌溉可以调节土壤水分，对作物的生长和抗病虫能力以及病原物、害虫的繁殖和致病力常有很大的影响。如橡胶园积水、易发生臭根病，若能排除积水，使土壤通气良好。橡胶树生长正常，则可减轻该根病的危害；剑麻园开好排水沟，平地起畦种植，防止麻园积水和雨水径流，对减轻斑马纹病的发生有较大的作用。

(3)调节播种期

有些病虫害常和热带作物某个生长发育阶段的物候期有着密切关系。选择适当播植期，使作物易感病的生育期与病虫害的盛发期错开而起避病作用。例如，在一些地区，菠萝苗在5~6月定植，由于雨水少，心腐病很少发生，若在8~9月雨季定植，则易招致心腐病流行；剑麻种苗在旱季定植，可预防斑马纹病的发生。

(4)田间卫生

田间卫生包括清除病虫株及其残体、深耕除草、铲除野生寄主及转主寄主、剪除或刮除病部、打捞水田浮渣等。目的在于及时消灭初侵染和再侵染来源。

及时清除田间初发病虫株，防止病虫害扩展蔓延，对于所有传染性病害，尤其是病毒病害，可以收到良好的防治效果，如拔除香蕉束顶病的病株。

深耕可把病虫株残体、带病杂草、带毒昆虫翻入土内，使作物组织腐烂，消灭病原菌及杀死带毒昆虫。很多病原物和害虫，除了那些能在土中长期存活的以外，都可以通过深耕而被消灭。如深耕可以消灭稻瘟病菌、柑橘溃疡病菌、蔬菜软腐病菌等。

铲除野生寄主和转主寄主是许多病虫害的有效防治措施。某些锈菌是转主寄生菌，铲除转主寄主，可以杜绝转主寄生，打断其侵染循环，达到消灭锈菌的目的。

剪除病叶、摘除病果、刮除病部是消灭或减少病菌初侵染来源的有效办法。如剪除茶饼病的病叶、刮除橡胶树条溃疡病的病灶和根病树病根的病皮、病木，可大幅减轻其危害。

(5)合理收获(收割)

合理收获是一项重要的防病虫措施。如达到开割标准的剑麻园，在雨季到来之前提前开割，可减轻斑马纹病的发生；在冬季割胶生产中实行“一浅四不割”的安全割胶措施是预防条溃疡病流行的重要途径。

此外，组织培养脱病毒种苗是农业防治上的一个新进展。如某些作物由镰刀菌引起的维管束病虫害和某些病毒病害，病原不侵入顶端组织，利用顶芽几毫米的组织进行组织培养，可获得无病毒的繁殖材料。

7.4.6.2 物理及机械防治

物理及机械防治是利用简单器械和各种物理因素（光、热、电、温湿度和放射能等）来防治作物病害虫。常用的方法有以下几种。

(1)人工器械捕杀

根据害虫的生活习性，使用一些简单的器械捕杀，如用拍板或稻梳捕杀稻苞虫，早晨到苗圃地捕捉地老虎，用铁丝钩捕杀树干蛀道中的天牛等。

(2)筛选

有些病原物和害虫，如菌核病的菌核、线虫病的虫瘿、菟丝子的种子等都可以和作物的种子在脱粒时混杂在一起，随种子的调运而传播。因此，在播种前应该用机械筛选的方法将它们去除。筛选的方法有风选、筛选和水选（盐水、泥水或清水）等。一般风选和清水选种常不能彻底。用盐水选种效果较好。

(3)诱集和诱杀

利用害虫的趋性或其他习性进行诱集，然后加以处理，也可以在诱捕器内加入洗衣粉或杀虫剂，或者设置其他直接杀灭害虫的装置，如灯光诱杀、潜所诱集、利用颜色诱虫或驱虫。还可利用毒饵诱杀大蟋蟀、地老虎等。

(4)阻隔法

根据害虫的危害习性，可设计各种障碍物，以防止害虫危害或阻止其蔓延。早春在树干基部涂黏虫胶环，可以阻杀上树的柑橘灰象甲成虫；咖啡树干用生石灰与水调匀涂白。

(5)利用温、湿度杀灭病虫

一些病原物和害虫可侵入作物种子或无性繁殖器官的内部越冬，可通过用热力处理来灭菌和杀死害虫。温汤浸种是最常用的方法。将种子放入一定温度的热水里，保持一定的时间，直至种子里面的病原和害虫受高温的影响而死亡，但对种子的正常生理功能没有妨碍的这种方法，称为温汤浸种。处理时要注意安全和保证质量。浸种的水量要充足，水温要均匀，操作时要注意翻动，严格掌握时间和水温。带病苗木或接穗也可用热力消毒。如带有黄龙病毒的柑橘苗木或接穗芽条用48~51 ℃的湿热空气处理45~60 min，能使其成为不带毒的繁殖材料。用烧土、烘土、热水浇灌、暴晒等进行土壤消毒。国外也采用手提的丙烷灯灼烧某些果树干上的病斑，治愈了细菌性溃疡病；或用火焰喷射机来消灭田面或土壤浅层中的病菌、越冬害虫和杂草种子。此外，暴晒种子也都可杀死病害虫。例如，处理橡胶树根病树时，用刀刮除病根上的菌膜、菌索，砍除病死根，而后暴晒灭菌；清除胡椒瘟病株后，其病穴用火烧，以消灭或减少侵染来源。

(6)利用某些高新技术防治病虫

射线处理对病原物和害虫有抑制或杀灭作用，如国外用400 Gy/min的 γ 射线处理柑橘果实，当照射总剂量达1250 Gy时，可以有效地防止柑橘贮藏期的腐烂。利用红外线辐射将贮藏物加热至60 ℃经10 min后所有仓库害虫都被杀死，而对种子发芽率并无影响；其缺点是只能杀死深16 cm内的害虫，且费用较高。利用较低剂量射线照射害虫，而使生殖细胞受到影响引起不育，从而产生不育雄虫。利用电磁波、超声波来防治作物病虫害，主要用在仓库中的害虫防治，一般对成虫效果较好，老熟成虫更敏感。

7.4.6.3　生物防治

生物防治是利用生物或其代谢产物控制有害生物种群的发生、繁殖或减轻其危害的方法。目前主要是采用以虫治虫、微生物治虫、以菌治病、抗生素和交叉保护，以及性诱剂防治害虫等方法。例如，利用步行虫、食蚜瓢虫、食蚜蝇等捕食性益虫防治蚜虫等；利用小茧蜂、赤眼蜂等防治菜青虫；利用苏云金杆菌、白僵菌、青虫菌、杀螟杆菌等寄生性细菌和真菌防治菜青虫、食心虫、金龟子、地老虎等多种害虫；利用春雷霉素、灭瘟素、“5406”、内疗素等抗生素，防治根腐病、炭疽病等。20 世纪 60 年代以来，随着各种控制有害生物的生物学方法的发展，有的学者将选育抗虫、抗病的寄主植物，改变耕作技术措施，以及利用辐射不育防治、利用性信息激素等都统称为生物防治。

(1)以虫治虫

利用天敌昆虫防治害虫包括利用捕食性和寄生性两类天敌昆虫。捕食性昆虫主要有螳螂、蚜狮(草蜻蛉幼虫)、步行虫、食虫椿象(猎蝽等)、食蚜虻及食蚜蝇等。寄生性昆虫主要有各种卵寄生蜂、幼虫和蛹的寄生蜂。例如，寄生在凤蝶蛹中的凤蝶金小蜂、寄生在菜粉蝶幼虫中的茧蜂，寄生在咖啡虎天牛中的肿腿蜂，以及寄生在枯叶蛾卵的赤眼蜂等。这些天敌昆虫在自然界里存在于一些害虫群体中，对抑制这些害虫虫口密度起到不可忽视的作用。大量繁殖天敌昆虫释放到田间可以有效地抑制害虫，但更要注意保护田间的益虫，使其能在田间繁衍生息。

(2)微生物治虫

微生物治虫主要包括利用细菌、真菌、病毒等昆虫病原微生物防治害虫。病原细菌主要是苏云金杆菌类，它可使昆虫得败血病死亡。现在已有苏云金杆菌(Bt)各种制剂，有较广的杀虫谱。病原真菌主要有白僵菌、绿僵菌、虫霉菌等。目前应用较多的是白僵菌。罹病昆虫表现运动呆滞，食欲减退，皮色无光，有些身体有褐斑，吐黄水，3~15 d 后虫体死亡僵硬。昆虫的病原病毒有核多角体病毒和细胞质多角体病毒。感病 1 周后死亡。虫尸常倒挂在枝头，一般一种病毒只能寄生一种昆虫，专化性较强。

(3)抗生素和交叉保护作用在防治病害上的应用

抗生素又称抗菌素，指微生物所产生的能抑制或杀死其他微生物(包括细菌、真菌、立克次体、病毒、支原体及衣原体等)的代谢产物或化学半合成法制造的相同的和类似的物质。抗生菌，亦称颉颃菌。能抑制其他微生物的生长发育，甚至杀死其他微生物。有的能产生抗生素，主要是放线菌及若干真菌和细菌等，如链霉菌产生链霉素，青霉菌产生青霉素，多黏芽孢杆菌产生多黏菌素等。用抗生素或抗生菌防治植物病害已取得显著成效。如哈茨木霉防治甜菊白绢病；用“5406”菌肥防治荆芥茎枯病有良好效果。

用非病原微生物有机体或不亲和的病原小种首先接种植物，可导致这些植物对以后接种的亲和性病原物的不感染性，即类似诱发的抵抗性，称为交叉保护。应用此法防治枸杞黑果病获初步成功。

(4)性诱剂防治害虫

性诱剂是一种无毒，对天敌无杀伤力，不使害虫产生抗药性的昆虫性外激素。迄今已合成了几十种昆虫性诱剂用于防治害虫，如小地老虎性诱剂、橘小实蝇性诱剂、瓜实蝇性诱剂等。性诱剂在药用植物病、虫害研究方面的应用目前尚处于刚起步阶段。性诱剂防治害虫主要有两种方法：

①诱捕法　又称诱杀法，是用性外激素或性诱剂直接防治害虫的一种方法。在防治区设置适当数量的性诱剂诱捕器，把田间出现的求偶交配的雄虫尽可能及时诱杀，降低交配率，降低子代幼虫密度，以此达到防治的效果。由于在自然界中雄虫往往可再交配或多次交配，因此其防治效果是有限的，但仍不失为大田害虫综合防治的一项重要措施，经与其他防治手段相互配合，便可收到良好的效果。试验结果表明，在虫口密度较低时，该法防治效果较好。

②迷向法　又称干扰交配，是大田应用昆虫性诱剂防治害虫的一项重要的方法。许多害虫是通过性外激素相互联系求偶交配的，如果能干扰破坏雄、雌昆虫间这种通信联络，害虫就不能进行交配和繁殖后代，此达到防治的效果。

生物防治具有不污染环境、对人和其他生物安全、防治作用比较持久、易于同其他植物保护措施协调配合、节约能源等优点，已成为植物病虫害和杂草综合治理中的一项重要措施。

(5)植物性农药的利用

某些植物的次生代谢产物对昆虫生长有抑制、干扰作用，能对昆虫起到拒食、驱避、抑制生长发育及直接毒杀作用。富含这些高生理活性次生物质的植物均可被加工成农药制剂。害虫及病原微生物对这类生物农药一般难以产生抗药性，这类农药也极易和其他生物措施协调，有利于综合治理措施的实施。生产上已有苦参碱制剂、蛔蒿素制剂、川楝素制剂等得到应用。植物性农药将在今后植物病虫害的防治中起重要的作用，是一个非常值得研究及开发的领域。

7.4.6.4　化学防治

应用化学农药防治作物病虫害的方法，称为化学防治法。其优点是作用快、效果好、应用方便，能在短期内消灭或控制大量发生的虫害，受地区性或季节性限制比较小，是防治病虫害常用的一种方法。但如果长期使用，病虫易产生抗药性，同时杀伤天敌，往往造成病虫害猖獗；有机农药毒性较大，有残毒，会污染环境，影响人畜健康。对有趋化性的黏虫、地老虎等成虫用毒性糖醋液诱杀；对苗期杂食性害虫，可用毒饵诱杀；对有些种子带有病虫害的，可实行药剂浸、拌种等将病虫害消灭在播种之前。

在使用农药时，必须严格遵循：①根据防治对象，选择合适的农药；②根据病虫害发生情况，确定施药时间；③掌握有效用药量，做到科学施药；④根据农药特性，选用适当的施药方法。

7.4.7　生长调节物质的使用

7.4.7.1　植物生长调节物质概述

植物生长调节物质包括植物激素和植物生长调节剂。

(1)植物激素

植物激素是指植物体内营养物质以外的微量有机化合物，它们可以由合成部位移动到作用部位，促进、抑制或改变植物的某些生理过程，也称内源激素。迄今为止，人们发现有五大类激素，即生长素类、赤霉素类、细胞分裂素类、脱落酸和乙烯。此外，还有非激素类的调节物质。

(2)植物生长调节剂

植物生长调节剂是指从外部施用于植物，借以调节植物生长发育的非营养性物质的统称。植物生长调节剂不是内源激素，而是人工合成的、具有植物激素作用的一类有机物质，它们在较低的浓度下即可对植物的生长发育表现出促进或抑制作用。植物生长调节剂进入植物体内刺激或抑制植物内源激素转化的数量和速率，从空间和时间上调节植物的生长发育或改变某些局部组织的微观结构，从效果上起到了植物内源激素的作用。植物生长调节剂分为植物生长促进剂、植物生长延缓剂和植物生长抑制剂。

①植物生长促进剂　是指能促进植物细胞分裂、分化和伸长的化合物。根据其化学结构或活性的不同，又可分为生长素类、赤霉素类、细胞分裂素类、乙烯类和油菜素甾醇类等。

②植物生长延缓剂　不抑制顶端分生组织的生长，而对茎部亚顶端分生组织的分裂和扩大有抑制作用，因而它只使节间缩短、叶色浓绿、植株变矮，而植株形态正常，叶片数目、节数及顶端优势保持不变。主要有矮壮素、丁酰肼、多效唑等。

③植物生长抑制剂　主要作用于植物顶端，对顶端分生组织具有强烈的抑制作用，使其细胞的核酸和蛋白质合成受阻，细胞分裂慢，顶端停止生长，导致顶端优势的丧失。植物形态也发生变化，如侧枝数目增加，叶片变小等。这种抑制作用不是由抑制赤霉素引起的，所以外施生长素等可以逆转这种抑制效应，而外施赤霉素则无效。

植物生长抑制剂中最典型的代表是脱落酸(ABA)。还有三碘苯甲酸、整形素、抑芽丹(青鲜素)、疏果安、调节膦、增甘膦、吲熟酯等。

7.4.7.2　植物生长调节物质在热带作物生产中的应用

植物生长调节剂广泛试用于热带作物生产，诸如刺激增产胶乳，插条生根，营养生长的控制，花芽分化及坐果等多方面都是有一定的效果。目前使用面积最广，成效最卓者，首推乙烯利(一种乙烯发生剂的商品名)，它已经成为割胶生产技术措施不可缺少的组成部分。菠萝上使用的生长调节物质有碳化钙、乙烯利、萘乙酸、2,4-D等，主要是促进菠萝的开花和增加果实的重量。在杧果上，用矮壮素和吲哚丁酸可以促进杧果扦插枝条的生根率，整形素则能抑制扦插枝条的生根率，赤霉素则拖延杧果开花时间，矮壮素和比久能增加花数或果中抗坏血酸的含量。在胡椒上用乙烯利(100 mg/kg)，在采收前作叶面喷雾，促进离层形成，便于机械收获。用于甘蔗催熟增糖较广的有乙烯利、增甘膦等。

7.4.8　防范自然灾害及灾后处理

7.4.8.1　防寒及灾后处理

在热带作物种植区，防寒害是冬季管理的重要工作。降温性质不同，寒害分为平流型和辐射型寒害。不同类型寒害，对作物影响不同，防范措施和处理也不同。在寒害易发地区，在冬前适当施用钾肥；冬季应对当年种植的幼苗搭盖草棚，以保护顶部幼嫩组织。低洼的林地要疏通林带，避免冷空气停滞而加剧寒害。冬季不宜盖草。盖草的草面上必须再盖土。因盖草后，草层把地面与空间分隔，因而得不到地中热量的补充；且由于草面辐射冷却变重了的冷空气易于停滞在草内空隙，致使草面最低温比裸地还低，因而会加重寒害。越冬后应适时清除种植园防寒设施，以免影响苗木生长，造成危害。如果受寒害，在越冬后气温回升稳定时进行处理。干枯或枝枯的寒害树，要在干枯界线分明时，在分界线下方 2~3 cm 处斜锯、修平，涂保护剂。如果不值得处理，应及时补换植，保证林相整齐。

7.4.8.2 防干旱

在我国热区，冬春干旱是经常性现象，尤其是近年来更加严重。防旱是重要工作。防旱，第一，要做好基础设施建设，在坡地修筑等高水平梯田；平地上修沟埂梯田；有条件的，要安装水肥一体化设施。第二，要注重深耕改土，提高土壤保水能力。第三，要进行覆盖，减少水分蒸发。第四，要合理施用磷钾肥，提高作物的抗性。第五，合理灌溉，在作物需水关键期进行及时浇灌。

7.4.8.3 防风

我国热区冬春季、雨季多风，尤其是沿海热区。风害有倒伏、风断和拔根几种情况。为了防风害，应注意合理灌溉、施肥、截顶和修枝整型。风害后，倒伏树要及时进行扶正，并用心土多层回实、盖草、淋定根水，有断技的需要进行修剪和伤口处理。全株倒伏的应据情更换。风害植株应加强盖草、施肥等管理。

7.4.8.4 防火

多年生热带作物，在植株周围进行人工覆盖的，进入冬春干旱季节，风干物燥，容易发生火灾。要做好防火工作，要注意清园，并加强专人巡逻，以免发生火灾。

7.5 常规管理和专项管理

常规管理是指在作物生育期内，按年度和不同生长期实施的管理工作。例如，一年中，按不同季节，不同生长势的树木管理重点不同。又如，入冬前要做好防寒管理。在生育期内，不同年龄段的树木，管理重点不同。例如，橡胶树定植初期重点做好补水、防虫、抹芽工作，初产期重点做好养树工作，盛产期重点做好挖潜工作。

专项管理指围绕产量、质量、效率和可持续发展实施的管理。每项工作都是系统工程，要从品种、宜植地选择、养分管理、水分管理、树体管理方面着手。此处不再赘述。

小结

本章围绕栽培目标，结合热带作物生育所需的环境条件和树体本身，全面介绍热带作物种植园管理的各项工作，包括常规工作和专项工作，重点介绍了作物树体和环境管理。

思考题

1. 要实现热带作物种植园早投产、产量高、产品质量好、效益高，应做好哪些管理工作？
2. 热带作物种植园建园初期，如何管理才能做到苗全、苗齐、苗壮？
3. 如何做好热带作物种植园的养分管理？
4. 如何做好热带作物种植园的植被管理？
5. 从作物产品安全的角度，分析做好热带作物病虫害防治的措施。

1. 热带作物栽培学总论．王秉忠．中国农业出版社，1995.
2. 热带作物病虫害防治学．华南热带作物学院．农业出版社，1993.

参考文献

陈虎保，1981. 生长调节物质在橡胶、甘蔗、胡椒、菠萝、杧果上的应用[J]. 农药(5)：39，54，57-60.

华南热带作物学院，1993. 热带作物病虫害防治学[M]. 北京：中国农业出版社.

李扬东，1996. 植物生长调节剂在热带经济作物上的应用[J]. 生物学通报(6)：45-46.

林位夫，曾宪海，谢贵水，等，2011. 关于橡胶园间作的思考与实践[J]. 中国热带农业(4)：11-15.

刘代兴，戴圣聪，曾建生，等，2019. 火龙果补光集约栽培技术在西双版纳的初步应用 [J]. 热带农业科技，42(4)：40-44.

乔汝香，2015. 植物生长调节剂在热带经济作物上的应用[J]. 中国农业信息(1)：132-133.

王秉忠，1995. 热带作物栽培学总论[M]. 北京：中国农业出版社.

袁淑娜，黄坚雄，潘剑，等，2018. 全周期胶园温光特性及其林下间作作物产量表现[J]. 广东农业科学，45(1)：9-15.

曾宪海，林位夫，谢贵水，2003. 橡胶树旱害与其抗旱栽培技术[J]. 热带农业科学(3)：52-59.

郑定华，陈俊明，陈苹，等，2019. 全周期间作模式胶园间作肾茶的产量及药材质量[J]. 热带作物学报，40(12)：2321-2327.

第8章　热带作物的采收和种植园更新

热带作物采收是实现热带作物栽培目标的重要环节。热带作物收获的产品，涉及作物各部分的器官或组织。有的是收获果实，有的收获叶片，有的是胶乳、木材、花、根等。采收的方法、标准、时间不仅因作物而异，而且同一种作物在不同地区的也不尽相同，也就是采收具有很能强的时间性和技术性。一年生草本作物，收后需要重新栽种，多年生作物，经济寿命结束后，也需要更新种植，即种植园更新。重新栽种或种植园更新也是热带作物栽培的经常性工作，影响到后期产量和质量，需要引起重视。

8.1　热带作物的采收

热带作物采收除有较强的时间性和技术性外，生产中有一个共同性的问题，就是高温多雨的气候条件给产品收获所带来的困难，尤其是在生产规模较大的情况下，如采收不及时，或采收后的保鲜处理跟不上，加工处理不及时，则产品会很快霉变，降低产量和质量，甚至腐败成为废品。因此，采取相应措施，建设必要的设备以保证产品的数量、质量是十分重要的。当前，尤其需要加大机械化采收的应用，降低劳动强度，提高劳动生产率。

8.1.1　采收的目标任务和要求

采收的目标任务是最大限度地采收栽培作物的产品器官或组织，实现高产、优质、高效。要求：

①尽早规划，提前计划。

②保证质量　在收获对象能达到质量最好时开始收获，例如，咖啡要在果红时采收才好。

③适时采收，全面采收　适时采收就是要在适当的时候收获，包括一个种植园的开采和每年的采收。如芽接过的橡胶树应在 100 cm 高处树围达 50 cm 才可开割，每年应在第一蓬叶稳定后开割。全面采收是指不要漏采，也不要忘记一年中最后一次采收。

④安全、不伤树，采养结合　对于多年生热带作物，收获要做到不伤树。如割胶不能伤到树皮的形成层，采摘咖啡时不伤及树枝。

⑤分类采收、存放和预处理　不同地段不同品种的产品应分类采收，不同地段不同品种、不同时间收获的产品应尽可能地分类存放和预处理，以能够追踪产品质量，并能因材料加工，提高产品质量。这方面目前已应用于咖啡的采收及初加工。

⑥及时预处理，保证不变质 就是对采收后产品进行及时处理，以保证获得好的质量。例如，胶乳要及时加氨处理，以防变质。

8.1.2 采收生产的组织与管理

要制订方案，落实时间、采收标准、人员安排、物资配备、资金、场地、加工、销售等各个环节，保证各项工作有人做，有人负责，能落到实处，实现生产组织的高效、协调运转。现以不同器官采收对象生产组织介绍如下。

8.1.3 橡胶树采胶——以营养器官为采收对象的采收

采胶是指在达到开割标准的橡胶树茎干上割破树皮，切断橡胶树树皮上的乳管，使胶乳流出并收集的劳动过程。涉及橡胶幼树长到多大可开始割胶，开割的标准是什么，开割的高度是多少，怎样割法，采用什么割胶制度，以及割面怎样规划等问题。当前橡胶树橡胶采收主要还是人工采收为主，机械采收已进入试验阶段。

8.1.3.1 确定开割标准

开割标准是指一个林段中的橡胶树开始割胶投产的指标。包括两个方面：一是一株橡胶树长到多大才适于开割；二是单位面积上适合开割的橡胶树占多大比例才利于开割。

根据《橡胶树栽培技术规程》规定：同林段内，芽接树离地 100 cm 高处、优良实生树离地 50 cm 高处的茎围达到 50 cm。风、寒害较重地区及树龄已达 10 年，树围达 45 cm 以上的橡胶树占林段总株数 50%的即可开割。林段开割后第三年或开割达 80%以上还未达到开割标准的橡胶树全部开割，不能割胶的无效树及时砍除。

8.1.3.2 进行割面规划

所谓割面，就是阳割线下方及阴割线上方可供割胶的树皮。一株橡胶树可连续割胶几十年，在割胶期间，要变换几次割面，可见割面规划是否合理，对以后几十年的产量有很大的关系。因此，根据橡胶树树皮中乳管的分布、每年割胶的耗皮量、树皮再生速率，以及当地的环境条件，精心设计、合理安排、科学地利用树皮，使整个割胶期内都有足够的树皮可供割胶。割面规划的主要内容包括树皮利用，割线方向和斜度以及割面方向等。

(1)树皮的利用

安排割面时，要使再生皮的恢复和树皮的消耗之间达到平衡。实践表明，第一次再生皮恢复到适于割胶的厚度，实生树需 7~8 年，芽接树需 8~10 年，而第二、第三次再生皮的恢复时间要更长了。耗皮量的多少取决于一年内割胶的次数和每刀耗皮的厚薄。以 S/2 d/3(半螺旋割线，3 天割一刀)割制为例，以每刀耗皮 0.13 cm 计，每月割 10 刀，耗皮约 1.3 cm，云南一年能割胶 8~9 个月，耗皮 10 cm 左右。在树干上，1.3 m 处开割，半树围一个割面的原生皮可割 10 年以上。如按计划割胶，树皮是够轮换的。但是如果不注意，原生皮消耗很快，而再生皮未恢复到适于割胶的厚度，就会出现不平衡的现象，以致树皮不够用，被迫中途停割而影响产量。

在采用常规割制的情况下，实生树第一割面应在离地 50 cm 处开割，第二割面应在离地 80 cm 处开割，第三割面应在第一割面上方离地 120 cm 处开割，第四割面应在第二割面上方离地 120 cm 处开割(图 8-1)，这样安排实生树割面，虽然出现了两次吊颈皮，但是既可照顾再生皮恢复与耗皮量之间的平衡，又可获得较高的产量，因此是比较合理的。

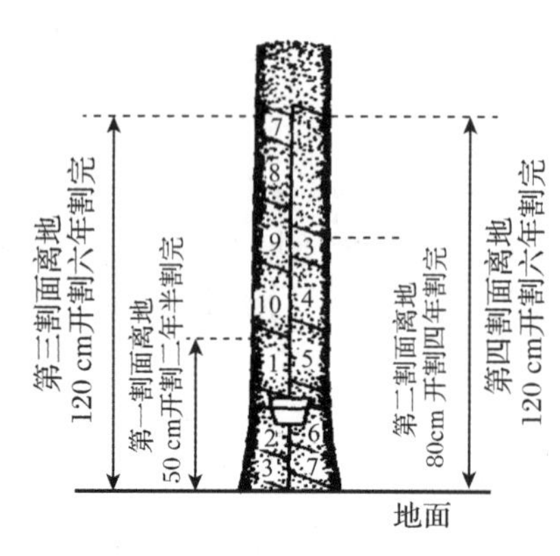

图 8-1　实生树割面规划

(2)割线的方向和斜度

①割线的方向　树皮中乳管与树干成 2°~7°夹角从左下方向右上方螺旋上升，因此，割线斜度相同的情况下，割胶时均采用从左上方向右下方割(左割)，这比从右上方向左下方割(右割)能切断更多的乳管，可获得较高的产量。

②割线的斜度　割线斜度的大小，以利于胶乳畅流为原则。斜度不够，影响排胶，胶乳不能畅流，容易外流造成减产；反之，斜度过大，胶乳流得快，胶线薄，不能很好地保护割口。通常芽接树流液量较大，树皮较薄，所以斜度要比实生树大一些。芽接树也要根据不同品种的胶乳流量、树皮厚度等因素，适当调节割线的斜度。阴刀割线的斜度应比阳刀割线大，否则割胶时胶乳外溢严重。根据不同割线斜度试验比较，一般实生树阳线 22°~25°芽接树阳线 25°~30°，阴线 35°~40°较适宜。

(3)割面方向

在安排割面方向时，首先要考虑便于割胶，其次在边缘而又无屏障的林段，应注意避免早晨阳光直射割面；同时还要考虑一个林段内割面的整齐统一。因此，在平坦的林段，一般割面可与行向平行，第一割面开在东北或西南方向。在丘陵地林段，割面可朝向株间，与梯田面垂直，尽可能避免加剧日晒或寒害。

8.1.3.3　确定割胶制度

割胶是切断橡胶树树皮上的乳管，使胶乳流出的作业。割胶制度则是人们对橡胶树有计划、有节制的采胶措施，使橡胶树排胶强度与产胶能力达到相对平衡。

8.1.3.4　确定开割与停割

开割与停割时间的确定主要根据橡胶树的生长、产排胶状况及气候环境的变化确定。

开割期：第一蓬叶稳定植株达 70% 以上，该林段可开割。

停割期：有下列情况之一者停割：①冬季早上 9 时，胶林下气温仍低于 15 ℃ ，当天不割；连续出现 7 d，当年停割。②正常年份年总割次达到规定，即停割。③正常年份规定年耗皮量已割完，即停割。④经查实，干胶含量已稳定低于冬期割胶控制线以下，即停割。

8.1.3.5　割胶前的准备

(1)准备割胶工具

包括胶刀、磨刀石、胶舌、胶杯、胶杯架、胶刮、胶桶、胶线箩、胶灯等。

(2)好做普查统计

新开割投产的橡胶园，必须在投产前一年年底进行全面普查，对达到开割标准的橡胶树逐株标号登记，统计开割株数和开割率，并划分好树位，按树位建立开割胶园的林谱档案。树位割株定额：原则上掌握在 3 h 内割完，视坡度大小和路程远近，单阳线树位一般 250~300 株；实行阴、阳双线老龄割制的树位一般 200 株左右。

做好开割前林间道路的修整，橡胶树开模，安放胶杯架、胶舌、胶杯、防雨帽、防雨帘等用具，割阴线的树位在阴割线下方安设接胶槽。割胶工具的安放如图8-2所示。

(3)磨胶刀

胶刀磨得好坏，对产量有一定影响。磨得好的胶刀，一般可提高产量4%~10%。因此，认真磨好胶刀，是挖掘增产潜力的一个重要途径。

8.1.3.6　割胶技术

割胶是一项技术性很强的工作，割胶技术的优劣直接影响橡胶树的生长、产量和经济寿命(表8-1)。

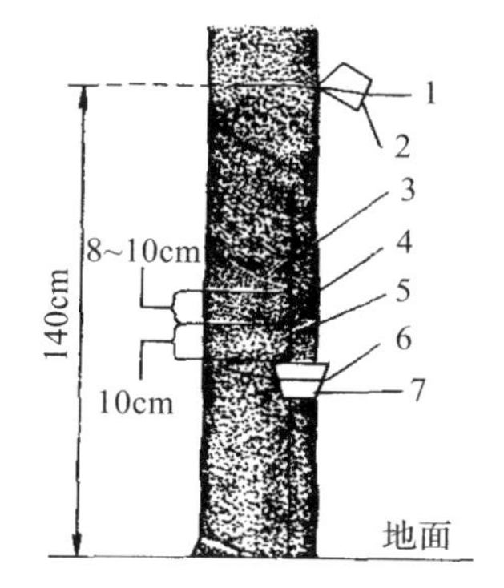

图8-2　胶杯、胶杯架、胶舌的安放位置

1、6. 胶杯架　2、7. 胶杯　3. 割线
4. 前垂线　5. 胶舌

表8-1　割胶技术对橡胶树产量的影响

技术等级	分数	树位干胶总产		年株产干胶	备　注
		(kg)	(%)	(kg)	
一	85	980.12	105.7	4.28	采用S/2　d/2割制229株/树位
二	78.5	927.45	100.0	4.05	
三	65	822.11	88.6	3.59	

(1)割胶技术的基本要求

①伤树少　割胶时尽可能不要伤及树皮内的形成层。一般超深割胶伤及水囊皮也是伤树。应做到基本无大伤和特伤，小伤少。因为橡胶树开割后要连续割胶几十年，如果割伤，伤口便会长瘤，影响乳管生长，降低产量，严重时可使橡胶树失去割胶的价值。

②耗皮适量　橡胶树的经济寿命主要取决于割胶可利用的树皮的消耗量，树皮消耗量大，便会缩短橡胶树的割胶年限，使树皮不够轮换。因此，一般每割次的耗皮量：d/3割制，阳刀1.2~1.4 mm，阴刀1.4~1.6 mm；d/4割制，阳刀1.4~1.6 mm，阴刀1.6~1.8 mm。

③割面均匀，深度适当　树皮内层乳管较多，而且内外乳管列之间基本不连通，所以，要割到适当的深度才能割断更多的乳管列，一般离形成层0.16~0.22 cm。同时深度要均匀，才能做到该割的乳管都割到。这样既可获得较高产量，再生皮也长得平整，便于以后割胶。

④割线斜度平顺　割胶时整条割线要平顺，不要出现波浪形、扁担形，这样利于胶乳畅流，又可使整条割线上都均匀地铺满胶乳，保护割口。这就要求割胶时，每刀切片的厚薄要均匀一致。

⑤下刀、收刀整齐　下刀、收刀是否整齐，直接影响树皮的规划和利用。如果下刀、收刀不整齐，超过水线，把不该割的树皮割了，则会影响另一割面的产量；反之，下刀、收刀不到水线，漏割了树皮，会影响当前产量。

(2)推刀割胶技术的基本要领

胶工割胶时，必须做到手、脚、眼、身配合好，姿势自然，才能做到割胶深浅均匀，切片长短、厚薄均匀。关键必须掌握“稳、准、轻、快”的操作要领。

8.1.3.7 收胶和胶乳的早期保存

(1)收胶

收胶是割胶中最后一个环节，主要要求收得干净，做到点滴回收，不浪费。为此必须掌握好收胶时间，选好收胶工具，熟练收胶操作。在精心割胶的基础上，做到耐心等、细心收，才能丰产丰收。要注意收集杂胶，包括长流胶、胶凝块、胶线和胶泥，一般占总产量15%左右，要注意收集好，以免浪费。

(2)胶乳的早期保存

胶乳的早期保存是胶乳从橡胶树流出来后尚未运到加工厂之前这一阶段的保存。这一阶段虽然时间不长，但胶乳很容易变质、腐败。所谓胶乳变质、腐败就是胶乳变稠、发臭，出现小凝粒和水胶分离。在目前的加工条件下，腐败的胶乳给后续加工带来许多困难，如黏度大、过滤困难；加酸凝固时，很难制成规格一致的凝块；在离心浓缩时，容易堵塞离心机，影响生产进度。此外，用这种胶乳制成的产品质量差，往往只能制成等外胶，带来很大损失。可见制胶生产能否顺利进行，产品质量好坏，首先取决于鲜胶乳质量。而鲜胶乳质量的好坏，关键在于每个胶工和收胶站是否做好胶乳早期保存工作。为此，找出引起胶乳腐败的原因，采取积极应对措施，做好胶乳的早期保存工作，确保鲜胶乳的质量。

生产上主要使用氨水来保存胶乳。与其他保存剂相比，氨水具有使用方便、效果好、来源容易、价格便宜等优点；缺点主要是易挥发、有腐蚀性、刺激眼睛，并增加凝固胶乳的用酸量等。总体上，氨水的优点较多，所以是较好的胶乳早期保存剂。

8.1.3.8 采胶新技术

橡胶树割胶长达30~40年，多年来主要是人工割胶。割胶的劳动投入占整个橡胶生产劳动总投入的60%以上。割胶技术和割胶制度的好坏，不仅影响橡胶树的产量，甚至影响橡胶树产胶寿命；同时，橡胶树产量与当地环境中的温度、湿度和光照有密切关系，为了保证产胶量，割胶通常都在凌晨进行，繁重的体力劳动加上工作环境的恶劣，使胶工短缺成为整个天然橡胶产业发展的新常态，严重制约天然橡胶发展。如何降低人工割胶的劳动强度及提高割胶劳动生产率是当前天然橡胶产业发展的瓶颈，为此，生产中应对此瓶颈的两项采胶新技术应运而生：一是电动割胶；二是智能割胶机器人。

(1)电动割胶

即用电动割胶机采胶。这是由中国热带农业科学院橡胶研究所设计的采胶技术，可以在6 s左右完成一株树的采胶，2017年，新型胶刀已进入生产性大田试割实验。这种割胶刀割面设有特别的保护装置，可以将耗皮量控制在1.5~3.0 mm范围内，同时胶刀质量只有400 g，便于胶工操作。实验结果显示，一名胶工可以一上午收割800~900株橡胶树，不仅降低了胶工技术对橡胶树的影响，而且总产量也得到10%的提升，是割胶技术上的重大突破。

(2)自动化智能割胶机采胶

为减轻人工割胶的劳动强度，提高割胶劳动生产率，国内外在大力探索和研究自动化割胶。海胶集团与中创瀚维于2016年开始联合研发“全自动智能化割胶系统”，从根本上解决胶工短缺的问题。据悉，该系统由全自动割胶机器、手机 APP、大数据及应用端构成，通过将全自动割胶机器安装在橡胶树上，通过手机 APP 即可指导割胶，并将割胶所获得的数据如橡胶产量、天气影响、病虫害情况等及时通过手机传输到终端系统，结合橡胶价格、影响产量的其他因素等数据综合分析，为天然橡胶生产实现智能化管理提供条件。该套系统割胶时间可控，可根据天气、环境等因素灵活预设割胶时间，使每株橡胶树在最佳排胶时间产胶，从而达到高产、稳产的目的；并能根据产胶动态数据，结合土壤等其他数据综合分析。截至目前此项技术大规模运用还存在一些难题亟待破解，如何降低设备生产成本、如何保胶防盗、如何方便携带等一系列问题有待进一步完善。

(3)智能割胶机器人采胶

海南橡胶联合北京理工华汇智能科技合作研发出了自主移动割胶机器人。据了解，该机器人具有自主导航移动功能，可根据胶林地形，自由在胶树间穿梭。机器人所搭载的机械臂，配备视觉伺服系统及自制割胶刀具，能够精准完成对每棵橡胶树的割胶作业。但同样面临成本高、山地割胶。

8.1.4　小粒种咖啡采收——以果实为采收对象的采收

每年 10 月中旬，我国开始先后进入 4 个月左右的咖啡鲜果采收期。为确保咖啡质量，咖啡采收要注意咖啡的成熟度、采收方法和过程。

8.1.4.1　小粒种咖啡鲜果及成熟标志

咖啡树结出的完整的新鲜成熟浆果。咖啡果实表皮由绿色变为红色的标志。合格的咖啡鲜果标准为自然红熟，成熟度达 90% 以上，无绿果、黑果、病斑果、干果和杂质等；劣质的咖啡鲜果为绿果、黑果、病斑果、干果和杂质等。

咖啡于 10 月至翌年 3 月陆续分批成熟(部分区域为 9 月至翌年 2 月分批成熟)，为保证咖啡加工质量，应分批采摘。咖啡果实呈鲜红色为成熟的标志，果实成熟后应及时采收，做到随熟随采。

8.1.4.2　咖啡鲜果采收要求

咖啡果实自生长不久后都是呈现出绿色的颜色，随着土壤、温度以及降水量等自然因素的作用下日渐成熟，咖啡果实表皮的颜色也慢慢地开始发生变化。通常情况下成熟的咖啡果实，其表皮的颜色多呈红色或者是紫红色，但也有成熟时果皮为金黄色的品种，例如黄波邦品种。

正常的咖啡果实内包含一对左右对称、合抱成椭圆形的种子，这对种子就是咖啡豆。每粒咖啡豆都有一层薄薄的外膜，此膜被称为银皮，其外层又覆一层黄色的外皮，成为内果皮；整个咖啡豆被包藏在黏性的浆状物中，形成咖啡果肉，称为中果皮。其中，外果皮由一层薄薄的硬质木质化的细胞组成，外面散生气孔；中果皮由数层多角形大的木质化细胞组成，其最内部数层细胞略呈压缩状，细胞间可见含大量纤维的维管束；内果皮即种壳，由石细胞组成的一层角质薄壳；种皮即银皮，是种子外层的薄皮，种皮的颜色和厚薄是区分品种特征之一；种仁，即胚乳，是去除银皮的咖啡豆，即商品咖啡豆。种子含有胚乳与胚两部分，胚在胚乳基部。切开胚乳可见到带有一对肉质葵扇状的子叶和白色的胚。

咖啡果实的适时采收是确保咖啡加工质量的一个重要环节——未熟果不含胶黏物，在脱果皮时，不易脱去果皮，咖啡豆容易被切碎和压破，且加工后绿色带银皮咖啡豆的比例较高；过熟果加工后褐豆和黑豆比例较高，色泽和饮用品位差；只有正常成熟果加工出的咖啡才能保证生咖啡豆的加工色泽、品味、内含物、香气等方面的要求。咖啡果实由金黄色变成鲜红色为适宜采收期，此时采收的咖啡果实果皮鲜红色，轻轻挤压一下，咖啡豆粒就能轻易地弹出。而少部分追求精品咖啡做微批次处理的厂商，为提高咖啡豆甜感和风味，会要求咖啡果成熟度的颜色为紫红色(黄果品种为金黄色)，咖啡果的果胶糖含量达20%以上。

具体采收要求如下：

第一，采摘时必须选择成熟红(黄)色成熟果实，严禁采摘青果、绿果。

第二，采摘的成熟果要与过熟果、病果、干果分开收集，不得混装在一起。

第三，采摘应从里向外采摘，单果采摘，只采红色成熟果，分批、分级采摘，分级盛装，分别加工，不得一把将果穗摘下来，所采摘果实不得带果梗(柄)，不得将叶子一同摘下，不得损坏枝条、花芽；要求绿果加干果采摘率低于2%。

第四，最后一批次采果，不管红果绿果全部采下。采果过程中勿折损枝条，不带果柄，以免影响翌年产量。

第五，采摘的鲜果必须集中收集置于阴凉处，防止太阳暴晒，以免发热或水分损失而影响咖啡质量。

第六，采摘的鲜果必须当天运到加工厂进行加工，防止过夜发酵而降低咖啡的质量。

第七，鲜果运输车辆必须洁净、无毒、无异味，不得与其他物资混装，装卸时应轻装轻放。

第八，用于运装鲜果的袋子必须洁净无污染，不得使用装过农药、化肥等有毒、有异味的袋子盛装咖啡鲜果。

第九，头批果采摘：10月初及时进行第一批采摘，第一批应将正常成熟的红果与干果、病果、过熟果分开采摘和盛装，并将这些不正常成熟的劣质果实全部采摘干净；中期果采摘：从第二批开始每隔10~15 d采摘一批，避免过熟和采摘绿果；尾果采摘：2~3月视成熟情况适时采摘最后一批果实，将红果和绿果分开采摘和盛装，以保证加工质量。

8.1.4.3 小粒种咖啡鲜果采收方法

(1)人工采收分为手摘采收法和速剥采收法

人工采收分为手摘采收法和速剥采收法。常规手摘采收法是目前最常用的采收方式。这种采收方式是一种高强度的劳动，采果量根据鲜果成熟度的一致性不同而差异较大。采收时只采收成熟咖啡果，采收时要逐个采收，不得将叶片一同摘下，以免损伤咖啡枝条、叶片、花芽。采下的咖啡果要放在阴凉处，防止太阳暴晒。此法优点是：可以摘到最好的全熟红果；缺点是：采收人员要经培训，每人日采收量偏低。若种植面积大，需要雇佣劳动力才能在限期内采收完成。

速剥采收法是一次将整个枝条上所有果实以熟练的手法快速剥除，此法采收的问题是：成熟果与未熟果混杂，成熟度不一，质量低且伤树；优点是：可以快速采收咖啡果。

(2)机械振动搅拌式咖啡采收

目前在巴西使用。巴西境内有许多地势平坦的区域，种植咖啡树时按照统一品种，利用拖拉机按照固定的株行距定植，所以采收时可以将大型振动式拖拉机咖啡园中，利用机械发出震动式的搅拌让咖啡果掉落到拖拉机中进行收集。使用此机械采收最大的问题是会采收到未成熟果。因为即使处于咖啡鲜果成熟高峰期，咖啡树上的果实在同一枝条上，也会包含有成熟果与未熟果，这种机械方式采收可以大大降低劳动力成本，但咖啡果质量会有所降低。还会导致过熟果，破损果，落叶等被打落。

(3) 手背式半自动咖啡采收

属于半自动采收，以手持器具做辅助，将咖啡果实从枝干上震动剥离下来，同时在咖啡树脚用网兜和工具接住掉下的咖啡果。这种采收方式操作器具的工人需要经过简单培训，但难度不高。优点是：每人采收咖啡量比人工手摘高出 50%；缺点是：由于采用震动方式，将成熟的咖啡果实震离树枝，所以有时会连同过熟的果实一并摘落，红果与过熟黑果一并摘下，也可能连半成熟果也会摘下，同时也会打落一些落叶，咖啡果总体质量逊于人工采收。

8.2　热带作物换种和种植园更新

一年生热带作物采收后需要重新栽种。多年生热带作物，经多年采收，树龄较老或因遭受自然灾害影响，单位面积内的有效株少、产量低的种植园，在失去其经济效益时，必须重新种植，这种作业过程称为种植园更新。种植园更新是热带作物生产周期中的重要阶段，也是使种植园可持续发展的重要措施。重新栽种主要涉及种苗准备和连作副作用的预处理。连作负作用影响需要引起重视。这里重点介绍多年生作物的更新，即种植园更新。种植园更新是个系统工程，需要做好相关准备。

8.2.1　做好更新规划

首先调查现有作物保存率、寒、风害灾害以及产量等情况，据此分类排队，综合分析，做出更新规划。一般先更新单位面积产量低的种植园。

种植园更新，要按环境友好型种植园，对山、水、林、路，按生态模式实行规划，把新一代作物园建设成工程质量高、抗灾能力强 ，优质、高产、高效的现代化热带作物生产基地。

8.2.2　做好更新准备

为了减少更新对产量的影响，节省投资和减轻劳动强度，在更新前应做好以下几项准备工作。

(1) 制订更新计划

包含总任务和年度计划、地点和投资。这项计划的制订涉及强割的安排，种苗、资金、各项物资和肥料的准备。更新的年度、面积、具体地段要作出规划，并绘制成图，以便组织落实更新措施。

(2) 提前采收

根据更新规划的次序，按更新砍伐的时间，制订出强采措施，如橡胶树要以挖掘橡胶树的最大产胶量，采取比正常割胶强度大一倍或几倍的措施，尽最大可能在橡胶树砍伐前获取更多的橡胶产量。

(3) 提前育苗

根据更新定植计划，必须提前准备好足够的优良定植苗木，包括优良品种的苗木、覆盖苗及间作用的经济作物苗等。

(4)开展根病树调查和处理

多年生作物容易得根病。为减少根病的发生，需要对更新林段检查，并对病区、病树做出明显标记，并做处理。

(5)提前做好器材准备

维修更新机具，准备好人工配套用具，如锯、斧、锄、刀等。此外，肥料、农药等也应备足。

小 结

本章介绍热带作物的采收和采后续种相关要求。采收部分以采胶和咖啡果采收为例介绍以营养器官和生殖器官为收获对象的热带作物的采收要求。采后续种相关要主要介绍多年生种植园的更新

思考题

1. 热带作物连作要注意哪些问题？
2. 为什么热带作物的采收要采养结合？

推荐阅读书目

热带北缘橡胶树栽培．何康，黄宗道．广州：广东科学技术出版社，1987.

参考文献

佚名，2019. 海南橡胶合作研发自主移动割胶机器人首次亮相[J]. 广东橡胶(10)：29.

华南热带作物学院，1991. 橡胶树栽培学[M]. 2 版．北京：农业出版社．

王秉忠，1997. 热带作物栽培学总论[M]. 北京：中国农业出版社．

许振昆，2015. 用全自动割胶机打造橡胶行业“农业 4. 0”[J]. 橡塑技术与装备(17)：71.

第三篇

现代农业创新与热带作物栽培

第9章 热带作物高效栽培和可持续发展

高效是栽培热带作物的目标之一，是高产、优质和低投入的共同体现。可持续发展是最终目标。高效栽培、可持续发展是系统工程，涉及良种选育、宜植地选择、科学的栽培措施和适时适量的采收。在新的时期，还要结合设施栽培、节水栽培、标准化、健康栽培、生态栽培、智慧栽培、农旅融合和栽培作业的管理等新理念和新技术的应用，综合施策。

9.1 热带作物设施栽培

设施栽培是指露地不适宜作物生长的季节或地区，利用工程技术手段和工业化生产方式，改变自然光温条件，创造优化植物生长的环境因子，使其在最经济的生长空间内，获得最高的产量、品质和经济效益的一种高效农业。与露地栽培相对应，设施栽培在一定程度上克服了传统露地栽培难以解决的限制因素，加强了资源的集约高效利用，大幅度提高了作物的生产力，使单位面积产出成倍乃至数十倍地增长。设施栽培还打破了露地栽培在地域和时季的自然限制，具有高投资、高产出、高效益、无污染、可持续农业等特征。

9.1.1 热带地区进行设施栽培的必要性

热带地区终年温暖，有利于植物生长。但事实上，大多数热带地区的作物产量往往不如温带地区的高，温带经营良好的农作物，太阳能利用率一般可达2%；但在热带大多数情况下，太阳能利用率往往小于0.2%，原因除了社会和经济技术诸多方面外，还有自然条件方面的原因。热带地区自然条件方面的不利有3个方面：一是气候方面存在降水不均、有效性差、热带风暴频繁、高温烈日、高温高湿的特征；二是热带地区的土壤中有机质含量低，自然潜在肥力不高，土壤质地黏重、理化性状不良；三是热带地区野草、真菌、寄生生物、鼠、鸟、兽害等较难控制，病虫害严重。采用设施栽培技术可以解决农业生产若干必需的气候条件，包括光、温、水、热、气等在匹配不好的问题，为作物生长提供适宜的环境条件，减轻热带地区气候、土壤和生物等不利条件。

9.1.2 热带地区主要的设施栽培类型

热带地区设施栽培主要有地膜覆盖栽培、棚室栽培、无土栽培和工厂化种植等类型。

9.1.2.1 地膜覆盖栽培

地膜覆盖后，阻断了水分往空气中蒸发，保持土壤水分，维持土壤疏松透气且不会板结，改善了土壤的物理和化学性状，减少病虫害的发生，提高作物的产量和品质。

9.1.2.2　棚室栽培

棚室栽培主要包括塑料大棚栽培和玻璃温室栽培两类。

塑料大棚栽培是利用竹木、钢材等材料，并覆盖塑料薄膜，搭成拱形棚，供栽培作物所用；塑料大棚能够提早或延迟供应，提高单位面积产量，有利于防御自然灾害。塑料大棚栽培造价低，取材容易，可因地制宜。玻璃温室是指以玻璃作为采光材料的温室。在栽培设施中，玻璃温室室是使用寿命最长的一种形式，但玻璃温室栽培造价较高，一般在日常生产中较少采用。我国生产中采用的主要是塑料薄膜温室。热带地区的棚室主要是采用遮阳网、防虫网、无纺布等覆盖的网室。这类网室通风、透气、防虫、降温，适用于热带地区或高温多雨季节使用。

9.1.2.3　无土栽培

无土栽培是指不用天然土壤而用基质或仅育苗时用基质，在定植以后用营养液进行灌溉的栽培方法。无土栽培技术是随着温室生产发展而研究出来的一种新栽培方式。由于无土栽培可人工创造良好的根际环境取代土壤环境，有效防止土壤连作病害及土壤盐分积累造成的生理障碍，充分满足作物对矿质元素、水分、气体等环境条件的需要，栽培用的基本材料又可以循环利用，因此具有省水、省肥、省工、高产优质等特点。

无土栽培技术可分为两大类：基质栽培和无基质栽培。前者是作物根系固定在基质中，植株通过基质吸收营养液，栽培方式有袋培、槽培、有机基质培、无机基质培等方法；无基质栽培也被称为水培，即根系直接和营养液接触。无土栽培必须在特殊设备下进行栽培，初期投资费较高；另外由于营养液易受病原菌感染而使植物受害。现阶段无土栽培面积不大，主要用于蔬菜生产。

9.1.2.4　工厂化种植

工厂化种植是综合运用现代高科技、新设备和管理方法而发展起来的一种全面机械化、自动化技术(资金)高度密集型生产方式，能够在人工创造的环境中进行全过程的连续作业，从而摆脱自然界的制约。

工厂化种植是继温室栽培之后发展起来的一种高度专业化、现代化的栽培方式，是设施栽培的高级层次。一般包括加热、降温、通风、遮阳、滴灌以及中心控制系统等。工厂化种植利用成套设施或综合技术，使种植业生产摆脱自然环境的束缚，实现了周年性、全天候、反季节的规模化生产。

9.1.3　设施栽培技术

设施栽培技术包括了设施内环境的调控、基质选择、营养液配方确定和配制、栽培技术实施和管理等方面的内容。下面针对环境调控和无土栽培技术进行介绍。

9.1.3.1　设施栽培技术的环境因子及调控

环境调控就是以实现作物的增产、稳产为目标，依据作物的生长发育特性、外界的气象因素以及环境调节措施的成本等情况综合考虑，将作物生长的多种环境要素(如室温、湿度、CO_2 浓度、气流速度、光照等)都维持在适宜的水平，而且要求使用最少量的环境调节装置(通风、保温、加温、灌水、施用 CO_2、遮光、利用太阳能等各种装置)，做到既省工又节能，便于生产人员科学管理的方法和技术。主要的调控因子如下：

(1)光照环境的调节与控制

农业设施内对光照条件的要求：一是光照充足；二是光照分布均匀。我国目前主要还依靠增强或减弱农业设施内的自然光照，适当进行补光。

①改进农业设施结构提高透光率

a. 选择好适宜的建筑场地及合理建筑方位：确定的原则是根据设施生产的季节，当地的自然环境，如地理纬度、海拔高度、主要风向、周边环境(有否建筑物、有否水面、地面平整与否等)。

b. 合理的透明屋面形状：生产实践证明，拱圆形屋面采光效果好。

c. 骨架材料：在保证温室结构强度的前提下尽量用细材，以减少骨架遮阴，梁柱等材料也应尽可能少用，如果是钢材骨架，可取消立柱，对改善光环境很有利。

d. 选用透光率高且透光保持率高的透明覆盖材料：我国以塑料薄膜为主，应选用防雾滴且持效期长、耐候性强、耐老化性强等优质多功能薄膜，漫反射节能膜、防尘膜、光转换膜。大型连栋温室，有条件的可选用板材。

②改进栽培管理措施

a. 保持透明屋面干净，提高透光率。

b. 在保温前提下，尽可能早揭晚盖外保温和内保温覆盖物，增加光照时间。

c. 合理密植，合理安排种植行向，目的是减少作物间的遮阴。密度不可过大，否则作物在设施内会因高温、弱光发生徒长，作物行向以南北向较好，没有死阴影。

d. 加强植株管理，高秧作物及时整枝打杈，及时吊蔓或插架。进入盛产期时还应及时将下部老叶摘除，以防止上下叶片相互遮阴。

e. 选用耐弱光的品种。

f. 地膜覆盖，有利地面反光以增加植株下层光照。

g. 采用有色薄膜，人为创造某种光质，以满足某种作物或某个发育时期对该光质的需要。注意有色覆盖材料其透光率偏低，只有在光照充足的前提下改变光质才能收到较好的效果。

③遮光　遮光主要有两个目的：一是减弱保护地内的光照强度；二是降低保护地内的温度。遮光材料要求有一定的透光率，较高的反射率和较低的吸收率。遮光可以用遮阳网、无纺布、竹帘等材料覆盖；将玻璃面涂白也是一种手段。

④人工补光　人工补光的目的首先是补充光照，满足作物光周期的需要，当黑夜过长而影响作物生育时应进行补充光照；其次是为了抑制或促进花芽分化，调节开花期，也需要补充光照。这种补充光照要求的光照强度较低，称为低强度补光。另外的目的是作为光合作用的能源，补充自然光的不足。

(2)温度环境的调节与控制

农业设施内温度的调节和控制包括保温、加温和降温 3 个方面。温度调控要求达到能维持适宜于作物生育的设定温度，温度的空间分布均匀，时间变化平缓。热带地区设施多涉及降温调控。保护设施内降温最简单的途径是通风，但在温度过高，依靠自然通风不能满足作物生育的要求时，必须进行人工降温。降温方法有遮光降温法、屋面流水降温法、蒸发冷却法、强制通风等方法。

①遮光降温法　在与温室大棚屋顶部相距 40 cm 左右处张挂遮光幕，对温室降温很有效。遮光 20%～30%时，室温相应可降低 4～6 ℃。一般塑料遮阳网都做成黑色或墨绿色，也可以在屋顶表面及立面玻璃上喷涂白色遮光物，但遮光、降温效果略差。在室内挂遮光幕，降温效果比在室外差。

②屋面流水降温法　流水层可吸收投射到屋面的太阳辐射的 8%左右，并能用水吸热来冷却屋面，室温可降低 3～4 ℃。采用此方法时需考虑安装费和清除玻璃表面的水垢污染的问题。水质硬的地区需先对水质做软化处理再用。

③蒸发冷却法　使空气先经过水的蒸发冷却降温后再送入室内，达到降温的目的。

④强制通风　大型连栋温室因其容积大，需强制通风降温。

(3) 湿度环境的调节与控制

农业设施内的湿度环境，包含空气湿度和土壤湿度两个方面。根据作物各生育期需水量和土壤水分张力进行土壤湿度调控。不同的植物及植物不同的生育期对室内空气相对湿度要求不同，但多数热带作物生长适宜的相对湿度为 60%～90%。

①降低室内湿度的调节　室内湿度过高是温室内环境常出现的情况，降低室内湿度可以采取以下的调节措施：

a. 通风换气：通风换气是最经济有效的降湿措施，尤其是室外湿度较低时，通风换气可以有效排除室内的水汽，使室内绝对湿度和相对湿度得到显著降低。

b. 加温降湿：冬季结合采暖的需要室内进行加温，可有效降低室内相对湿度。

c. 地膜覆盖与控制灌水：室内土壤表面覆盖地膜或减少灌溉用水量，均可减少地面潮湿的程度，减少地面的水分蒸发。近年推广采用的膜下滴灌或地下渗灌等节水灌溉技术，可使地面蒸发降低到最小限度，室内可控制相对湿度在 85%以下。

d. 防止覆盖材料和内保温幕结露：为避免结露的产生，应采用防流滴功能的覆盖材料或在覆盖材料内侧定期喷涂防滴剂，同时在构造上，需保证材料内侧的凝结水能够有序流下和集中。

e. 其他降湿的技术与设备：采用机械制冷的方法，降低空气温度至露点以下，可使空气中的水分凝结出来，使空气绝对湿度降低。专用除湿机在运转中，其散热的部分将热量(除湿机运转中消耗的电能)散发于室内，兼有加温的作用。这种方法除湿效果显著，但设备费用和运行费用较高。

②加湿调节　温室内也可能出现较为干燥的环境，如在夏季高温干燥季节，室内植物较为稀少，室内采用无土栽培方式或采用床架栽培方式、采用混凝土地面等。当室内相对湿度低于 40%时，需要加湿。在一定的风速条件下，适当地增加一部分湿度可增大植物叶片气孔开度从而提高作物光合强度。常用的加湿方法有：增加灌水、喷雾加湿与湿望风机降温系统加湿等。在采用喷雾与湿垫加湿的同时，还可达到降温的效果，一般可使室内相对湿度保持在 80%左右，用湿垫加湿不仅降温、加湿效果显著，且易于控制，还不会产生打湿叶片的现象。

(4) 气体环境的调节与控制

农业设施内的气体条件往往被人们所忽视，设施内空气质量和空气流动能够补充 CO_2，增强作物光合作用，促进作物的生长发育，提高作物的产量和品质，同时排出有害气体，防止作物受害，故必须对设施环境中的气体成分及其浓度进行调控。

①二氧化碳浓度的调节与控制　目前我国应用最多的是化学反应法：采用碳酸盐或碳酸氢盐和强酸反应产生 CO_2，国内已有厂家生产 CO_2 气体发生器，都是利用化学反应法产生 CO_2，已在生产上有较大面积的应用。也可以用液态 CO_2：为酒精工业的副产品，经压缩装在钢瓶内，可直接在设施内释放，容易控制用量。还可以用固态 CO_2(干冰)放在容器内，任其自身的扩散，可起到施肥的效果，但成本较高，适合于小面积试验用。用有机肥发酵、通风换气、燃烧(天然气、煤、焦炭等)法等方法，不易控制。

②预防有害气体

a. 通风换气：每天应根据天气情况，及时通风换气，排除有害气体。

b. 合理施肥：大棚内避免使用未充分腐熟的厩肥、粪肥。不施用挥发性强的碳酸氢铵、氨′水等。施肥要做到基肥为主，追肥为辅，追肥要按“薄肥勤施”的原则。要穴施、深施，不能撒施，施肥后要覆土、浇水，并进行通风换气。

c. 选用优质农膜：选用厂家信誉好、质量优的农膜、地膜进行设施 栽培。

d. 安全加温：加温炉体和烟道要设计合理，保温性好。

e. 加强田间管理：经常检查田间，发现植株出现中毒症状时，应立即找出病因，并采取针对性措施，同时加强中耕，促进受害植株恢复生长。

(5)土壤环境及其调控

设施内的土壤营养状况直接关系作物的产量和品质，是十分重要的环境条件。设施内容易存在土壤盐渍化、土壤酸化、连作障碍的问题，因此必须采取综合措施加以改良；对于新建的设施，也应注意上述问题的防止。

①科学施肥　科学施肥是解决设施土壤盐渍化等问题的有效措施之一。一是增施有机肥，提高土壤有机质的含量和保水保肥性能；二是有机无机肥混合施用，氮、磷、钾合理配合；三是选用尿素、硝酸铵、磷铵、高效复合肥和颗粒状肥料，避免施用含硫、含氯的肥料；四是适当补充微量元素。

②实行必要的休耕、轮作　土壤出现盐渍化时应适当进行休耕，以改善土壤的理化性质，同时实行合理的轮作。

③灌水洗盐　一年中选择适宜的时间(最好是多雨季节，解除大棚顶膜，使土壤接受雨水的淋洗)，将土壤表面或表土层内的盐分冲洗掉。必要时可在设施内灌水洗盐。

④更换土壤　土壤盐渍化严重或土壤传染病害严重时，可采用更换客土的方法。当然这种方法要花费大量劳力，一般是在不得已的情况下使用。

⑤土壤消毒　土壤消毒可以采取药剂消毒和蒸汽消毒。药剂消毒：根据药剂的性质，有的灌入土壤，也有的洒在土壤表面。

9.1.3.2　无土栽培

无土栽培是指不用天然土壤而用基质或仅育苗时用基质，在定植以后用营养液进行灌溉的栽培方法。一般无土栽培的类型主要有水培、岩棉培和基质培三大类。

(1)栽培固体基质的要求和种类

①栽培固体基质的选用要求　基质是无土栽培中重要的栽培组成材料，因此，基质的选择便是一个非常关键的因素，要求基质不但具有像土壤那样能为植物根系提供良好的营养条件和环境条件的功能，并且还可以为改善和提高管理措施提供更方便的条件。因此，

对基质应根据具体情况予以精心选择。基质的选用原则可以从 3 个方面考虑：一是植物根系的适应性；二是基质的适用性；三是基质的经济性。

②固体基质的种类　固体基质的分类方法很多，按基质的来源分类，可以分为天然基质和人工合成基质两类。如沙、石砾等为天然基质，而岩棉、泡沫塑料、多孔陶粒等则为人工合成基质。人工合成基质一般成本要高于天然基质。

(2)营养液

营养液是无土栽培的核心，主要涉及营养液的水质、肥料、配方、营养液配制及其管理。无土栽培对水质要求严格，尤其是水培，不像土栽培具有缓冲能力，所以许多元素含量都比土壤栽培允许的浓度标准低，否则会发生毒害。一些农田用水不一定适合无土栽培，收集雨水做无土栽培，是很好的方法。无土栽培的水，pH 值不要太高或太低，一般作物对营养液 pH 值的要求从中性为好，如果水质 pH 值偏低，就要用酸或碱进行调整。

营养液配制是无土栽培的基础和关键。进行无土栽培作物时，要在选定配方的基础上正确地配制营养液，避免产生沉淀的盐类，保证营养液中的各种营养元素有效地供给作物生长，以取得栽培的高产优质。不正确的配制方法，一方面可能会使某些营养元素失效，另一方面可能会影响营养液中元素的平衡，严重时会伤害作物根系，甚至造成作物死亡。因此，掌握正确的营养液配制方法，是无土栽培作物最起码的要求。

①营养液组成原则

a. 营养液必须含有植物生长所必需的全部营养元素(除 C、H，O 之外其余 13 种：N、P、K、Ca、Mg、S、Fe、B、Mn、Zn、Cu、Mo、Cl)。

b. 含各种营养元素的化合物必须是根部可以吸收的状态，即可以溶于水的呈离子状态的化合物，通常都是无机盐类，也有一些是有机螯合物，如铁。

c. 营养液中各营养元素的数量比例应是符合植物生长发育要求的、均衡的。

d. 营养液中各营养元素的无机盐类构成的总盐分浓度及其酸碱反应应是适合植物生长要求的。

e. 组成营养液的各种化合物，在栽培植物的过程中，应在较长时间内保持其有效状态。

f. 组成营养液的各种化合物的总体，在被根吸收过程中造成的生理酸碱反应应是比较平稳的。

②营养液配方实例　现在世界上已发表了无数的营养液配方，其中世界最著名的莫拉德营养液是最方便、简单、效果良好的培养液之一。配方如下：

a. A 液：硝酸钙 125 g、硫酸亚铁 12 g。以上加入 1 kg(1 L)水中。

b. B 液：硫酸镁 37 g；磷酸二氢铵 28 g；硝酸钾 41 g；硼酸 0.6 g；硫酸锰 0.4 g；硫酸铜 0.004 g；硫酸锌 0.004 g。以上加入 1 kg(1 L)水中。

③营养液配制　首先按配方的组成配制浓缩贮备液，然后用贮备液配制工作营养液。具体的配制步骤如下。

a. 分别称取上述各种肥料，置于干净容器或塑料袋待用。

b. 混合和溶解肥料时，要严格注意顺序，要把 Ca^{2+} 和 SO_4^{2-}，PO_4^{3-} 分开，即硝酸钙不能与硝酸钾以外的几种肥料如硫酸镁等硫酸盐类、磷酸二氢铵等混合，以免产生钙的沉淀。

c. A罐肥料溶解顺序，先用温水溶解硫酸业铁然后溶解硝酸钙，边加水边搅拌直至溶解均匀；B罐先溶硫酸镁然后依次加入磷酸二氢铵和硝酸钾加水搅拌至完全溶解，硼酸以温水溶解后加入，然后分别加入其余的微量元素肥料。A、B两种液体罐均分别搅匀后备用。

d. 使用营养液时，先取A罐母液10 mL溶于1 kg水中，再在此1 kg水中加入B罐母液，即可使用。

e. 注意调整营养液的酸碱度。

9.2 热带作物节水栽培

种植业是一个用水量较大的行业，加之热带物物种植区降水分布不均，又多在偏远山区，节水栽培热带作物有重要意义。

9.2.1 节水栽培概述

节水栽培是节水农业的一部分。节水农业是提高用水有效性的农业，是水、土、作物资源综合开发利用的系统工程。衡量节水农业的标准是作物的产量及其品质，水的利用率及其生产率。节水农业包括节水灌溉农业和旱地农业。节水灌溉农业是指合理开发利用水资源，用工程技术、农业技术及管理技术达到提高农业用水效益的目的。旱地农业是指降水偏少而灌溉条件有限而从事的农业生产。节水农业包括4个方面的内容：一是农艺节水，即农学范畴的节水，如调整农业结构、作物结构，改进作物布局，改善耕作制度(调整熟制、发展间套作等)，改进耕作技术(整地、覆盖等)；二是生理节水，即植物生理范畴的节水，如培育耐旱抗逆的作物品种等；三是管理节水，即农业管理范畴的节水，包括管理措施、管理体制与机构，水价与水费政策，配水的控制与调节，节水措施的推广应用等；四是工程节水，即灌溉工程范畴的节水，包括灌溉工程的节水措施和节水灌溉技术，如精准灌溉、微喷灌、滴灌、涌泉根灌等。

9.2.2 热带作物节水栽培技术

(1)现代化热带作物节水灌溉技术

①喷灌技术　该技术的工作原理有两种，一种是利用水的落差，使用输送管道将水运送到待灌溉的区域，然后借助喷头将水喷洒到空中，以此来达到对农作物进行灌溉的目的；另一种是直接使用一整套的动力机和水泵等设备，对水进行加压处理，然后进行灌溉操作。与传统的灌溉手段相比，这项技术能够将水资源的利用率极大的提高，对于一般的土地可以节约30%~50%的结果，对于透水性相对较强、保水能力相对较差的沙性土壤可以实现节水率达70%的结果。喷灌的优点很多：既可用来灌水，又可用来喷洒肥料、农药等；喷灌可人为控制灌水量，对作物适时适量灌溉，不会产生地表径流和深层渗漏，可节水30%~50%，且灌溉均匀，质量高，利于作物生长发育，减少占地，可扩大播种面积10%~20%；能调节田间小气候，提高农产品的产量及品质；利于实现灌溉机械化、自动化等。

②微灌技术　微灌是按照作物需求，通过管道系统与安装在末级管道上的灌水器，将

水和作物生长所需的养分以较小的流量，均匀、准确地直接输送到作物根部附近土壤的一种灌水方法。微灌可以非常方便地将水施灌到每一株植物附近的土壤，经常维持较低的水应力满足作物生长要求。微灌是一种新型的最节水的灌溉工程技术，包括滴灌、微喷灌和涌泉灌。

微灌对水质有其特殊要求(尤其是滴灌)，一般要求用水经过严格过滤、净化处理，最好用多层 150~200 目过滤网过滤，或采用沙层过滤器；同时灌溉水中最好不混入磷肥，避免磷肥与水中钙生成沉淀物，堵塞微灌头。

(2)农艺节水技术

农艺节水技术是以蓄水保墒的耕作栽培技术。包括改进地面灌溉技术、适雨种植、作物的合理布局、提高作物抗旱能力的栽培技术、秸秆或地膜覆盖的保墒技术、限额灌溉及节水抗旱作物品种选育等。

①改进地面灌溉技术　地面灌溉是指灌溉水流沿田面坡度流动借重力和毛管作用入渗和浸润土壤的一种灌水方法，也称重力灌水法，是一种最古老的传统灌溉方式。但传统的地面灌溉方法技术落后，管理粗放，沟、畦规格不合理，水资源浪费严重。因此，改进地面灌水技术，提高灌水效率，从而达到农艺节水目的。多年来，国内外的专家对改进地面灌水技术进行了大量研究，开发研究出了小畦灌、长畦分段灌和细流沟灌、隔沟灌、闸管灌溉等先进灌水技术和技术要素。

②增施有机肥和秸秆还田技术　相关研究资料表明，秸秆中不仅存在着丰富的无氮浸出物和粗纤维，还含有较高的氮、钾、镁、磷等物质，因此其综合利用率很高。与此同时，秸秆还田能够有效地完善土壤的结构，提高土壤有机质的含量，从而改善土壤的微生物生活环境。

③覆盖保墒技术　覆盖保墒技术主要是通过调节土壤地温以及增加土壤肥力的方式实现蓄水保墒的目的，在这一过程中地表径流会受到一定的抑制，并且能最大限度防止土壤水分出现无效蒸发的问题，这对农田土壤水分整体利用率的提升有相当重要的作用，可最终实现作物增收的目标。目前，使用最为广泛的两种技术为地膜覆盖技术和秸秆覆盖技术。秸秆(稻草)覆盖可抑制蒸发率 60%左右，增加耕层土壤水分 1%~4%。

④耕作保墒技术　土壤的耕作措施能有效地综合天然降水量，并提升灌溉用水的有效性，是地下水、土壤水以及大气降水调控的关键所在。采用深松耕作法，疏松深度在 20 cm 以上，耕层有效水分可增加 4.0%~5.6%。渗透率提高 13%~14%。在热带地区雨季来临前深松土壤，可使 40~100 mm 土体蓄水量增加 73%。

⑤化学调控技术和水肥耦合技术　现阶段使用最为普遍的为作物蒸腾调控剂和土壤保水剂。有学者认为，保水剂这种化学调控技术对农作物土壤水分消耗的降低有积极作用，同时可以帮助土壤实现对自身含水量的最大限度提升。这也是改善土壤水分利用率的途径之一。

⑥适雨种植　耕作保墒，培肥改土，适雨种植，选育耐旱品种等。在水资源贫乏或灌溉条件不好的地区可充分利用降雨进行适时播种，为避免干旱带来的农业生产减产，可适当压缩耗水较多、用水量大的植物的种植面积，如热带蔬菜、花卉等作物。增播耐旱植物，如花生、甘薯和木薯、甘蔗等作物的种植面积。

(3)作物栽培生理调控灌溉技术

①调亏灌溉　调亏灌概既是不同传统的丰水高产灌溉，又有别于非充分灌溉，它是从作物生理角度出发，在一定时期主动施加一定程度的有益的亏水度，使作物经历有益缺水锻炼后，达到节水、增产、改善农 产品品质，同时增强作物的抗逆性，实现矮化密植。

②非充分灌溉　在国外又称为限水灌溉，这是以按作物的灌溉制度和需水关键时期进行灌溉为技术特征，非充分灌溉主要包括两方面内容：一是寻求作物需水关键时期，即作物的敏感期进行灌溉；二是根据作物需水关键期制定优化灌溉制度，把作物全生育期总需水量科学地分配到关键用水期，使有限水发挥最大的增产作用。

③控制性根系分区交替灌溉　控制性根系交替灌溉是人为地保持和控制根系活动层的土壤在垂直面或水平面的某个区域干燥，而仅让一部分区域灌水湿润，交替控制部分根系区域干燥、部分根系区域湿润，使作物根系始终有一部分生长在干燥或较干燥的土壤区域中，以利于交替，使不同区域的根系经受一定程度的水分胁迫锻炼，刺激根系吸收补偿功能及作物部分根系处于水分胁迫时产生的根源信号脱落酸传输至地面上部叶片，以调节气孔保持最适宜开度，达到以不牺牲作物光合产物积累而大量减少其奢侈的蒸腾耗水而节水的目的。

(4)化学节水技术

化学节水技术是节水农业技术中的重要措施之一，它包括吸水保水、抑制蒸发、减少蒸腾的作用，是一般常规节水技术难以达到和无法替代的。化学节水技术措施包括抗旱型种子包衣剂和保水剂、土壤结构改良和保墒剂、黄腐酸(FA)抗旱剂的应用。

①抗旱型种子包衣剂和保水剂　干旱缺水极易对作物播种出苗造成威胁，常导致出苗不齐、缺苗断垅，生长缓慢，干旱严重时甚至难以播种或毁种。抗旱型种子复合包衣剂和抗旱种衣剂就是针对这种情况的种子处理新技术，通过严格的试验测试，使各种复配物质起到相辅相成的作用，达到抗旱节水、种子消毒、防病治虫、补肥增效、促进生长和抗逆增产的目的。保水剂是一种吸水能力特别强的功能高分子材料。由于它大多数是由低相对分子质量物质经聚合反应合成的高聚物或者由高相对分子质量化合物经化学反应制成，所以又称吸水性树脂或高吸水性高分子。由于分子结构交联，分子网络所吸水分不能用一般物理方法挤出，故具有很强的保水性。它能迅速吸收比自身重数百倍甚至上千倍的去离子水，数十倍至近百倍的含盐水分，并且具有重复吸水的功能，吸水后膨胀为水凝胶，然后缓慢释放水分供种子发芽和作物生长利用，从而增强土壤保水性能、改良土壤结构、减少水的深层渗漏和土壤养分流失、提高水分利用率。保水剂适合在降水稀少、雨水年季分布不均匀的地区以及缺少灌溉水源的地区使用。由于高吸水性树脂无毒无害，反复释水、吸水，因此农业上人们把它比喻为微型水库。同时，它还能吸收肥料、农药、并缓慢释放，增加肥效、药效，被广泛用于农业、林业、园艺。目前国内外的保水剂共分为两大类：一类是丙烯酰胺—丙烯酸盐共聚交联物(聚丙烯酰胺、聚丙烯酸钠、聚丙烯酸钾、聚丙烯酸铵等)；另一类是淀粉接枝丙烯酸盐共聚交联物(淀粉接枝丙烯酸盐)。

②土壤结构改良和保墒剂　土壤保墒剂是利用化工原料通过化学聚合反应精制成的一种具有超强吸水、保水、释水能力的高分子化合物颗粒剂。这类制剂包括土壤保湿剂、保墒增温剂和土壤结构改良剂。将这类制剂喷施土表即可形成一层多分子连续化学保护膜，从而防止土壤水分蒸发。此外，如将土壤结构改良剂施入土层并混合均匀，还可促进土壤

团粒结构的形成，起到防止水土流失的作用。

③黄腐酸(FA)抗旱剂　植株化学制剂处理主要采用黄腐酸类抗旱剂。在作物生育期中，尤其是水分临界期，进行叶面喷施，能明显减小植物叶片气孔开张度，从而使气孔扩散阻力增大，蒸腾强度降低，叶水势提高，达到抑制蒸腾的目的。

(5)利用生物技术节水

生物技术节水是一种最为经济最为有效的节水措施，是通过选用具有节水抗旱基因的优良作物品种达到间接节水的技术。虽然各种农业灌溉技术不断得到提升，也提高了水分的利用效率，但人们越来越认识到只有提高作物自身的水分利用效率才能取得节水上的新突破。

随着水资源的日趋短缺，生物节水在节水农业发展中的地位越来越受到重视。

9.3　热带作物标准化生产与热带作物栽培

我国农业和农村经济已进入注重质量追求效益的新时代。实施农业标准化生产是提升农业竞争力和农业综合生产能力的重要途径，对于促进农业与农村经济持续、健康和快速发展意义重大。热带作物产业发展更是如此。

9.3.1　热带作物标准化生产概述

9.3.1.1　农业标准化

农业标准化是指以农业为对象的标准化活动，是标准化活动中的一种，农业标准化是指运用“统一、简化、协调、优选”的原则，对农业生产产前、产中、产后全过程，通过制定标准和实施标准，促进先进的农业科技成果和经验较快地得到推广应用，从而保障农业产品的质量与安全，提高农业效益。《中华人民共和国标准化法》第三条指出，“标准化工作的任务是制定标准、组织实施标准和对标准实施进行监督”。

农业标准化的对象主要有农产品、种子的品种、规格、质量、等级、安全、卫生要求，试验、检验、包装、储存、运输、使用方法，生产技术、管理技术、术语、符号、代号等。

农业标准化是农产品质量安全工作的基础和重要组成部分，是现代农业发展的重要指标。热带作物标准化生产是指农业标准化活动的重要方面，直接影响热带作物产业发展。

9.3.1.2　农业标准体系

农业标准体系主要是指围绕农林牧副渔各业，制定的以国家标准为基础，行业标准、地方标准和企业标准相配套的产前、产中、产后全过程系列标准的总和，还包括为农业服务的化工、水利、机械、环保和农村能源等方面的标准。农业标准化的内容十分广泛，主要有以下8项：农业基础标准、种子、种苗标准、产品标准、方法标准、环境保护标准、卫生标准、农业工程和工程构件标准、管理标准。

9.3.1.3　农业标准化生产

农业标准化生产，目前很多学者比较认同的概念是，借用工业标准化生产的理念，以农业为对象的标准化活动，运用“统一、简化、协调、优选”的原则，通过制定和实施相关标准，把农业产前、产中、产后各个环节纳入规范的生产和管理轨道。

(1)农业标准化生产的意义

一是市场需求变化的必然要求。农业标准化是发展优质农业的前提，是现代农业的基础工程。随着经济的不断发展，人民生活水平的不断提高，人们的需求结构发生了新的变化。广大消费者对农产品的质量和品种要求越来越高。为了适应热带农产品生产由重数量向重质量的结构转变，满足市场对高质量、健康型热带特色农品的需求，我们必须改变传统的农业生产方式，推行农业标准化生产，不断提高农产品品质。

二是市场供求形势发展的必然要求。世界发达国家农业的发展，大都经历了 2 个阶段，实现了 2 次大的飞跃。第一个阶段，主要是实现了由低产到高产的飞跃，较好地适应人口增长对农产品的数量需求。这个阶段的目标，现在我国也已经达到。第二个阶段，主要实现了由数量到质量的飞跃，较好地适应了温饱之后人们日益增长的对农产品的质量需求。这个阶段，我国正在起步。消费者所关心的不是能不能买到东西，而是购买的商品是不是卫生安全，是不是富有营养，是不是食用方便。在这 3 条当中，最关键的是安全问题。因为食品安全既是广大消费者的最基本需求，也是对农产品进入市场的最起码的质量要求；既是消费者应享受的基本权利，又是商品生产经营者应尽的基本义务。

三是应对加入世贸组织挑战的迫切需要。我国现有农产品真正能够打入国际市场的品种和数量仍然很少，现有的农产品出口，主要还是靠的价格优势。21 世纪初我国加入世贸组织，国外的农产品必将大量涌入。与国外发达国家的产品相比，我们的农产品无论是在品种上、工艺上，还是在质量和价格上都不占有明显优势。这就要求我们必须大力推行农业标准农业标准化生产，在提升农产品品质上狠下工夫。农业标准化是农产品进入国际市场参与竞争的“绿卡”。发展农业标准化是我国农业应对世界贸易组织(WTO)挑战、冲破绿色贸易壁垒并最终走向国际市场的最佳选择之一。我们应主动适应市场的需求，抓住机遇，由实行标准化来推动无公害热带农产品、绿色食品和有机食品的生产，提高热带农产品质量安全水平，扩大市场供应，完善市场机制，以推动热带作物标准化生产的快速发展与深化改革。

四是提高农民素质、增加农业效益、拓宽农民增收渠道的重要举措。加快农业发展，科技是支撑，农民素质是基础。面对市场需求的新变化、科技进步的新形势，现实中普遍低的农民素质已经成为农业发展上档次、上水平的重大制约因素。推行农业标准化的过程，说到底，就是推广普及农业新技术、新成果的过程，是培训教育农民学科学、用技术的过程。把科技的进步、科研的成果规范为农民便于接受、易于掌握的技术标准和生产模式，不仅为科技成果转化成现实生产力提供了有效途径，而且对于更新农民观念，改变传统习惯，促进农业经营由粗放走向集约，由单纯重数量走向数量质量并重，意义重大。推行农业标准化既能够推动农业良种化、设施化、科学化水平的提高，又能促进农业向规模化、产业化、外向化的方向发展，既有利于提高农产品的质量，又有利于提高农业的经济效益，最终必然会带来农业整体素质的提高和市场竞争力的显著增强。同时，通过推行农业标准化生产，可以帮助农民群众更好地了解市场信息，自觉增强质量品牌意识，积极发展新特优农产品生产，不断开辟新的增收门路和办法。从这些意义上讲，抓住了农业标准化，就是抓住了农民素质提高和农业增效、农民增收的关键。

五是改善生态环境、实现可持续发展的有效途径。由于缺乏科学指导和严格控制，改革开放初期我国工业污染和城乡生活污染已相当严重，农业生产中滥用农药、化肥等现象比较普遍，不仅影响了人民群众的身体健康，而且造成面源污染，影响到土壤、水体，破坏了人类赖以生存和发展的生态环境。如今已禁用的滴滴涕，能在水中存留几十年而不被降解，像这样明令禁止和严格执法以外，根本性的措施就是通过推行农业标准化，不断提高农民科学用药、用肥和规范生产管理的自觉性，促进经济、社会、生态协调发展。

（2）我国农业标准化生产实施现状

第一，实施重点。农业标准涵盖了农业生产的产地环境、产品、质量安全、生产操作规程、园区建设、动物防疫、认定认证、包装标识、检测检验等各个方面。近些年，各地根据当地实际，基本又分成了产品、商品、产业和宏观四个层次的推进农业标准化模式。但无论按照何种模式，我国推进农业标准化建设重点都是以食用农产品为实施对象，突出质量安全的标准要求。

第二，标准体系建设。我国农业标准体系框架已基本形成，目前已制定发布农业行业标准5000余项，各地制定农业生产技术规范1.8万项，制定农药残留限量标准4000余项、兽药残留限量标准近2000项，基本覆盖了我国常用农兽药品种和主要食用农产品。

第三，实施方式。一是“三品”认证，“三品”认证（无公害农产品、绿色食品和有机食品认证）是以认证为手段推进农产品标准化的一种形式。认证时，通过对产地环境、质量控制措施、生产操作规程、农业投入品使用、产品检测、生产记录等情况或结果的检查和审核，对申报的产品评定是否达到相应标准要求推进农业标准化生产的。二是“三园二场”建设“三园”（蔬菜、水果和茶叶标准化示范园）、“二场”（畜禽养殖标准示范场和水产健康养殖场）是农业部门主要的以示范项目为主导的农产品标准化建设方式，重点通过对产地建设、技术措施、商品化处理、品牌建设、质量管理、成效等进行考核验收，示范推行农产品标准化生产。三是示范区建设。以区域为主导的农产品标准化生产示范区建设主要由地方政府选择当地生产规模较大的优势农产品、特色农产品，在重点选定的区域范围推进农业标准化生产，打造一批名牌农产品和农产品生产龙头企业。

9.3.1.4 热带作物标准化

热带作物标准是指对热带作物生产经营管理中重复性事物和概念的统一规定。是以科学技术和实践的综合成果为基础，由相关专家共同编写，并通过主管机构批准，最后以特定形式发布，作为共同遵守的准则和依据。

我国热带作物及产品标准制修订工作起步于20世纪70年代。随着农产品生产由单纯的数量增长型向质量效益型发展，热带作物产品质量水平的高低也受到了政府和社会各界的广泛关注和重视，热带作物标准制修订项目的数量明显增多，质量明显增强。特别是自1999年农业部、财政部联合启动“农业行业标准制修订财政专项计划”以来，我国热带作物标准化工作的发展加快。截至2015年年底，我国热带经济作物行业标准340多项，其中国家标准12项，行业标准194项；制定热带经济作物标准300余项，此外热区各省（自治区）也都制定了有关热带作物生产各方面的地方标准。标准的范围从以往的以种子种苗、产品为主，拓展到产地环境、生产加工过程、产品质量安全、包装贮运等环节，初步形成了国家、行业、地方和企业相互配套的热带作物标准体系。目前这些标准已在热带作物行业生产、加工、检验和贸易等领域发挥了重要的技术支撑作用。

为加快我国热带作物标准化工作进程，完善热带作物标准体系，促进我国热带作物产业持续健康稳定发展，农业部组织编制了《热带作物标准体系建设规划（2011—2015

年)》，农业部于2010年制定了《热带作物标准化生产示范园管理办法(暂行)》，组织编写了《热带作物标准化生产示范园热带作物生产技术规范》。

9.3.2 热带作物标准化生产的实施和问题

9.3.2.1 热带作物标准化生产的内容

热带作物标准化生产包括作物的产前、产中、产后等各个环节，热带作物标准体系包括基础标准、产品标准、投入标准和生产技术标准四个部分。每个部分含有若干层次，标准体系框架见附件《咖啡栽培技术规范》(NY/T 922—2004)。

9.3.2.2 热带作物标准化生产的意义

(1)实施我国热带作物产业结构调整的重要技术保障

新时代背景下，热带作物产业发展核心是优质、高产、高效、生态和安全，这就要求产业要向规模化、集约化、产业化方面发展，而按标准科学、统一、规范的要求，逐步实施热带作物从种苗、种植到收获、加工、包装和储运全过程控制是重要保障。

(2)提高我国热带作物产品质量安全水平的重要技术手段

产品质量安全是当今社会高度关注的问题之一。通过实施标准化生产，按标准组织生产，能减少生产过程中的质量问题，提高产品质量，降低生产成本，提高产品市场竞争力。

(3)应对热带作物产品国际贸易一体化的迫切需要

随着经济全球化进程的加快，标准已成为世界各国促进进口，限制进口，抢贸易制高点，调解贸易争端的重要手段和依据。实施标准化生产，可为抵御国外农产品的冲击，建立我国相应的贸易技术壁垒提供技术保障。

(4)是热带作物标准管理工作的重要内容之一

我国热带作物标准制定工作起于是20世纪70年代，目前已基本形成涵盖热带作物产业各领域的标准体系，但还缺乏系统性和配套性。实施标准化生产，可完善相应标准，促进标准建设。

9.3.2.3 热带作物标准化生产中存在的主要问题

由于标准自身内容不配套、标准间配套协调性差等问题，以及宣传、实施不到位，以及中国地域复杂，加之检测不到位，在热带作物标准化生产上出现一些问题。主要表现在以下方面。

(1)品种选择中存在的问题

目前国内市场上可供选择的热带作物品种较多，但因种子种苗销售渠道比较混乱，种子包装上的品种介绍资料不够准确或缺乏对品种适应性的介绍，导致农民引种时难以把握。有些农民在购买种子种苗时只关注产量介绍，未考虑品种的土地适应性和气候适应性。

(2)栽培技术问题

一是种苗产业化、标准化程度低。主要是体现在分散育苗，种苗质量难以保证。二是轮作制度、茬口安排、田间管理、整枝、采收等的方式和时间不统一。

(3)安全用肥问题

有机肥料使用量不足，养分供给主要依赖过量使用化学肥料，或用没有获得肥料登记证的复混肥、专用肥和有机—无机复混肥料，肥料质量缺乏有效保证；没有按农技部门指导的优化配方施肥和测土配方施肥。

(4) 安全用药问题

主要反映在对有害生物的控制主要依靠化学方法，没有认真按照“预防为主，综合防治”的要求进行防控；没有积极采用农业防治措施或通过各种非化学手段控制有害生物的危害；没有优先选用生物农药和高效低毒低残留农药，没有严格按照国家标准《农药合理使用准则》使用农药。

9.3.3　热带作物标准化生产的基本内容

9.3.3.1　实施热带作物标准化生产的基本内涵和要求

(1) 集成先进实用技术

热带作物生产个体小，规模不大，广大生产者技能较差，先进的农业科学知识和科技成果难以短时间大面积推广普及，且在使用过程中常因使用者技能的差异导致效果差距大，热带作物标准化生产将各种热带作物先进的农业科技知识和最新的农业科技成果统一制定成技术标准，是消除各种先进技术和科技成果在实施推广过程中变形、走样的重要措施，也是解决实施推广行为主体资质不一的有效办法。

(2) 科学规范管理生产过程

热带作物标准化是一项系统工程。基础是热带作物标准体系、热带作物质量监测体系和热带作物产品评价认证体系。热带作物标准体系是基础中的基础。只有建立健全热带作物生产的产前、产中、产后等各个环节的标准化体系，热带作物生产经营才有章可循、有标可依，质量监测体系是保障。为有效监督热带作物投入品和农产品质量提供科学的依据，产品评价认证体系则是评价热带作物产品状况和监督农业标准化进程，促进品牌、名牌战略实施的重要基础体系。热带作物标准化生产是在热带作物生产的全过程(包括产前、产中、产后)实施标准化、规范化管理，即按标准和规范组织生产。

(3) 注重创新，不断丰富标准化生产内涵

热带作物标准化生产内涵丰富，既要集成运用先进技术和科学规范管理生产过程，也要服务于热带作物产品贸易，并不断创新，才能满足生产对标准的需求。标准是贸易的产物并为贸易服务。我国热带作物面积虽小，但热带作物贸易，特别是国际贸易量大，热带作物标准化生产必须与热带作物贸易相适应，热带作物标准的实施推广要满足国内外贸易需要。对内贸易要服务于热带作物产业结构调整和升级，服务于热带作物市场化和商品化，服务于热带作物产品的优质化和品牌化，国际贸易要符合国际惯例，符合进口国法则，做到过程可追溯、质量可考核贸易可对接。

9.3.3.2　热带作物标准化生产的基本内容

热带作物标准化生产包括作物的产前、产中、产后各个环节，热带作物标准体系由基础标准、产品标准、投入品标准以及生产技术标准 4 个单元组成，每个单元含有若干个层次。标准体系基本框架见附件。

(1) 基础标准

包括产地环境、术语分类和编码、过程管理工作、资源评价与保护、污染物限量、试验方法、包装标识、储运和抽样方法标准。

(2)产品标准

包括天然橡胶、热带纤维作物、热带经济作物产品标准。天然橡胶标准包括天然橡胶原产品和初产品标准，主要以有用国际标准为主。热带纤维作物标准包括龙舌兰麻及其制品产品标准。热带经济作物标准包括热带水果和坚果、热带香辛料、热带饮料、热带油料、热带糖料等产品的等级规格及相关的无公害食品、绿色食品和热带牧草等产品标准。

(3)投入品标准

包括热带作物机械、肥料、农药、种子(苗)和其他标准。热带作物机械标准包括天然橡胶、热带纤维作物和热带经济作物等耕作、植保和加工机械设备标准。肥料、农药标准包括天然橡胶、热带纤维作物和热带经济作物等生产过程使用的肥料、农药等相关标准。主要采用相关国家标准和行业标准。种子(苗)标准包括天然橡胶、热带纤维作物、热带果树、其他热带经济作物、热带观赏植物和热带牧草等种子(苗)质量标准。其他标准指与热带作物密切相关的其他投入品标准。

(4)生产技术标准

包括种子(苗)繁育规程、栽培技术规程、加工技术规程、检疫与病虫草害防治技术规范标准。

种子(苗)繁育规程包括天然橡胶、热带纤维作物、热带果树、热带观赏植物、热带牧草和其他热带经济作物等种子(苗)繁育规程。栽培技术规程包括天然橡胶、热带纤维作物、热带果树、热带块根茎植物、热带香辛料、热带饮料、热带油料、热带观赏植物和热带牧草、热带药用植物等栽培技术规程。主要制定相应的通用技术准则，具体的栽培技术规程，建议制定地方标准和企业标准。加工技术规程包括天然橡胶、热带纤维作物、热带果树、热带香辛料、热带饮料和热带油料等初加工技术规程。主要制定相应的通用技术准则，具体的技术规程，建议制定地方标准和企业标准。检疫与病虫草害防治技术规范。检疫规程标准主要按热区重要检疫对象进行制定或修订。病虫草害防治规程按作物类别或重要病虫草害为对象进行制定或修订，覆盖的作物包括天然橡胶、热带纤维作物、热带果树、热带块根茎植物、热带香辛料、热带油料、热带观赏植物和热带牧草等。

9.4 热带作物产品安全化生产与热带作物健康栽培

绝大部分热带作物的产品是食品或食料(食品原料)，其安全生产直接关系人类的健康和安全。热带作物产品安全生产是食品安全的前提和保障。在热带作物生产中，农药、化肥、激素等农业化学投入品的使用，在保证产品丰收和产品优质的同时，不科学地使用农药化肥，在威胁人类健康的同时还造成严重的环境污染。实施农产品安全生产，意义重大。

9.4.1 热带作物安全化生产概述

热带作物安全化生产是农产品安全化生产的重要组成部分。《中华人民共和国农产品安全质量法》第二条规定：农产品是指来源于农业的初级产品，即在农业活动中获得的植物、动物、微生物及其产品。习惯上，农产品包括食用农产品和非食用农产品。食用农产品指供食用的源于农业的初级产品。农产品安全是指作为直接食用的农产品或者以农产品作原料生产出来的加工制成品，要保证其在适宜的环境下生产、加工、储存和销售，减少在食物链各个阶段所受到污染，以保障消费者的身体健康。包括：食用农产品应当无毒无害，符合相应的营养要求，具有相应的色、香、味等感观性状，即安全农产品。安全农产品是指符合《中华人民共和国食品卫生标准》的食品。

农产品安全生产是指通过对粮、菜、果等主要食用农产品生产环节的有效控制和管理，使食用农产品及其加工制成品达到安全质量标准。农产品安全生产包括两方面的含义：一方面是指农产品生产过程的安全，即通常所说的安全生产，它主要围绕食用农产品生产过程的生产环境是否安全，生产过程是否安全，是否注意防范工伤事故等；另一方面是指生产出来的农产品是否符合安全农产品的要求，是否能够确保人类进食后不会产生任何不良反应和不利影响，保障对人体健康有益而无害等。

农产品依据质量特点和对生产过程控制要求的不同，可分为一般农产品、认证农产品和标识管理农产品。一般农产品是指为了符合市场准入制、满足百姓消费安全卫生需要，必须符合最基本的质量要求的农产品。认证农产品包括无公害农产品、绿色农产品和有机农产品。标识管理农产品是一种政府强制性行为。对某些特殊的农产品，或有特殊要求的农产品，政府应加以强制性标识管理，以明示方式告知消费者，使消费者的知情权得到保护，如转基因农产品。

在热带作物产业活动中获得的植物及其产品为热带作物产品。热带作物产品质量安全，是指产品质量符合保障人的健康、安全的要求，达到无公害热带作物产品的标准。

9.4.2　热带作物产品安全化生产

热带作物产品安全化生产是指在良好生态环境中，按照专门的生产技术规程生产，使产品无有害物质残留或残留控制在一定范围之内，经专门机构检验，符合标准规定的卫生质量指标，并许可使用专用标志的质量安全产品的生产活动。

《无公害农产品管理办法》规定在中华人民共和国境内从事无公害农产品生产、产地认定、产品认证和监督管理等活动。全国无公害农产品的管理及质量监督工作，由农业部门、国家质量监督检验检疫部门和国家认证认可监督管理委员会按照“三定”方案赋予的职责和国务院的有关规定，分工负责，共同做好工作。各级农业行政主管部门和质量监督检验检疫部门应当在政策、资金、技术等方面扶持无公害农产品的发展，组织无公害农产品新技术的研究、开发和推广。国家鼓励生产单位和个人申请无公害农产品产地认定和产品认证。

9.4.2.1　热带作物产品安全化生产的意义

热带作物产品安全化生产技术是保障热带作物产品的质量安全，提高热带作物产品的品质，满足广大消费者需求，维护公众健康的需要；是增强热带作物产品市场竞争力，促进热带作物及其农村经济发展的需要，是建立热带作物产品市场信息、食品安全和质量标准体系，引导农民按市场需求生产优质热带作物产品，增加农民收入的需要；是保护和改善热带作物生态环境，实现热带作物的可持续发展的需要；是增强我国热带作物产品的国际竞争能力，更好地促进热带作物产品出口创汇的需要。发展无公害、质量型热带作物产业是对我国传统、数量型热带作物产业的变革，是我国热带作物经济发展进入新阶段的必然结果。

9.4.2.2 当前热带作物产品质量安全存在的主要问题

第一，由于缺乏科学指导和严格控制，工业污染和城乡生活污染严重，热带作物生产中滥用农药、化肥等现象比较普遍，不仅影响了人民群众的身体健康，而且造成同源污染，影响到土壤、水体，一定程度上破坏了人类赖以生存发展的生态环境。

第二，热带作物产品安全主要受农药残留、硝酸盐和重金属的影响，存在生长调节剂、保鲜防腐剂、包装材料等残留物质超标的问题。其中，农药残留主要是剧毒、高毒有机磷，氨基甲酸酯，有机氯超过规定标准；不合理使用化肥造成硝酸盐和亚硝酸盐在热带作物产品中的含量超标；重金属污染主要包括汞、镉、铅、铬及类金属砷等生物毒性显著的元素以及有一定毒性的锌、铜、钴、镍、锡等物质含量超标。这些超标物质进入人体后，易引起急性中毒、血液疾病、致畸、致癌、致基因突变，如铅能引起人类的疾病有贫血、腹痛、呕吐等，镉是引起人类多种疾病的一种危险元素，如高血压、骨痛病等。

第三，热带作物产品中有害微生物引起的安全性问题，在初级热带作物产品的生产、运输、储藏、加工过程中，由于设备、操作、管理不符合标准，极易带进致病病原菌，如真菌、细菌、病毒或其他低等生物。

第四，转基因热带作物产品的安全性问题，转基因技术应用会导致一些遗传或营养成分的非预期改变，存在着风险或者潜在风险，可能会对人类健康和环境产生危害。

9.4.2.3 热带作物产品安全化生产技术措施

热带作物产品安全生产技术主要包括产地环境优化选择技术，生产资料的选用技术，作物健康栽培技术，作物病虫害防治技术，产品的收获、加工、包装、贮藏与运输技术。只有系统而全面地抓好这些技术，才能有效地控制和保障热带作物产品的质量安全。

热带作物产品安全化生产环境优化选择技术包括以下方面内容。

(1)优良的产地环境选择与保护

第一，选择生产环境与生产条件对热带作物产品质量安全具有直接、重大影响，优良的产地环境是进行热带作物产品安全生产的基础。符合产品安全化生产的环境条件：空气清新、水质纯净、土壤未受污染、农业生态环境质量良好。具体地讲，如基地远离垃圾场，避开城市、厂矿、医院、交通要道、周边 3 km 以内污染源，空气和灌溉水符合标准，同时排灌方便、土层深厚、疏松、肥沃。

第二，保护园地建设需保护原有的生态大环境，使新建园地生物链保持动态平衡。园地开垦的地方要建植被，以牧草、绿肥等浅根性 1 年生草本为主，实施多种草轮作种植。保持或建设园地周边的防护林，山地建园的，山顶部要留一定量的林带；如园的环境遭受破坏，要及时采取补种速生林草等措施补救。园地灌溉和道路系统的建设要和周边环境协调，尽量保持原有土壤、空气湿度，以满足生态平衡的需要。不得在基地及基地水源附近倾倒、堆放、处理固定废弃物和排放工业废水、城镇生活污水、有毒废液、含病原体废水。

(2)产地环境的综合治理

由于石油农业的发展对农业环境破坏较大，土壤、空气、地下水都有不同程度的污染，应加大治理力度，创造良好的产地环境。对于受到污染的基地在了解和掌握其污染的区域范围、种类和污染程度的基础上，应分类实行净化修复、改造改良、综合治理等配套技术措施进行净化。

第一，产地环境改良治理技术对那些不具备作物生产条件的地方应加以改造、整治和建设，使其逐步达到作物基地的环境条件，以利于开展优质作物的安全生产，防治环境污染与产品污染。一是，搞好植树造林，改善环境条件。植树造林是建设生态农业的重要内容，林木生长能够有效地改善生态环境和土壤条件，创造良好的产地环境。二是，加强灌溉系统基本建设。大力发展灌溉系统，建设良好的排水系统，综合治理水污染，使园地的灌溉用水达到国家规定的标准。

第二，产地环境的检测指标与方法改良治理后的产地环境空气质量、灌溉水及土壤环境质量等指标应达到无公害热带作物产地环境条件规定的要求。产地环境条件包括产地的空气环境质量、灌溉水质量和土壤环境质量的各项指标及浓度限值。

9.4.3 热带作物产品安全生产的健康栽培技术

热带作物产品生产的健康栽培技术是热带作物产品质量安全控制的重要环节。热带作物生产过程中各种技术环节和作物生育各个环节，有目的地创造有利于作物生长发育的特定生态条件和农田小气候，创造有利于作物生长、不利于病虫害大量繁殖的条件，以消灭和抑制病虫、杂草对作物生长造成的危害。

(1)选择良种，培育壮苗

选择良种是热带作物产品生产技术的一个重要环节。品种选择是否得当，直接影响产量、质量和产品的安全性。其一般原则是选用通过国家或省级农作物品种审定委员会审定的品种。对品种的要求是优质、高产、适应性广、抗病虫能力强。除了选择优良的品种，还要选择优质的种子。种子质量的好坏，直接关系到培育壮苗和作物的生长势等一系列的问题，所以热带作物产品生产应当选用高质量的种子，为培育壮苗打下良好的基础。种苗质量应符合各类作物种苗的质量要求。

(2)适时播种，适时移栽

要根据不同的作物，不同的品种、科学安排播种期、播种量，合理控制苗龄，做好苗田的水肥管理，培育壮苗，提高农作物播种和移栽技术水平和质量。

(3)合理密植，合理定向

根据各种不同作物的生长特性和最宜生长环境条件，进行合理定株。实行东西向栽培，使其通风透光，改善和优化田间气候生态环境，创造有利于作物健康生长和提高作物光能利用率，不利于病虫发生和危害的田间生态环境。

(4)加强管理，培育长势

进行科学管水，保持作物生长需要；修枝整冠，形成良好的树体，提高作物的抗逆能力。通过健康栽培，增强作物的生长势，提高作物的抗逆性和抗病虫的能力，减少农药使用，减轻对环境的污染和产品的污染。

(5)安全施肥

肥料是重要的农业生产资料，能否对其合理使用，与热带作物产品质量密切相关。施用化肥为提高作物产量发挥了极其重要的作用。如不使用化肥，作物将减产 1/3 以上。但不合理施用化肥，也有负面影响，诸如施用化肥破坏生态环境，降低土壤肥力，影响产品的安全等。新型农业进行无公害生产不是不能施用化肥，而是不合理和过量施用化肥才会产生负面影响。单纯施用有机肥为农作物提供养分，则需要施用大量的有机肥，其造成的污染比只施用化肥更为严重。经典的植物吸收营养学说证明，化肥提供的大多是植物可直接吸收的养分。有机肥中的各种有机成分，必须经微生物分解成矿质养分后才能被植物利用。因此，在热带作物产品安全生产中，不能把有机肥和化肥对立起来，二者要配合施用。

施肥以有机肥为主，以底肥为主，实行测土配方施肥，保持农田土壤中的养分平衡。使用的有机肥有堆抠肥、腐熟人畜粪便、沼肥、绿肥、作物秸秆、饼肥、腐殖酸类肥、微生物肥、生物钾肥等。人畜粪水、绿肥、秸秆等新鲜有机肥，施用前应经过腐熟处理，以免产生有毒有害物质，影响作物生长。沼液是优质的有机肥料。经过沼气池厌氧发酵处理的沼液，病菌和虫卵被杀灭，无毒无害。腐熟的沼气发酵液含有植物种子所需的水溶性多种养分，如 N、P、K 和 Cu、Fe、Mg、Zn 等微量元素以及一些氨基酸（赖氨酸、色氨酸），还有生长刺激调控物质如维生素、生长激素等。沼液中的各种营养物质和微生物分泌的多种活性物质，能够激化作物种子体内酶的活动，促进胚细胞分裂，刺激生长。沼液中的活性物质对农作物种子表面的有害病菌具有一定的抑制和消灭作用；沼液中的氨离子也能杀灭种子病菌，起到药物浸种的同等效果。

限量使用尿素、碳酸氢铵、硫酸铵、磷肥、钾肥和 Fe、Zn、Mn、B 等化肥和微量元素肥料。禁止使用硝态氮肥和城市、医院、工业区等有害的垃圾、污泥、污水。无论采用任何品种肥料追施或叶面喷肥，最迟均应在作物收获前 20 d 进行，以防止对作物产品的污染。

严禁施用非合格肥料。严禁施用未经农业部和省登记的肥料或明令禁止使用的肥料，严禁施用未经无害化处理的垃圾和污泥为原料的有机肥料，严禁施用未腐热的畜禽粪便和无害化处理的有机废弃物。同时，严禁施用重金属、缩二脲、三氯乙醛（酸）、大肠杆菌和沙门氏杆菌等有害物质含量超标的肥料。

(6)病虫草害绿色防治

热带作物生产安全的最大问题是农药残留，污染产品。农药危害之一是直接残留在产品中，之二是残留在土壤中积累。农药污染热带作物产品的主要途径有：施用农药对热带作物产品的直接污染；空气、水和土壤的污染造成植物体内含有农药残留而间接污染；来自生物富集作用；运输和贮存不当造成化学药品的污染。农药残留已成为热带作物产品的主要安全性问题。目前，在病虫害防治上，由于普遍单靠化学防治，大量地使用滥用化学农药，造成产品中农药残留量严重，因此，作物病虫害的防治应切实贯彻“预防为主，综合防治”的防治方针，采取以农业防治、生物防治和物理防治为重点的绿色防控策略。

①农业防治技术　优先采用农业防治技术，主要是通过选用抗病虫品种，调整作物的播种期，适时种植，避开病虫危害的高峰期，合理轮作换茬，间作套种制度等，优化栽培措施，科学施肥，清洁疏园等一系列措施，优化群体结构，创造有利于作物生长发育的环境条件，控制与减少病虫害的发生与危害。通过开展病虫害的预测预报，做到对病虫害治早、治准，用药量少，防治效果好。适度放宽病虫害防治指标，切忌“见虫就治，除虫务净”的观点，要防止打保险药。适当保留少数害虫，可以为有益天敌提供一定数量的食料，有利于天敌的繁衍，而对作物整体也不造成危害。害虫少量的吃掉一部分花、幼果、枝条、如同疏花、疏果、剪枝一样，不仅无害，还可能是有益的。

②生物防治技术　生态农业和无公害农业的发展已促使各国对简便、高效的生物防治

技术、特别是对天敌资源的需求不断增加。国际上已经把天敌昆虫划分到农药范围内。欧、美、日等发达国家和地区已拥有许多生产经营天敌昆虫资源的公司，在欧洲仅经营昆虫线虫的公司就达到 20 余家，另外，在一些主要农产品出口国，如乌兹别克斯坦，棉花生产的全过程中已不再使用化学农药而全部使用生物农药和天敌昆虫来控制有害生物。生物防治技术已经显露出其广阔的应用前景。生物防治是实现农业可持续发展的需要，是食品安全的需要。

a. 用天敌防治害虫：保护和利用害虫天敌资源，如青蛙、草蛉、蜘蛛、瓢虫、寄生蜂等防治作物害虫是作物产品安全生产的重要措施。天敌有昆虫天敌和微生物天敌，一般由于天敌公司生产供应。利用技术主要包括天敌的引进、释放和保护。使用前做好虫情的预测预报，及时与天敌公司取得联系，选择最佳时期释放。喷施农药时，要注意保护好害虫的天敌资源。

b. 生物农药防治：病虫害物农药来源于自然界生物体，是毒性较低，一般来说，对人、畜较为安全的农药。但有些品种对人畜毒性较高，如阿维菌素、烟碱、鱼藤酮、若碱、马钱子碱等，因此，使用时应注意防护，同时应注意农药残留，收获前不能用药。

生物农药包括：生物化学农药，必须满足下列两个条件，即对防治对象没有直接毒性，有调节生长、干扰交配或引诱等特殊作用；必须是天然化合物，如果是人工合成的，其结构必须与天然化合物相同。微生物农药，自然界存在的用于防治病、虫、草、鼠害的真菌、细菌、病毒和原生动物或被遗传修饰的微生物制剂。转基因生物农药，指防治各种有害生物的，或调节植物抗逆性、抗除草剂的利用外源基因工程技术改变基因组构成的农业生物。天敌生物农药，指商品化的除微生物农药以外具有防治各种有害生物的生物活体。

③物理防治技术　利用物理措施消灭害虫也是一种经济有效的无公害技术。昆虫对外界的刺激会表现出一定趋避反应，利用这一点可以集中消灭，减少虫源。一是可以利用害虫的趋光性进行灯光诱杀。如黑光灯能诱杀 300 多种害虫，而且被诱杀的多为成虫，有利于压低虫口密度。高压汞灯也是诱杀害虫的一项有效措施。近年来，推广应用的频振式杀虫灯效果更加显著。二是潜所诱杀。有些害虫有选择特定潜伏条件的习性，可以创造针对性的潜所诱其进人予以捕杀。三是食饵诱杀。用害虫对特别喜食的食物做成诱饵，引其集中采食而进行消灭。如糖、醋诱蛾等效果较好。四是黄板诱杀，即用 30 cm×40 cm 的纸板上涂橙黄广告色，或贴橙黄纸，外包塑料薄膜，在薄膜外涂上废机油诱杀成虫。

④化学防治技术　在农业防治、生物防治和物理防治措施使用后，仍然不能控制病虫害的情况下，可以有限度地使用高效、低毒、低残留的农药。但要限定农药品种和用药量。严禁使用国家已公布禁用的农药品种，确保热带作物产品达到无公害热带作物产品的质量。实施化学防治要立足做好作物主要病虫害发生情况的预测预报工作，坚持“严格选药、适期施药、正确施药”的科学用药原则。

第一，严格选药通过测报，确定防治指标，再选用允许使用的高效低毒、低残留广谱性农药，在生长后期还要选用药效期短的农药，实行优化防治。使用农药防治虫草等为害时，应遵守以下准则：不限量使用的农药。允许使用植物源农药如杀虫剂、杀菌剂、驱避剂和增效剂；动物源农药如昆虫信息素、活体制剂；微生物源农药如农用抗生素、苏云金杆菌、活体微生物农药；矿物源农药中允许使用硫制剂、铜制剂。限量使用的农药。必要时允许有限度地使用部分有机化学农药，但要严格按照使用说明和农药安全使用标准，限量使用，尽量在一个生长周期内不重复多次使用同种农药。

第二，适期施药。狠抓病虫害的发生消长规律，选择其发生发展过程中最薄弱的环节(即最佳防治适期)施药防治。如荔枝、龙眼挂果期主要病虫害为“四虫二病”，即蒂蛀虫、荔枝蝽象、尺蠖类、介壳虫和霜疫霉病、炭疽病。其中又以蒂蛀虫和霜疫霉病为重中之重。防治重要时期是花穗期、小果期和转色期。

第三，适量用药。严格控制用药浓度和剂量，适当减少用药次数等，在每次施药时，应从实际出发，通过试验确定有效的使用浓度和剂量。一般来说，杀虫效果85%以上，防病效果70%以上即属于高效，切不可盲目追求100%的防效而随意加大浓度和剂量。

第四，准确施药。根据不同病虫害种类及其田间分布状况不同，选择适当的施药方式，做到能挑治的绝不普治，能局部处理的绝不普遍用药。采用喷雾方式施药的要采用低容量和小径孔(0.1 mm)喷雾技术，喷雾量虽少，但雾滴细小，在叶面上展布面积大，有效利用率高。

第五，注意事项。一要强化科学合理用药意识。学习安全合理用药技术，提高安全用药的意识，科学、合理、安全使用农药，避免过量用药和滥用农药。二要采用新农药和新药械。采用高效、低毒、低残留的新农药、新剂型、新的用药技术和生物农药，应用新型的施药器械，利用现代生物技术消除、降解农药残留，以降低单位面积上的农药存量。三要所有农药的使用都应注意安全间隔期。四要经有关部门检测新研制农药，申报批准后可使用。五要严格执行农药的安全使用标准，控制用药次数、用药浓度和注意用药安全间隔期，特别注重在安全时期采收食用。

9.5 智慧农业与热带作物栽培

为提高农业生产效率，传统农业与信息技术融合发展已是时代要求。热带作物栽培也需要加快步伐。

9.5.1 智慧农业概述

9.5.1.1 智慧农业的内涵

智慧农业是基于持续进步的信息技术而衍生的一种新型农业发展模式，体现了农业发展的机械化与现代化。在智慧农业中以数据化分析、精细化调节、集约化生产、远程控制为发展目标，属于创新与升级传统农业发展的表现。智慧农业是现代信息技术与传统农业的融合，代表着传统农业未来的发展方向，是农业生产的高级阶段。智慧农业是目前各种技术的综合应用，包括互联网、物联网技术、云计算、现代通信技术、智能控制、现代机械等，就是充分应用现代信息技术成果，集成应用计算机与网络技术、物联网技术、音视频技术、“3S”技术、无线通信技术及专家智慧与知识，实现农业可视化远程诊断、远程控制、灾变预警等智能管理。依照智慧农业发展的不同应用领域，可以对智慧农业进行有效划分，包括智慧农业生产、智慧农业管理、农业智能服务、智慧农产品安全(表9-1)。智慧农业已经在智能化温室、植保无人机、水肥一体化沙土栽培系统、工厂化育苗、LED生态种植柜、智能配肥机、智能孵化机、智能养殖场8个场景上应用。

表9-1　智慧农业的构成、发展形式以及具体内容

构成	发展形式	主要内容
智慧农业生产	智能化农田种植、禽兽养殖、水产养殖	智慧农业生产采用大数据手段、传感技术、物联网等手段促进农业生产的远程操控、可视化、灾害预警功能。实现集约化、规模化的技术生产促进农业生产抗风险能力的提升
智慧农业管理	农村电商平台、农业信息平台、土地流转平台	智慧农业管理是指在现代技术与手段基础上对农业生产进行组织经营管理，有效解决农业分散种植、市场信息不充分等问题，改进产品质量水平、促进农业产业结构优化提升的重要方法
农业智能服务	生产信息服务、物流服务平台、生活信息服务	农业智能管理是指农业生产获取更多生产信息、学习专业知识与技能，消除市场信息的获取不充分的重要方法。生产信息服务及时为农民提供有关政策与方针的重要信息；物流服务平台可以最大限度地降低农产品运输中的损耗、减少农业损失
智慧农产品安全	产品质量检测、品质认证、质量追溯	智慧农业的安全追溯体系可以很大程度的提升产品质量、减少食品安全事件的发生。检测过程从生产前端开始，全程进行有效监管；采用品质认证管理，帮助农产品建立品质品牌；质量追溯是指可以通过产品标码进行产品售后跟踪服务

9.5.1.2　智慧农业的技术特征

智慧农业与传统农业的区别在于其客观上能促进农业各个领域及环节更加精细化、节约化和自动化。智慧农业通过农业生产的高度智能化、管理的科学化、控制的自动化，实现对传统农业产品质量和生产进程的控制，实现未来农业整体发展的目标。以数字化、智能化、信息化为主要内容的智慧农业兴起，将形成大批高效、生态、安全型技术及产品。

(1)高精确性

智慧农业让农业生产由靠“天”收向靠“智”收转变，使传统农业由结构调整，转型升级，推进农业供给侧结构性改革，大力推进规模化经营、标准化生产、品牌化营销，向农业的深层次、多层次进军。与传统粗放型的农业生产不同，智慧农业具有极高的精确性，它可以通过对土壤、空气等环境参数的准确测量与记录，科学制订生产管理计划，合理分配农业资源，并达到精确化生产，保障农产品符合消费者需求，实现供给与需求的有效对接。

(2)高效率性

智慧农业通过实施一整套现代化农事控制技术、智能设施、远程农事操作，可以合理安排用工用时用地，提高农业生产组织化水平。这种生产方式的改变极大地提升了劳动生产效率，降低人工成本，减少对自然能源的消耗，更好地控制生产成本。同时，也有利于实现对闲置资源的充分利用，从而获得更高的农业和农产品生产价值。

(3)可追溯性

智慧农业的重点内容之一就是安全溯源，利用信息化技术和“区块链技术”，可以实现农产品从种植、管理、生产、加工、仓储、物流等整个过程的透明化，真正实现田间到餐桌的全程溯源，将种植和生产的关键环节完全呈现给消费者。这种可追溯的管理方式，促进了农业规范化和标准化生产，保证了农产品质量安全。

(4)可复制性

智慧农业依靠技术，成功的生产技术可以被复制与推广。使用标准化方案生产，人人

都可以是农业专家，不仅能大幅度提高农产品产量、品质及产值，增强农业素质、效益及竞争力，还能抗御自然灾害与市场风险能力，保障农产品有效供给。

9.5.1.3 智慧农业的发展现状和问题

目前智慧农业的发展主要集中在农业基础资源管理、农产品生产管理、农产品质量监督管理、农产品物流销售管理等方面。

农业基础资源管理及农产品质量监督管理的主导者是政府，利用物联网、大数据、云计算、“3S”技术及新型通信技术，政府将相关部门的所掌握的农业基础资料及安全监督相关信息进行可视化汇总、归类，得以使得数据掌控者能实时有效地了解数据的变化、农情的变化，并及时根据反馈信息，进行决策修正，这不仅大幅提高了决策者的决策效率，使得农业主管 部门的决策更加明确和灵活，其公开的信息，能使得农业生产者和消费者更加便捷地了解关键信息，从而调整自己的生产、消费目标。

农产品生产管理及农产品物流销售管理的主导者是农业经营者，包括进行农产品生产的农场、公司，也包括进行农产品物流和销售的经营者。农产品智慧生产管理，主要是利用物联网技术，对生产过程中的 光、温、水、肥、气等生产环境要素进行实时监控，并根据专家系统给出的指标阈值进行生产指导，这使得生产过程更加便捷、简单，也是将农业生产逐步提升为工业生产的关键一步，通过对这些环境指标的监测和控制，使得农业生产能够实现标准化。但由于智慧农业发展时间不长，农业基础数据不完善，目前全国各地的农业主管部门基础数据不完善，数据不兼容，非结构化数据广泛存在，非结构化数据难以转化为结构化数据，各地数据管理系统不兼容、不可视等问题，极大地抑制了智慧农业的发展。此外，智慧农业在发展进程中存在以下具体问题。

(1)建设智慧农业的基础设施需要大量成本投入，农民较难承担

开展智慧农业的基础设施成本过高主要表现在农业机械设备以及信息化需要较高的成本。2015 年的中国农村地区的人均可支配收入大致为 11 422 元，能够同比上年增加了 9.6%，人均收入持续增长多年比国民经济生产总值的增长率高，农村地区的经济发展速度也要超出国民经济生产总值的增长速率。智慧农业的信息化成本较高，推迟了农村地区的信息化发展建设，进而阻碍了智慧农业的发展进程。基于中国农民的收入水平限制，以及思想知识认知水平有限，难以看到信息化带来的切实利益，在农村信息现代化进程中要控制基本投入，综合考量投入产出比，尽可能地实现资源的最优化配置，促进农村地区信息需求与实际供给的正常化，以更加亲民的使用价格实现信息技术在农村地区的破普及，并依照需求促进信息技术质量的提升，加快农村地区的信息化建设进程。

(2)缺乏智慧农业应用人才，广大农民的实际培训效果不足

智慧农业作为现代化的互联网农业建设而，将现代化的互联网技术与传统的农业相结合形成新的农业发展模式。发展智慧农业需要将以现代农业生产技术以及信息技术、农业经营与管理综合掌握的先进行人才。而对于智慧农业生产人才的培养以吸纳我来人才和自主培养为有效方式。近些年中国始终鼓励支持大学以及外来务工人员返乡并开展积极创业，带动农村经济的快速发展。然而农村在经济、医疗以及教育等方面较城镇存在较大差异，很难吸引到与智慧农业发展相符合的新型人才。在偏远地区的农村，普遍受教育程度较低，在思想观念上陈旧落后、互联网应用技术也较为落后，相对于机械化生产、信息技术的新兴产物接受能力较差，阻碍了智慧农业的传播与发展。

(3)信息技术的资源整合难以实现实时共享，且信息安全问题严重

在智慧农业的生产环节、管理环节、运输环节以及销售环节、都离不开产品的信息和数据支持，所以，维护信息和数据的安全问题是促进智慧农业顺利发展的关键。但是，从智慧农业的发展进程来看，智慧农业的信息与安全都存在一些问题，标准化方面程度较低，数据收集整理上不全面，农业数据的收集缺乏一定的准确性和有效性。近 些年来由于农业数据造假引发的农业损失现象更为频繁。例如，利用虚假短信对广元柑橘存在蛆虫的事件进行夸大宣传、导致柑农蒙受巨大的经济损失。农业信息的基本安全成为智慧农业长远发展的重大问题，智慧农业也将面临着农业信息承载过重的问题。在无法正确辨别虚假信息的情况下，影响智慧农业的长远发展。

9.5.1.4　智慧农业的思考与展望

美国和欧洲等一些发达国家早在20世纪60年代便开始着力发展智慧农业，并在不断地探索中取得了一定的成绩。而中国智慧农业初期起步相对较晚，且受到思想观念和社会制度等诸多制约条件的影响，智慧农业总体发展较缓慢。通过国内外的横向对比，可以看出国内智慧农业的发展水平与国外相比还有很大的差距，具有很大的发展提升空间。

我国智慧农业的发展尚在起步阶段，目前的发展主要集中在4个方向：农业基础资源管理、农产品生产管理、农产品质量监督管理、农产品物流销售管理，虽然已经取得了长足的进步，但还存在着诸多的不足，这些不足也为我们未来智慧农业的发展指明了方向。智慧农业是新型信息技术与农业生产、经营、管理和服务全产业链的“生态融合”和“基因重组”，在乡村振兴战略的时代背景下，农业的智慧化将渗透到农业农村发展的方方面面，真正实现人与自然的智慧融合、人与人的智慧交流、乡村与城市的发展互融。

9.5.2　智慧农业的应用——精准农业

精准农业(precision agriculture)是当今世界农业发展的新潮流，是由信息技术支持的根据空间变异，定位、定时、定量地实施一整套现代化农事操作技术与管理的系统，其基本涵义是根据作物生长的土壤性状，调节对作物的投入，一方面查清田块内部的土壤性状与生产力空间变异，另一方面确定农作物的生产目标，进行定位的“系统诊断、优化配方、技术组装、科学管理”，调动土壤生产力，以最少的或最节省的投入达到同等收入或更高的收入，并改善环境，高效地利用各类农业资源，取得经济效益和环境效益。其核心是建立一个完善的农田地理信息系统（GIS)，可以说是信息技术与农业生产全面结合的一种新型农业。精准农业并不过分强调高产，而主要强调效益。它将农业带入数字和信息时代，是21世纪农业的重要发展方向。

(1)系统组成

精准农业由10个系统组成，即全球定位系统、农田信息采集系统、农田遥感监测系统、农田地理信息系统、农业专家系统、智能化农机具系统、环境监测系统、系统集成、网络化管理系统和培训系统。基于知识和先进技术的现代农田“精耕细作”技术体系至少包括以下方面：地理信息技术（GIS、RS、GPS)、生物技术、农业专家系统ES、决策支持系统(DSS)、工程装备技术、计算机及网络通信技术等。

①全球定位系统GPS　精准农业广泛采用GPS系统用于信息获取和实施的准确定位。为了提高精度广泛采用了 DGPS(differential global positioning system)技术，即所谓“差分校

正全球卫星定位技术”。它的特点是定位精度高，根据不同的目的可自由选择不同精度的GPS系统。

系统可用于农田面积和周边测量、引导田间变量信息定位采集、作物产量小区定位计量、变量作业农业机械实施定位处方施肥、播种、喷药、灌溉和提供农业机械田间导航信息等。

DGPS作为农业空间信息管理的基础设施，一旦建立起来，不但可服务于“精准农业”，也可用于农村规划、土地测量、资源管理、环境监测、作业调度中的定位服务，其农业应用技术开发的前景广阔。

②地理信息系统GIS　它是构成农作物精准管理空间信息数据库的有力工具，田间信息通过GIS系统予以表达和处理，是精准农业实施的重要组成部分。

地理信息系统(geographical information system，GIS)作为用于存储、分析、处理和表达地理空间信息的计算机软件平台，技术上已经成熟。它在“精准农业”技术体系中主要用于建立农田土地管理，土壤数据、自然条件、作物苗情、病虫草害发生发展趋势、作物产量的空间分布等的空间信息数据库和进行空间信息的地理统计处理、图形转换与表达等，为分析差异性和实施调控提供处方信息。它将纳入作物栽培管理辅助决策支持系统，与作物生产管理与长势预测模拟模型、投入产出分析模拟模型和智能化农业专家系统一起，并在决策者的参与下根据产量的空间差异性，分析原因、作出诊断、提出科学处方，落实到GIS支持下形成的田间作物管理处方图，指导科学的调控操作。

③遥感系统RS　遥感技术（remote sensing，RS)是精准农业田间信息获取的关键技术，为精准农业提供农田小区内作物生长环境、生长状况和空间变异信息的技术要求。

遥感技术是未来精准农业生物技术体系中获得田间数据的重要来源。它可以提供大量的田间时空变化信息。近30多年来，RS技术在大面积作物产量预测，农情宏观预报等方面作出了重要贡献。遥感技术领域积累起来的农田和作物多光谱图像信息处理及成像技术、传感技术和作物生产管理需求密切相关。RS获得的时间序列图像，可显示出由于农田土壤和作物特性的空间反射光谱特异性，提供农田作物生长的时空特异性的信息，在一季节中不同时间采集的图像，可用于确定作物长势和条件的变化。由于采用卫星遥感比航空摄影的成本降低一半以上，卫星遥感技术可预期在近3~5年内，在“精准农业”技术体系中扮演重要角色。

④作物生产管理专家决策系统　它的核心内容是用于提供作物生长过程模拟、投入产出分析与模拟的模型库；支持作物生产管理的数据资源的数据库；作物生产管理知识、经验的集合知识库；基于数据、模型、知识库的推理程序；人机交互界面程序等。

⑤田间肥力、墒情、苗情、杂草及病虫害监测及信息采集处理技术设备。

⑥带GPS系统的智能化农业机械装备技术　如带产量传感器及小区产量生成图的收获机械；自动控制精密播种、施肥、撒药机械等。

20世纪70年代中期微电子应用技术的迅速发展，使得工业化国家的农业机械进入一个以迅速融合电子技术向机电一体化方向发展的新时期。农业机械的设计中，广泛引入了微电子监控技术用于作业工况监测和控制。80年代后期开始其监控系统又迅速趋向智能化。迄今支持“精准农业”的若干主要农机装备，除了带产量图自动生成的谷物收获机以外，实施按处方图进行农田投入调控的智能化农业机械，如安装有DGPS定位系统及处方图读入装置的，可自动选择作物品种、可按处方图调节播量和播深的谷物精密播种机；可自动选择调控两种化肥配比的自动定位施肥机和自控喷药机，可分别控制喷水量的定位喷灌机均已有商品化产品，并在继续完善。

(2)发展前景

精准农业是一种基于空间信息管理和变异分析的现代农业管理策略和农业操作技术体系。它根据土壤肥力和作物生长状况的空间差异，调节对作物的投入，在对耕地和作物长势进行定量的实时诊断，充分了解大田生产力的空间变异的基础上，以平衡地力、提高产量为目标，实施定位、定量的精准田间管理，实现高效利用各类农业资源和改善环境这一可持续发展目标。显然，实施精准农业不但可以最大限度地提高农业现实生产力，而且是实现优质、高产、低耗和环保的可持续发展农业的有效途径。因而精准农业技术被认为是21 世纪农业科技发展的前沿，是科技含量最高、集成综合性最强的现代农业生产管理技术之一。可以预言，它的应用实践和快速发展将使人类充分挖掘农田最大的生产潜力、合理利用水肥资源、减少环境污染、大幅度提高农产品产量和品质成为可能。实施精准农业也是解决我国农业由传统农业向现代农业发展过程中所面临的确保农产品总量、调整农业产业结构、改善农产品品质和质量、资源严重不足且利用率低、环境污染等问题的有效方式，已成为我国农业科技革命的重要内容。

(3)精准农业技术在热带作物栽培上的应用

精准农业技术在热带作物栽培的应用目前主要要施肥上。精准施肥是以计算机技术为核心的“3S”(GIS、GPS、RS) 技术为支撑，把土壤不同空间单元的产量数据与其他多层数据(土壤理化性质、农田生态条件、其他障碍因子及气候条件与因素等)进行叠合分析，并根据作物生长模型、作物营养平衡施肥专家系统等得出科学准确的施肥方案，实现以优质、高产、高效、环保为目标的变量施肥技术。目前已运用在香蕉园土壤养分管理上。郑良永(2005)在精准农业技术在香蕉园土壤养分管理上的应用初探中，运用“3S”(GPS、GIS、RS)技术，通过土壤网格取样法，应用土壤养分状况系统研究法(ASI)，对实验样区(香蕉园)的土壤进行快速测试，最后在地理信息系统(GIS)支持下整理、分析、评价实验样区的土壤养分状况并成图，最后得出的结果用于指导科学施肥。

9.6　农旅融合发展与热带作物栽培

随着农业的转型升级发展，农业与其他产业的融合发展日益加强。产业融合发展已成为中国农业供给侧结构性改革的重要路径，而农业与旅游产业的融合发展成为地方政府优化农业产业结构的有效路径之一。农旅融合作为新的一种农业和旅游业态，正成为国家乡村振兴的重要途径，热带作物产业同样如此，热带作物栽培也到了需要更加重视的机遇期。

9.6.1　农旅融合概述

9.6.1.1　农旅融合的内涵

农旅融合是指农业与旅游业在融合发展中借助各自优势资源、技术等弥补对方的缺陷及不足，从而促进 2 个产业加速成长和共同发展，并且催生农业旅游这一新业态的形成，带来新的经济增长模式。旅游业是一个关联度强的综合性行业，与农业的渗透、交叉和重组形成新型业态，能够带来产业的创新能力和竞争力。农旅融合从字面上可以简单理解为农业与旅游业融合，但其实质上是大农业和旅游业的融合，是指在一定的环境、产业与消费基础条件下，受到市场需求与政策等因素的作用，政府、企业、农户等利益主体为实现经济、社会、生态、文化等效益而进行的地区农业旅游资源开发、产品生产、市场营销、空间布局以及运行管理过程的总称。

农旅融合的研究和发展最早可以追溯到1850年德国的"市民农园"。国内主要从农业旅游、乡村旅游、休闲农业等角度对农业和旅游业的融合进行研究，涉及农旅融合内涵、背景、机制、路径和作用等。从学者们对农旅融合发展的内涵分析可以看出，农业和旅游业融合发展带动了二者的转型升级，形成的新业态具有更强的竞争力，在农旅产业的结合上，二者相互融合、互为支撑。

9.6.1.2 农旅融合发展的意义

农业与旅游业的融合是农村产业融合的重要路径，也是实现乡村振兴的重要突破口，通过拓展农业的旅游功能，以旅游业带动农业与第三产业的良性互动与深度融合，可以培育新业态和新模式，延长产业链，增加产业附加值，有效解决"三农"问题。

(1)农旅融合发展是系统解决"三农"问题的重要途径

推进农旅融合发展是农业产业化和，也是顺应农村一二三产业融合发展的必然要求。农旅融合不仅能够促进农业产业化、市场化发展，带动农村基础设施建设和生活环境的改善，激发农村活力和竞争力，推进城乡融合、协调。而且能够增加农民收入和就业机会，有效地解决了农业、农村、农民问题。

(2)农旅融合发展是推进乡村振兴战略的重要抓手

党的十九大提出乡村振兴战略。2018年一号文件明确"要构建一二三产业融合发展体系，实现休闲农业和乡村旅游精品工程。"2019年一号文件《中共中央 国务院关于坚持农业农村优先发展做好"三农"工作的若干意见》中明确指出："发展乡村新型服务业。充分发挥乡村资源、生态和文化优势，发展适应城乡居民需要的休闲旅游、餐饮民宿、文化体验、健康养生、养老服务等产业。"在中央政策的指引下，不少地区都把农旅融合发展作为推进乡村振兴战略的重要抓手，农旅融合发展进入全新的发展阶段。

(3)农旅融合发展是一二三产业融合发展的新业态

农旅融合是农业和旅游业突破自身发展局限寻找新的发展思路的过程，是一个动态的产业融合逐步形成新业态的过程，是产业间相互渗透、重组整合需求最大价值化的过程。农业产业是价值链的基础，旅游产业在一定条件下能延伸拓展农业价值链。农旅融合并不是简单地将农业产业和旅游业产业的互相叠加，而是通过农业生产与旅游休闲之间，将农村的环境、土地、资源、风俗、制度、住宅等与旅游业相互作用而实现共同发展的过程。

9.6.1.3 当前我国农旅融合存在的问题

随着乡村振兴战略的深入推进，以及旅游需求多样化和个性化趋势的发展，我国休闲农业、乡村旅游蓬勃发展。在此背景下，如何实现以农促旅、以旅兴农乃至以旅富农，对农旅融合的进一步发展提出了更高要求。但不可否认，目前我国农旅融合仍然存在一些问题。

(1) 农旅融合形式单一

我国农旅融合虽然出现较早，但主要为农家乐以及乡村旅游，形式较为单一，且融合的深度和广度有待提升。事实上，我国农耕文明历史悠久、内涵丰富，可挖掘和提升的空间较大。

(2) 农旅融合特色不足

当前，我国对农业相关资源的挖掘尚不足，特别是没有充分挖掘乡村文化资源的内涵和价值，农旅融合普遍停留在浅层次、表面化的观光旅游上，产品形式单一。同时，农旅融合的有效性和吸引度也不高，产品开发迟缓，缺乏优势明显、具有较强市场竞争力的品牌。

(3) 农旅融合水平不高

一些地区的农业产业化和现代化进程较为缓慢，农业现代化水平偏低，农旅融合面临发展后劲不足等问题。各地农业旅游管理主体不同，旅游发展水平也有差异，存在各自为政、多头管理、条块分割等现象，形成了农旅融合的体制障碍。同时，缺乏技术、人才以及相关政策支撑，也使得我国农旅融合程度不高。

(4) 农旅融合主体不力

农旅融合的主体包括农民、企业以及农业合作经济组织等。但目前我国农民外出打工的比例逐渐提高，留守劳动力数量有所下降，且留守人口年龄普遍较大，缺乏足够的文化水平以及市场意识。同时，农村普遍缺乏领军式的、有实力的企业带动产业发展，阻碍了农旅融合的进程。

9. 6. 2　农旅融合的实施

农旅融合要在充分分析农业资源的基础上，以农业资源为基础，以旅游服务为表现，农业价值链与旅游产业价值链之间相互渗透和交叉，也就是将农业生产、加工、销售等环节与吃、住、行、游、购、娱等旅游服务有机融合。在布局规划上，要与农业功能区、现代农业园区、生态园林城镇等规划建设相协调，充分依托现代农业种养殖项目，利用好农业资源。在农业功能区、现代农业园区、生态园林城镇建设中植入休闲养生、休闲观光、休闲采摘、农业科普、农耕体验等元素，开发田园农业游、园林观光游、农业科技游、务农体验游等不同主题旅游。如茶产业与旅游业的融合，从融合路径来看，茶产业从茶叶种植生产，到茶叶产品的初加工、精加工，再到茶叶市场销售等环节均可以与旅游产业的旅游景区、旅游餐饮、旅游住宿、旅游交通、旅游购物等要素在资源、功能、技术、市场等方面进行渗透融合，从而实现两大产业资源的价值提升、功能拓展、技术创新和市场共享。从茶产业与旅游产业的融合结果来看，茶产业出现茶庄园、茶香人家、茶叶观光工厂、茶文化主题公园等新业态，而旅游产业则形成以茶文化为主题的旅游景区、旅游餐饮、旅游酒店、旅游购物、茶艺表演、会展旅游等新业态。当前主要方式就是休闲农业。

休闲农业是指利用农业生产、农产品加工、乡村文化等核心资源要素，以改善和保护生态环境，提高农业产值为目的，为国民创造的新型休闲养生环境，是一种高层次的农业产业形式，是多功能的农业。集生产、生活、生态、生命于一体，服务于国民，为国民提供休闲场所和安全食品。在经营上表现为集产供销及旅游休闲服务等三级产业于一体的农业发展形式，是现代农业发展的一个重要途径。

9.6.2.1 农旅融合下的热带作物栽培

热带作物涉及经济林木、果树、香料饮料、油料、能源、药材等，种类多、功能丰富、植物生长时间长，适合以体验、科普等形式与旅游结合，有的作物还作为园林植物被大量应用，如咖啡、可可、油棕、龙眼、大叶茶等。在热区城市周边，以热带作物作为资源发展休闲农业，具有较大潜力。但建设和管理上要结合当地自然条件、地理条件和热带作物资源，按休闲农业的理论和相关要求，结合实际开展，与一般生产型的热带作物栽培，从种植园定位、选地、规划、开垦、定植、管理上均已有较大不同。

9.6.2.2 农旅融合下的热带作物栽培实践(案例)

(1)热带植物园

主要提供热带植物生长的园区，比较著名的海南省的热带植物王国兴隆热带植物园、云南省勐腊县勐仑罗梭江畔的葫芦岛热带植物园。这里仅简要介绍下兴隆热带植物园。

兴隆热带植物园位于海南省著名风景旅游区兴隆温泉旅游区内(北纬 18°44′、东经 110°11′，占地面积 42 hm^2，由于兴隆独特的地理位置和气候条件，1957 年中国热带农业科学院香料饮料研究所选定这里作为国内外热带亚热带作物(植物)种质资源收集保存创新利用的重要基地，为此建立了兴隆热带植物园。在香料饮料研究所五十多年、几代科研工作者的努力下，兴隆热带植物园已收集保存有 3000 多种独具特色的热带、亚热带作物(植物)种质，并已成为一座集科研、科普、生产、加工、观光和种质资源保护于一体的综合性热带植物园。兴隆热带植物园划分为五大功能区：植物观赏区、试验示范区、科技研发区、立体种养区和生态休闲区；收集有 12 类植物：热带香辛料植物、热带饮料植物、热带果树、热带经济林木、热带观赏植物、热带药用植物、棕榈植物、热带水生植物、热带濒危植物、热带珍奇植物、热带沙生植物和蔬菜作物等。走进植物园，便如同打开一本关于热带植物的百科全书，大自然的种种奇妙在这里五彩纷呈，名优稀特不胜枚举；穿行于植物园，您会获得一份探奇的惊喜、一种释然的心态；各种奇特的热带植物花木组成一幅幅美丽的图画，置身其中，仿如画中游。“到海南必到兴隆，来兴隆定去植物园”，道出兴隆侨乡这颗绿色明珠的奥秘。

(2)热带农业公园——桂林洋国家热带农业公园

桂林洋国家热带农业公园位于海口市东郊，规划面积达 770 hm^2，是一个以热带生态农业为基础，集热带农业示范博览、科技研发、田园休闲旅游、农艺体验、健康养生、亲子教育等于一体的复合型热带现代农业综合体，已于 2018 年 2 月 8 日对公众开放一期园区。一期开园项目包括农业梦工厂项目、生态热带新果园、共享菜园、美丽乡村高山村改造项目、共享农庄项目等总占地 315 亩的农业梦工厂里，建有 4 个热带农业高科技玻璃温室，有先进农业种植技术示范展示，提供新鲜健康的绿色果蔬和丰富多彩的花卉采摘。农业梦工厂里还设有雨林剧场、农业嘉年华，热带雨林区马戏团在这里欢乐上演。

(3)特色小镇——福山咖啡风情小镇

福山咖啡风情小镇在海南省琼山县福山镇。福山咖啡风情小镇以世界著名咖啡产地及咖啡文化发源地作为旅游规划元素，让来福山的游客一站式的体验世界级咖啡美食和民俗风情。小镇以福山咖啡文化风情镇中心区作为游客集散地，围绕整个福山镇范围，在现有的村落群的地点上打造出 10 个各具特色的咖啡旅游文化风情村，这些村落包涵世界各地著名咖啡种植生产地的建筑特点及民俗风情，10 个点各具特色的同时又因为咖啡文化有机的联系在一起，极力打造成一个完整的咖啡文化区，10 个点充分围绕咖啡主题，处处体现咖啡的魅力，同时也营造出世界著名咖啡产地的地方特色。

(4)普洱茶博览苑

普洱茶博览苑建在云南普洱市距市区 29 km 的营盘山上。以万亩生态茶园为建设背景，青山环绕丘陵相拥，景色秀丽是茶海中的一颗璀璨明珠，整个景区从普洱茶起源演化、发展嬗变、种植生产、民族渊源、加工包装、历史文化、收藏营销、烹制品鉴等不同角度，立体化地展现了有关普洱茶的内容，是普洱茶的大观世界。旅游核心区由"普洱茶博物馆""村村寨寨""嘉烩坊""普洱茶制作坊""茶祖殿""品鉴园""采茶区""问茶楼""闲怡居"、九个部分组成，让旅客充分体验观茶、采茶、制茶、吃茶、品茶、斗茶、拜茶、购茶的乐趣。

9.7　农业企业管理理论在热带作物栽培上的应用

热带作物栽培是栽培理论和技术具体应用的实施，是有组织的活动，有序高效管理是理论应用和技术实施的重要保障。管理是农业的增长要素，能发挥各种农业要素的作用，提高生产力。现阶段，热带作物栽培多为企业化运作。

9.7.1　农业企业管理概述

9.7.1.1　农业企业管理的内涵

农业企业经营管理(operation and management of agribusiness)：对农业企业整个生产经营活动进行决策、计划、组织、控制、协调，并对企业成员进行激励，以实现其任务和目标一系列工作的总称。

农业企业是为取得最佳经济效益而采取的各种经济、组织措施的总称。一些农业经济学者认为，经营和管理是既有紧密联系，又有一定区别的两个范畴。经营指农业企业在国家的方针、政策和计划指导下，为达到企业外部环境、内部条件和经营目标之间的动态平衡，争取最佳经济效益而进行的决策性活动。管理则指为实现企业的经营决策而进行的组织和指挥，包括对生产要素利用进行的控制和考核，对企业内外诸关系进行的协调和处理，对企业成员进行的教育和鼓励等。经营是管理的前提和向导，管理则是经营的基础和保证。但有的学者认为这样的区分是不必要的。习惯上也常把经营管理作为一个概念来使用。

9.7.1.2　农业企业经营管理基本内容

农业企业经营管理基本包括：

①合理确定农业企业的经营形式和管理体制，设置管理机构，配备管理人员。

②搞好市场调查，掌握经济信息，进行经营预测和经营决策，确定经营方针、经营目标和生产结构；编制经营计划，签订经济合同。

③建立、健全经济责任制和各种管理制度；搞好劳动力资源的利用和管理，做好思想政治工作。

④加强土地与其他自然资源的开发、利用和管理。

⑤搞好机器设备管理、物资管理、生产管理、技术管理和质量管理；合理组织产品销

售，搞好销售管理；加强财务管理和成本管理，处理好收益和利润的分配。

⑥全面分析评价农业企业生产经营的经济效益，开展企业经营诊断等。

9.7.1.3 农业企业经营管理基本方法

农业企业经营管理的基本方法，一般包括：

①经济方法　即利用成本、利润、价格、奖金等经济杠杆，推动生产经营，调节经济关系，节约劳动消耗，提高经济效益。

②行政方法　即通过生产、行政指挥系统，采用行政手段，组织、领导和控制监督生产经营活动，保证实现经营目标和计划任务。

③教育方法　即通过启发、诱导、宣传、示范等方式，提高企业成员的生产积极性和业务技术水平，为企业的生产发展作出贡献。

此外，农业企业的经营管理也依靠法律手段，即通过执行政府法令和企业规章制度来维护企业生产经营活动的正常秩序，保障企业和有关方面的合法权益。

以上几种方法在实践中常结合运用。20 世纪 40 年代以后，随着农业生产的现代化和电子计算机在农业中的应用，以数量化、模型化和最优化等为特征的科学方法已在经营管理中得到推广。这种定量方法与传统的、以逻辑推理和经验判断为特征的定性方法相互结合，正使农业企业的经营管理提高到更新的水平。

9.7.2 农业企业管理理论在热带作物栽培上的应用

从操作层面，热带作物栽培是具体的作业。无论科研、生产还是观光性的栽培，任何一项工作的实施，任务的完成，除学习和应用科学理论和技术外，组织管理是开展有效工作所必需的。管理是促进现代社会文明发展的三大支柱之一，它与科学和技术三足鼎立，是促进社会经济发展最基本的、关键的因素。先进的科学技术与先进的管理是推动现代社会发展的“两个轮子”，二者缺一不可。热带作物产业发展也是一样。目前，我国热区的热带作物产业几乎是以农场、公司等国营、民营企业在经营，如橡胶农场、咖啡公司、坚果公司等，这些农业生产企业是实现热带作物栽培的目标和效益的实施者，企业化的栽培和管理是当前热带作物栽培的主要途径。

生产中，为实现生产预期目标和效益，一般要以企业方式进行经营管理，需要按农业企业经营管理理论，对整个生产经营活动进行决策、计划、组织、控制、协调，并对企业成员进行激励，以实现其任务和目标。在热带作物生产上，这方面企业较多，国有企业、民营企业、外资企业、合资企业都有。例如，热区各省(自治区)的农垦集团公司、橡胶集团公司、咖啡公司、茶叶公司等；就单项工作，也有按企业运作的，例如，张伟丽、王丰建的《集约化嫁接育苗企业发展新模式》就是这方面的代表。事实证明，技术的推广和运用，离不开有效管理。

9.8 生态可持续农业背景下的热带作物栽培

为实现热带作物种植业健康发展，需要运用生态农业、可持续农业理念指导生产与实践。

9.8.1 生态农业与热带作物栽培

9.8.1.1 生态农业的产生及其内涵

“生态农业”(ecological agriculture)一词最初由美国土壤学家 W. Albrecthe 于 1970 年提出。1981 年英国农学家 M. Worthington 将生态农业定义为“生态上能自我维持，低输入，经济上有生命力，在环境、伦理和审美方面可接受的小型农业”。其中心思想是把农业建立在生态学的基础上。但也出现了一些片面遏制化学物质投入的极端作法，称之为“狭义生态农业”。

国外生态农业又称自然农业、有机农业和生物农业等，其生产的食品称生态食品、健康食品、自然食品、有机食品等。

各国对生态农业提出了各自的定义。例如，美国农业部的定义是：生态农业是一种完全不用或基本不用人工合成的化肥、农药、动植物生长调节剂和饲料添加剂的生产体系。生态农业在可行范围内尽量依靠作物轮作、秸秆牲畜粪肥、豆科作物、绿肥，场外有机废料及含有矿物养分的矿石补偿养分，利用生物和人工技术防治病虫草害。

德国对生态农业提出了以下条件：①不使用化学合成的除虫剂、除草剂，使用有益天敌或机械除草方法。②不使用易溶的化学肥料，而使用有机肥或长效肥。③利用腐殖质保持土壤肥力。④采用轮作或间作等方式种植。⑤不使用化学合成的植物生长调节剂。⑥控制牧场载畜量。⑦动物饲养采用天然饲料。⑧不使用抗生素。⑨不使用转基因技术。另外，德国生态农业协会(AGOEL)还规定其成员企业生产的产品必须 95%以上的附加料是生态的，才能被称作生态产品。

尽管各国生态产品的名称不同，但宗旨和目的是一致的，这就是：在洁净的土地上，用洁净的生产方式生产洁净的食品，提高人们的健康水平，促进农业的可持续发展。

9.8.1.2 热带地区生态农业技术与模式

热带地区生态农业技术与模式有充分利用空间和土地资源的农林立体结构型、物质能量多层分级利用型生态农业、水陆交换的物质循环型生态农业、相互促进的生物物种共生型生态农业、农—渔—禽水生生态系统型生态农业、多功能的污水自净生态农业、山区综合开发的复合型生态农业、沿海滩涂和荡滩资源开发利用的湿地型生态农业、以庭院经济为主的院落生态农业、多功能的农副工复合生态农业等 10 种。这里从栽培层面重点介绍两种模式。

(1)充分利用空间和土地资源的农林立体结构型

利用自然生态系统中各生物种的特点，通过合理组合，建立各种形式的立体结构，以达到充分利用空间，提高生态系统光能利用率和土地生产力，增加物质生产的目的。按照生态经济学原理使林木、农作物(粮、棉、油)、绿肥、鱼、药(材)、(食用)菌等处于不同的生态位，各得其所、相得益彰，既充分利用太阳辐射能和土地资源，又为农作物形成一个良好的生态环境。这种生态农业类型在我国普遍存在，应用较广。大致有以下几种形式。

一是各种农作物的轮作、间作与套种。农作物的轮作、间作与套种在我国已有悠久的历史，并已成为我国传统农业的精华之一，是我国传统农业得以持续发展的重要保证。由于各地的自然条件不同，农作物种类多种多样，行之有效的轮作、间作与套种的形式繁多，如豆、稻轮作，橡胶、菠萝套作，咖啡、橡胶间作。

二是林药间作。林、药间作不仅大大提高了经济效益，而且塑造了一个山青林茂、整体功能较高的人工林系统，大大改善了生态环境，有力地促进了经济、社会和生态环境向良性循环发展。如林、参间作，林下栽种黄连、白术、绞股蓝、芍药、三七、白芨等的林、药间作。

除了以上的各种间作以外，还有林木和经济作物的间作，如胶、茶间作，种植业与食用菌栽培相结合的各种间作，如农田种菇、蔗田种菇、果园种菇等。

三是立体农业。立体农业又称层状农业，是着重于开发利用垂直空间资源的一种农业生产方式，是在单位面积上，利用生物的特性及其对外界条件的不同要求，通过种植业、养殖业和加工业的有机结合，建立多个物种共栖，质能多级利用的生态系统的农业生产方式。立体农业是利用光、热、水、肥、气等资源，同时利用各种农作物在生育过程中的时间差和空间差，在地面、地下、水面、水下以及空中同时或交互进行生产，通过合理装配，粗细配套，组成各种类型的多功能、多层次、多途径的高产优质生产系统，以获得最大经济效益。其主要内容有：根据不同生物物种的特性进行垂直空间的多层配置；自然资源的深度利用，主产品的多级、深度加工和副产品的循环利用；技术形态的多元复合等。

立体农业是传统农业和现代农业科技相结合的新发展，是传统农业精华的优化组合。具体地说，立体农业是多种相互协调相互联系的农业生物（植物、动物、微生物）种群，在空间、时间和功能上的多层次综合利用的优化高效农业结构。

构成立体农业模式的基本单元是物种结构（多物种组合），空间结构（多层次配置），时间结构（时序排列），食物链结构（物质循环）和技术结构（配套技术）。目前立体农业的主要模式有：稻田立体农业类型、蔗田立体农业类型、旱地立体农业类型、果园立体农业类型、菜园立体农业类型、林木立体农业类型、水体立体农业类型及庭院立体农业类型。

立体农业按其不同基面分异基面和同基面两种类型。异基面立体农业指不同海拔、地形、地貌条件下呈现出的农业布局差异。合理的立体农业能多项目、多层次、有效地利用各种自然资源，提高土地的综合生产力，并且有利于生态平衡。

（2）山区综合开发的复合型生态农业

这是一种以开发低山丘陵地区，充分利用山地资源的复合生态农业类型。通常的结构模式为：林—果—茶—草—牧—渔—沼气。该模式以畜牧业为主体结构。一般先从植树造林、绿化荒山、保持水土、涵养水源等入手，着力改变山区生态环境，然后发展畜牧和养殖业。根据山区自然条件、自然资源和物种生长特性，在高坡处栽种果树、茶树；在缓平岗坡地引种优良牧草，大力发展畜牧业，饲养奶牛、山羊、兔、禽等草食性畜禽，畜禽粪便养鱼；在山谷低洼处开挖精养鱼塘，实行立体养殖，塘泥作农作物和牧草的肥料。这种以畜牧业为主的生态良性循环模式无三废排放，既充分利用了山地自然资源优势，获得较好的经济效益，又保护了自然生态环境。达到经济、生态和社会效益的同步发展，为丘陵山区综合开发探索出一条新路。目前，这种模式已广泛使用

我国热区资源丰富，类型多样。应结合实际探索适合的模式。如云南热区，适合山区综合开发的复合型生态农业等类型。

9.8.2 可持续农业与热带作物栽培

1989 年联合国粮农组织提出了农业可持续发展的定义："可持续发展要求在管理和保护自然资源的基础上，并进行技术和机制调整，使之朝向能保证和持续满足当前和今后人类需要的方向发展。这样的持续发展(在农业、渔业、林业部门)应该是能保护土地、水和动植物种质资源，防止环境退化，同时又应是技术上适宜，经济上可行并能为社会所接受的。"

进入 20 世纪 90 年代，可持续农业已不再是一种具体的生产模式，而成为一种农业发展思想和战略。在其具体的做法和内容上吸取了"有机农业""生态农业"对资源环境保护的思想，但也不排斥现代农业高产、高效的优点，因此更为客观和科学。农业是自然再生产和经济再生产的复合体。农业生产的持续性包括以下 3 个方面：

(1)生态持续性

主要指合理利用资源并使其永续利用，同时防止环境退化。一方面要求有效地控制生态环境的破坏和污染，增加农业对自然灾害的抵御能力；另一方面要高效、合理地利用资源，注意各项资源投入的效益，尤其对稀缺资源更要合理配置，并寻求替代途径。

(2)经济持续性

主要指经营农业生产的经济效益及其产品在市场上竞争能力保持良好和稳定，这直接影响到生产是否能维持和发展下去。在以市场经济为主体的情况下，经营者首先关心的是自身的经济收益，一种生产模式和某项技术措施能否推行和持久，主要看其经济效益如何，产品在国内外市场有无竞争能力。因此经济持续性最终表现为农民能否增加收入和脱贫致富。

(3)社会持续性

指农业生产与国民经济总体发展协调，农产品能满足人民生活水平提高的要求。具体包括几个方面：产品供应充足，保持农产品市场的繁荣和稳定，尤其是粮食和肉蛋产品的有效供给；产品优质，且价格合理，能为社会普遍接受，满足不同消费层次对优质农产品的要求；农业生产结构和农产品数量结构有适宜的比例，满足社会经济总体发展的要求；区域发展平衡。农业生产的社会持续性直接影响着社会稳定及人民安居乐业的大局，不可忽视。

9.8.2.1 可持续热带农业

我国在热带地区发展可持续农业，其基本内涵与亚热带、温带农业是一致的。所不同的是热带地区的资源环境条件与社会经济基础等与之相差甚远，尤其是自然资源条件。因此，我们可以把热带地区可持续农业定义为：在热带的特有环境条件下，能长期维持和提高农业发展所依赖的环境质量和资源基础，持续生产并提供当前和今后人类社会所必需的各种产品，促进社会文明发展并使人与自然和谐共处的农业生产体系。我国热带地区由于受东南和西南季风的影响，雨量充沛，气候温暖潮湿，具有得天独厚的自然资源优势，为农业发展创造了有利的条件。

9.8.2.2 热带农业特点

(1)是我国熟制最多和生物产量潜力最高的地区

热区高温多雨，农作物一年多熟。年积温高达 6500~9500 ℃，是华北地区(为暖温带)的 1.6~2.1 倍；无霜期 300~365 d，大部分地区年降水量 1200~2000 mm 以上。

粮食作物年可3~4熟，在南部可种植三季水稻，可种植各种热带亚热带作物和热带水果。因高温多雨，生物生长发育快，是我国生产产量潜力最高的地区。在广州，生物产量潜力高达47.25 t/hm^2，比东北地区的哈尔滨和西北地区的酒泉高出2倍以上。

(2)是我国发展冬季农业的优越地区

热区是我国独有的冬季天然大温室，其冬季光热资源丰富，并且自然灾害较少，如海南岛冬半年≥10 ℃的积温相当于暖温带全年的积温量；冬半年≥10 ℃积温占当地全年积温量的42.5%~48.4%，与夏半年的积温量相差很少。同时，在冬季很少受台风、洪水灾害的危害，冬种农业容易获得高产。

(3)是我国物种资源最丰富的地区和独有的热带作物产地

热区高等植物超过20 000种，占全国高等植物总数的2/3以上；陆栖野生类脊椎动物近2000种，为全国总数的70%左右；海洋生物资源非常丰富，仅鱼类就有1100种以上，占全国总数的70%左右。区域内栽培的农作物40多种，占全国栽培作物的80%以上。全国栽培的54种类果树中，在热区栽植的约40种类，占全国种类的74%以上，其中有24种类果树只能在热区栽种。

(4)多样的土地类型有利于发展多种经营

本区山水共济，海陆相连，林地、草地、滩涂与海洋渔场面积广阔，为农、林、牧、副、渔全面发展提供了一个极为广阔的天地，尤其是在山区，随着海拔高度的变化，气候、土壤和生态条件随之发生明显变化，形成一山四季的立体环境，在山脚可以发展热带作物及林果，中部可发展亚热带作物及林果，而山顶可发展北方温带作物及林果，对发展高效立体农业、满足市场对农产品需求的多样化相当有利。

(5)区位经济条件有利于发展高效商品农业

本区具有濒临世界环球航道的区位优势，同时近邻港、澳、台和东南亚市场，而且又是侨胞故乡集聚地区，有吸引外资、外商开发高效商品农业的有利条件。同时，本区迅速发展的二三产业为本区农业深度开发集聚了必要的技术与资金。

9.8.2.3 热带地区可持续农业的目标

一是提高农、林、牧、副、渔各业，尤其是粮、油、糖以及橡胶等热带作物的产量和品质，提高劳动生产率，推动农业生产的可持续发展。

二是提高农民的人均纯收入，消除贫困，持续协调地发展农村经济。

三是合理利用、保护和改善自然资源，尤其是要重视对热带雨林和生物多样性的保护，提高农业资源的利用率，加强水土流失的综合治理，改善农业生态环境。

依靠科学技术进步发展可持续农业是当代农业发展的主要趋势之一。为了实现上述3大目标，热带地区应重视多种适宜的技术措施的综合应用，实行精细化经营管理，综合运用各种农用工业技术、生物工程技术和生态技术，形成完整的技术体系，以充分利用热带农业资源，在促进农业增产增收的同时，保护热带生态环境。

9.8.2.4 热带地区可持续农业面临的问题

①自然灾害频繁给热带作物生产造成巨大的损失　我国热带地区地处热带北缘，属季风气候，夏半年多台风、暴雨，冬半年受极地高压控制，气候干旱、冷凉，所以农业生产频繁受风害、低温、干旱的威胁。所以，我国热带地区农业生产的限制因子是水，必须重视农田排灌设施的建设。

②生态环境日趋恶化　热带地区是我国生物多样性最丰富的地区，也是最容易因人为

活动和环境变化而受威胁的生态脆弱区。常规农业现代化对资源和环境的副作用日益显露出来，大量盲目施用化肥导致土壤板结、水资源污染；盲目施用农药，在杀死病虫害的同时也消灭了天敌，使某些病虫害抗药性增强，严重地影响了工农业和生活用水质量，也造成了水域、土壤和农产品不同程度的污染。农业生态环境的恶化，反过来又制约了农业的持续发展。

③农业结构不合理　我国南方热带亚热带地区山地丘陵所占面积较大，土地利用结构中林业用地占 44%，农业用地则不足 14%，牧业用地占 3.7%。同期农、林、牧、副、渔总产值中，农业占 68%，林业占 4.2%，牧业占 14.5%，副业和渔业产值分别占 12.1%和 1.5%。可见，热区大农业结构极不协调，山地优势未能充分发挥，对南方门类繁多、品种纷杂的经济作物重视不够。

④农业生产水平低　长期以来，由于政策、技术、劳动者的文化素质以及传统的农作习惯等的缘故，对农业的投入水平较低，基础设施薄弱，抵御自然灾害和市场波动的能力较弱。而且热带地区普遍存在重用轻养、广种薄收、占而不管的土地利用方式，严重制约了热带农业生产力的提高。

⑤人地矛盾相当突出　全区丘陵山地面积占土地总面积的近 90%，宜农的平原盆地面积非常有限。区域大部分地区人多耕地少，人地矛盾相当突出。

另外，热带地区具有多种病、虫、鼠、草害滋生和繁殖的条件。由于热带地区的天然植被具有生物多样性，单个植物种分布广，常有毒或不易为病虫所害。然而，单一栽培的农业生态系统，非常有利于病虫害繁殖，其作物的病虫害发生率比温带地区要高好多倍。

⑥热区降水过分集中　热带地区不但降水量过于集中，而且大雨、暴雨次数多，强度大。降水集中不但造成旱灾，还常造成洪涝灾害，特别是各条河流的下游地区，海南有 40 000 hm^2 耕地受到洪涝威胁。这主要是大雨、暴雨次数多且强度大，而海南的河流又短促、坡降大。夏秋暴雨不但使晚稻受到威胁，而且造成土壤冲刷强烈，水土流失严重。

⑦果品等农产品耐贮运性差　许多热带果品，如杧果、油梨、香蕉等一般无明显的后熟期，具有易腐、不耐低温贮藏、难于长距离运输等弱点。另外，绝大多数种植园作物，如油棕、甘蔗、咖啡等都要在收获后比较短的时间内就地加工，否则就会使主产品变质，不是减少其有效成份含量(如油棕、甘蔗、香茅等)，就是损坏其最终产品的品质(如咖啡、茶叶、香草兰等)。因此，热带农产品贮藏、运输和初加工问题显得十分突出。不保鲜贮藏和初加工就很难进入市场。

9.8.2.5　热带地区可持续农业的对策

(1)充分利用热带地区的自然资源实现其合理利用

尽管热带地区具有优越的农业自然资源，但时空分布极不均匀，存在明显的自然生态分区和农业生产适宜区，而且各地的社会经济条件也不同。因此，实施可持续的热带农业，就必须因地制宜地，从系统性和整体性出发，在保护生态环境的基础上，尤其重视热带雨林的保护，进行合理规划，以充分利用热带地区的自然资源，使其发挥最大的经济和生态效益。

(2)通过发展生态农业实现热带农业的可持续发展

按照自然规律和社会经济规律，从系统性和整体性出发，调整农业产业结构，合理安排农、林、牧、副、渔各业的生产以及各业内部的结构，改变单一经营模式以及各业之间相互脱节的生产格局。应用农业生态技术和工程技术，把各业有机地结合起来，实现能量和物质的多级利用和充分利用，提高农业资源的转化效率，减少废弃物的排放，改善农业生态环境，实现农业资源的可持续利用。从生态角度，首先要加强粮食生产，发展生态农业，进行产业结构调整，不应削弱粮食的生产，而应在精耕细作提高单产上下功夫，走集约经营的道路，形成一批集约化水平较高的产业群和产业链，建立一批优质的农产品基地。其次，要大力发展以竹林果为主的农林复合型生态农业，进一步提高森林覆盖率，保护和改善农业生态环境。再次，农村应大力发展以沼气为纽带的农牧结合型生态农业，特别是草食畜牧业，以实现能量和物质的多级利用和充分利用，减少废弃物的排放，改善农村生态环境。

(3)提高农业比较效益，发展种苗专业化产业

热带南亚热带农业发展从增加产量到转向提高品质，在创汇农产品生产等各个环节，都要体现良种的突出作用和地位。加快建立起多样化、系列化、优质化、名牌化品种结构和基地，促进优良品种育、繁、推、销一体化进程。通过组织大生产、建立大市场、组建大集团，建立有自然、经济、技术优势和跨所有制、跨部门和跨地区的公私营种苗企业，一方面加强新品种选育，打出名牌进入国内外种子市场；另一方面重视引进优良品种，通过消化、吸收、推广，培育出高、细、精品种。

①积极发展设施农业　充分利用热带和南亚热带热量丰富的优势，发展工厂化的技术密集型农业生产，以保证蔬菜、瓜果、畜禽、水产等产品周年生产，新建和扩建一批设施农业企业，综合运用新品种、新技术和现代化的生产管理，生产名、特、优、稀的优质农产品供应市场。

②大力发展农产品深度加工　以农产品加工业为龙头，带动农业向高档次、高附加值方向发展，促进关联行业的发展。尽快解决科研、生产、销售脱节和产品单一等问题，加强加工企业中的科研工作，提高深度加工技术，形成区域化、专业化、标准化的加工体系，不断提高产品质量与档次，使产品具有较强的竞争力，从而提高商品率和经济效益。

③加快市场体系的建设　强化产销结合，发展农产品市场和生产要素市场；发展市场中介组织，积极鼓励和帮助农民进入市场；加快农产品流通体制改革，实现农产品经营组织的多元化等。

(4)形成配套的生态农业技术体系

农业的可持续发展离不开正确的理论和先进的农业科学技术作为支撑。因此在继承和发扬优良传统农业技术的基础上，必须结合现代农业生态技术和生态工程技术，加强与生态农业相关的基础理论和关键技术的原始创新、二次创新和组合创新等方面的研究，形成配套的生态农业技术体系，并使之成为未来生态农业发展的不竭动力。在基础理论与关键技术方面，特别要加强生态农业模式的结构与功能、生物多样性利用技术、不同技术之间的组装与整合及其创新、不同层次模式之间的尺度转换、生态农业安全及其生态管理技术的研究。

(5)提高热带农业生态系统生产力和稳定性

在我国有限的热带土地上，多是落后或欠发达的少数民族聚居地，国家及各级政府应加大对热带农业的资金投入，制定和完善有利于热带农业发展的优惠政策，加强热带农业基础设施(如防护林、道路、通信、网络、水电、防灾减灾工程等)的建设；加强农村社会化服务体系(如农业物资服务体系、技术服务体系、金融服务体系、市场服务体系、信息服务体系等)的建设，并考虑进行适度的生态补偿，这是实现热带农业可持续发展，提高热带农业生态系统稳定性的重要保证。

(6)引导农民积极参与农业的可持续发展

农业的可持续发展需要农民的积极参与，需要领导决策者的重视和参与，需要全民的参与，因此，加强生态农业科技知识的宣传、培训、示范与推广，提高农民的生态环境意识，是发展热带可持续农业必不可少的一项内容，同时，要加强与生态农业相关的政策法规的建设，以保障我国生态农业的“依法”建设和健康发展。特别要加强生态农业投资与贷款优惠政策、土地流转与适度规模经营政策、生态农产品的市场保护与出口优惠政策、农产品的认证与市场准入制度、生态农业技术与模式的推广鼓励政策、生态农业的生态补偿以及相关的激励机制与体制等方面的建设。

(7)调整产品结构促进种植业由二元结构向三元结构转化

大力发展混农林牧业农作制。主要包括农林制，即同时生产粮食、瓜菜和林产品；林牧制，即综合经营林业和牧业，在林内放牧；农林牧制，即同时生产粮食、瓜菜、林果产品和饲养牲畜；多用途森林生产制，即生产木材以及可供食用与兼作饲料的叶和果，或仅供作饲料的叶和果。

9.8.2.6　可持续农业发展要求下的热带作物栽培

按照可持续发展要求，在热带作物栽培上，一方面要充分利用空间和土地资源，建立立体农林结构；另一方面要种养结合，发展多种经营，还要实施健康栽培。

小　结

本章以栽培热带作物的目标——高效和可持续发展为切入点，结合现代农业发展，在第二部分内容的基础上，对设施栽培、节水栽培、标准化、健康栽培、智慧栽培、农旅融合和栽培作业的管理，以及生态和可持续农业要求下的热带作物栽培等新理念和新技术的应用进行介绍。

思考题

1. 简述能改善热带作物生长环境的设施条件。
2. 为什么说热带作物标准化生产是对于促进热区农业与农村经济持续、健康和快速发展意义重大？
3. 热带作物标准化生产包括哪些内容？
4. 简述开展热带作物健康栽培的必要性。
5. 以一种热带作物为例，设计其开展健康栽培的方案。
6. 试分析智慧农业对热带作物栽培的意义。
7. 什么说热带作物栽培离不开管理？
8. 如何提高热带作物栽培工作效率？请举例说明。
9. 简述可持续农业的内涵和意义。
10. 热区生态农业有哪些模式？
11. 热带作物生态种植有哪些模式？
12. 简述立体农业的模式与特点。

1. 热带作物高产理论与实践．唐树梅．中国农业大学出版社，2007.
2. 中国热带作物栽培学．中国热带农业科学院 华南热带农业大学．中国农业出版社，1998.
3. 生态工程——原理及应用．白晓慧，等．高等教育出版社，2008.
4. 节水灌溉理论与技术．金耀．武汉大学出版社，2003.
5. 休闲农业概论．陈红武，邹志荣．科学出版社，2014.
6. 现代农业企业管理学．王静刚．上海交通大学出版社，2003.
7. 农作学．李军．科学出版社，2015.
8. 农业生态学(2 版)．陈阜．中国农业大学出版社，2011.
9. 农业概论．刘巽浩．知识产权出版社，2007.

参考文献

佚名，2003. 农产品安全生产与生物农药使用技术[J]. 现代农业(9)：23-24.

艾金龙，冯晖，王欢，2019. 智慧农业的发展历程、现状与趋势[J]. 广西农业机械化(6)：93-94.

陈秋波，1997. 我国热带地区发展可持续农业的瓶颈与策略分析：Ⅰ概念与方法[J]. 热带作物研究(4)：1-6.

陈秋波，1998. 我国发展热带可持续农业的瓶颈分析：Ⅱ资源环境瓶颈的特点、机理及对策[J]. 热带农业科学(6)：1-20.

陈霞，郝企信，2005. 改善农业生产环境 提高农产品质量安全[J]. 中国农学通报(专刊)：354-358.

范武波，符惠珍，陈炫，2013. 大力推进标准化生产全面提升热带作物生产水平[J]. 热带农业科学，33 (10)：90-94.

冯焱，等，2005. 我国安全农产品发展现状及趋势[J]. 农产品加工(3)：38-39.

郝文革，刘建华，杜维春，等，2018. 我国农业标准化生产的实践与思考[J]. 中国食物与营养，24 (1)：15-17.

纪金雄，雷国铨，2019. 安溪县茶产业与旅游产业融合发展研究[J]. 福建农林大学学报(哲学社会科学版)，22(1)：67-76.

蒋淇，2017. 农旅融合发展动力机制与影响因素探析——以重庆铜梁为例[J]. 襄阳职业技术学院学报，16(5).

李建锋，2004. 绿色农产品生产技术[J]. 河北农业 (10)：7-9.

李新输，2017. 国外农业旅游发展典型模式及对中国的启示[J]. 世界农业 (1)：134-136.

李尤丰，王智钢，2014. 基于动态云的智慧农业架构研究[J]. 计算机技术与发展，24(3)：190-193.

廖俐，2015. 借鉴国先进经验促进中国休闲农展的思考[J]. 世界农业(3)：133，4/2.

刘建华，白玲，丁保华，等，2012. 我国实施农业标准化生产的几点思考[J]. 农产品质量与安全 (6)：25-27.

卢良恕，唐华俊，王东阳，等，2000. 我国热带与南亚热带地区农业可持续发展的问题与对策[J]. 科学新闻周刊(1)：9.

马思捷，严世东，2016. 我国休闲农业发展态势、问题与对策研究[J]. 中国农业资源与区划(9)：160-164.

欧阳莉，李东，2018. 农村农旅融合发展路径探究[J]. 江苏农业科学，46(14)：324-329.
秦秀红，2010. 发达国家和地区休闲农业的发展概况、类型与特点[J]. 世界农业(5)：54-56.
宋展，胡宝贵，任高艺，等，2018. 智慧农业研究与实践进展[J]. 农学学报，8(12)：95-100.
孙君莲，罗微，2008. 精准施肥技术的研究现状及在热带作物上的应用前景[J]. 广东农业科学(5)：40-43.
唐树梅，2007. 热带作物高产理论与实践[M]. 北京：中国农业大学出版社.
万雨龙，2014. 推进新时期农业标准化建设的对策探讨[J]. 南方农村(3)：23-26.
王海明，2016. 推进农业标准化工作的措施与建议[J]. 现代农业科技(4)：310-312.
王金辉，2017. 节水灌溉新技术在现代农业中的应用[J]. 治金丛刊(7)：74，86
王久波，2019. 智慧农业的技术特征与发展对策[J]. 农业科技与装备(5)：84-87.
徐翠，2019. 农机智能化和智慧农业应用的发展分析[J]. 农业工程信息化，39(33)：68-69.
叶春近，2017. 新土地政策背景下农旅双链的发展模式探究[J]. 经济发展研究(1)：191-192.
张伟丽，王丰建，2010. 集约化嫁接育苗企业发展新模式[J]. 中国蔬菜 (17)：38 -39.
张文建，陈琳，2009. 产业融合框架下的农业旅游新内涵与新形态[J]. 旅游论坛，2(5)：704-708.
张晓琳，周跃斌，周宇，等，2017. 茶旅一体化发展对策探讨[J]. 茶叶通讯(43)：49-53.
张艳玲，方晓华，罗金辉，等，2016. 新时期我国农业标准化工作的思考[J]. 农业科技管理，35(1)：59-62.
郑大睿，2020. 我国智慧农业发展：现状、问题与对策[J]. 农业发展 (1)：12-14.
郑良永，2005. 精准农业技术在香蕉园土壤养分管理上的应用初探[D]. 儋州：华南热带农业大学.
周兆德，2010. 热带作物环境资源与生态适宜性研究[M]. 北京：中国农业出版社.